Kubernetes 零基础实战

罗剑锋 著

人民邮电出版社
北京

图书在版编目（C I P）数据

Kubernetes零基础实战 / 罗剑锋著. -- 北京 : 人民邮电出版社, 2024.4
ISBN 978-7-115-63593-8

Ⅰ. ①K… Ⅱ. ①罗… Ⅲ. ①Linux操作系统－程序设计 Ⅳ. ①TP316.85

中国国家版本馆CIP数据核字(2024)第042638号

内 容 提 要

本书从初学者的角度出发，以实战为导向，帮助读者快速掌握 Kubernetes 的核心知识，并在实践中用好 Kubernetes。本书共 7 章。第 1 章介绍如何搭建一个易上手的 Kubernetes 实验环境；第 2 章以 Docker 为例介绍容器、镜像、镜像仓库等概念和运行原理；第 3 章介绍容器编排概念，并搭建 Minikube 的单机环境和 kubeadm 的集群环境；第 4 章先讲解 Kubernetes 的运行机制和 YAML 语言，再介绍 Pod、Job、CronJob、ConfigMap 和 Secret 对象；第 5 章讲解 Kubernetes 中的重要对象，包括 Deployment、DaemonSet、Service、Ingress、PersistentVolume、StatefulSet 等；第 6 章介绍 Kubernetes 的高级运维管理知识，包括滚动更新、状态探针、资源配额管理、集群资源监控、网络插件等；第 7 章介绍 Kubernetes 的学习经验和建议。

◆ 著 罗剑锋
责任编辑 杨海玲
责任印制 王 郁 胡 南
◆ 人民邮电出版社出版发行 北京市丰台区成寿寺路 11 号
邮编 100164 电子邮件 315@ptpress.com.cn
网址 https://www.ptpress.com.cn
三河市君旺印务有限公司印刷
◆ 开本：800×1000 1/16
印张：17.5 2024 年 4 月第 1 版
字数：395 千字 2024 年 4 月河北第 1 次印刷

定价：69.80 元

读者服务热线：(010)81055410 印装质量热线：(010)81055316
反盗版热线：(010)81055315
广告经营许可证：京东市监广登字 20170147 号

前言

缘起

这是我与人民邮电出版社合作的第二本书。

上一次合作是在 2021 年，那时我刚在极客时间网站上完成“C++实战笔记”专栏不久，人民邮电出版社的编辑就与我联系，邀请我把线上的课程转换成线下的图书。合作过程非常愉快，出版社编辑认真负责的工作态度和丰富的知识储备也给我留下了深刻的印象。

2023 年，人民邮电出版社编辑又发来消息，说是看到云原生、Kubernetes 的蓬勃发展，希望再合作一次，把“Kubernetes 入门实战课”也打磨为图书。

有了之前的经历，这次的成书可以说是水到渠成，编辑与我通力协作，对线上课程做了大量的调整、修订和校对，删去了部分过时内容，将选用的 Kubernetes 版本更新到了 1.27，并把底层的容器运行时由 Docker 替换成了 Containerd。

不过，我写作的出发点没有变，仍然以“零基础”和“入门”为目标，没有长篇大论，也不会故弄玄虚，始终以脚踏实地、平易近人的风格来对待这部作品。

又是半年多的辛勤劳作，但最后交稿的那一刻，我的心中却充满了喜悦和激动：把自己的所知所得分享给他人，无疑是世界上最快乐的事情。

关于 Kubernetes

你一定听说过 Kubernetes，也许更熟悉的是许多人常挂在嘴边的“K8s”。

自从 2013 年 Docker 诞生以来，容器成为热门的话题。而 Kubernetes 则趁着容器的“东风”，借助 Google 和 CNCF 的强力背书，击败了 Docker Swarm 和 Apache Mesos，成为容器编排领域的王者。

换一个更通俗易懂的说法，那就是：现在 Kubernetes 已经没有了实际意义上的竞争对手，成了事实上的云原生操作系统，是构建现代应用的基石。

毕竟，现代应用是微服务，是服务网格，这些统统要围绕容器来开发、部署和运行，而使用容器就必然要用到容器编排技术，现在只有唯一的选项，那就是 Kubernetes。

不管你的角色是研发工程师、测试工程师还是运维工程师，不管你负责的应用属于前台、后台还是中台，不管你用的编程语言是 C++、Java 还是 Python，不管你用到的技术是数据库、区块链还是人工智能，不管你从事的是网站、电商还是音视频方面的工作，在云原生时代，Kubernetes 都是一个绕不过去的产品，是工作中迟早要面对的坎儿。

你也许会有疑惑：我现在的工作和“云”毫不沾边，而且 Kubernetes 都“火”了这么久，现在才开始学会不会有点晚了？

这里就要引用一句老话：“艺多不压身”。还有另一句：“机遇总是偏爱有准备的人”。

云原生已经是业界的普遍共识，是未来的大势所趋。也许这个“浪潮”暂时还没有打到你，但是一旦它真正来临，我们只有提前做好了知识储备，才能够迎难而进，站在浪潮之上成为弄潮儿。

我的亲身经历

早在 Docker 和 Kubernetes 发布之初，我就对它们有过关注。不过因为我主要使用的编程语言是 C 和 C++，而 Docker 和 Kubernetes 用的都是 Go，外加当时 Go 的性能还比较差（例如垃圾回收机制导致的著名 Stop the World），所以我只是简单了解了一下，没有去特别研究。

过了几年，一个偶然的机会，我们要在客户的环境里部署自研应用，但依赖库差异太大，很难搞定。这个时候我又想起了 Docker，经过一个多星期的折腾，在艰难地阅读了一大堆资料之后，总算是把系统正常上线了。

虽然任务完成了，但我也意识到自己从前对 Docker 的轻视是错误的，于是痛下决心，开始从头、系统地学习并整理容器知识。

再后来，我想换工作，面试的时候遇见了一道偏门题——讲一讲 Kubernetes 的容器和环境安全。虽然我不熟悉这个方向，但凭借之前的积累，只用了一个晚上就做出了 20 多页的 PPT，第二天很顺畅地讲给几位面试官，最终顺利拿下了 Offer。

如果我当时一味地固执己见，待在自己的舒适区，不主动学习容器技术和 Kubernetes，也就不会顺利地拿下这个 offer，错失升职加薪的良机。

所以，读者应当看清楚时代的走向，尽可能超前于时代，越早掌握 Kubernetes，将来自己成功的概率就越大。

致谢

首先要感谢的当然是 Docker，它引领了容器化的大潮；其次要感谢的是 Google，它从无到有地创造出了 Kubernetes；再次要感谢的是 CNCF 和 Kubernetes 社区，它们接替 Google，多年来精心呵护 Kubernetes，使其得以茁壮成长。

接下来要感谢极客时间网站和人民邮电出版社，正是因为它们的支持、鼓励和帮助，我才能够把自己的经验整理成书，与广大读者见面。

我还要感谢父母多年来的养育之恩和后援工作，感谢妻子和两个女儿在生活中的陪伴，愿你们能够永远幸福、健康、快乐。

最后我依然要感谢读者选择本书，希望读者能掌握书中的知识，一起迎接云原生时代的伟大变革。

Kubernetes Amateur 罗剑锋

2023 年 10 月 18 日于上海新天地

导读

关于本书

和前几年比起来，如今学习 Kubernetes 的难度已经极大地降低了，网上资料非常多，有博客、专题、视频等各种形式，而且在 Kubernetes 官网上还有非常详细的教程和参考手册，只要肯花时间，完全可以自学成才。

不过，“理想很丰满，现实很骨感”。理论上讲，学习 Kubernetes 只要看资料就足够了，但实际情况却是学习起来困难重重，会遇到很多意想不到的问题。

这是因为 Kubernetes 是一个分布式、集群化、云时代的系统，有许多新概念和新思维方式，和以往的经验、认知差异很大。

Kubernetes 技术栈的特点可以用 4 个字来概括，那就是“新”“广”“杂”“深”。

- Kubernetes 用到的基本上是比较前沿、陌生的技术，而且版本升级很快。[①]
- Kubernetes 涉及的应用领域很多，覆盖面非常广，不好找到合适的切入点、突破口。
- Kubernetes 的各种实现比较杂乱，牵扯很多其他产品。
- Kubernetes 中的每个具体问题和方向，都需要我们有很深的技术背景和底蕴，想要吃透这些问题很不容易。

这导致 Kubernetes 的学习门槛相当高，有可能花费了大量的时间和精力却收效甚微。

在初学 Kubernetes 的过程中，很多人都遇到过这些疑问，读者也许会有同感：

- Docker、Containerd、K8s、K3s、MicroK8s、Minikube……该如何选择？
- 容器的概念太抽象了，怎样才能快速、准确地理解？
- 镜像的命名稀奇古怪，“bionic”“buster”是什么意思？

---

① Kubernetes 一般每年发布两三个大版本，大版本中又有很多小版本，每个版本都会持续改进功能特性，但一味求新不符合实际情况，毕竟在生产环境中稳定是最重要的。

- 不知道怎么搭建 Kubernetes 环境，空有理论知识，无法联系实际。
- YAML 文件又长又乱，到哪里能找到说明，能否遵循什么简单规律写出来？
- Pod、Deployment、StatefulSet……这么多对象，有没有什么内在的脉络和联系？

遗憾的是，这些问题很难在现有的 Kubernetes 资料里找到答案。

个人感觉，现有的 Kubernetes 学习资料往往站得太高，没有为初学者考虑，总会预设一些前提，例如熟悉 Linux 系统、熟悉 Go 语言、了解网络技术等，有时还会因 Kubernetes 版本过时而失效，或是忽略一些关键细节。

这会让初学者经常卡在一些看似无关紧要却又非常现实的难点上，这样的点越积越多，最后逐渐丧失了学习 Kubernetes 的信心和勇气。

本书将以作者的学习经历为基础，融合个人感悟、经验教训和技巧，整理出一个初学者学习 Kubernetes 技术的入门路线和系统思路，让初学者在学习时有捷径可走，能快速高效地迈入 Kubernetes 的宏伟殿堂。

读者对象

本书的目标是“零基础入门”，适合以下读者。

- 不了解 Kubernetes，但具有测试、研发经验的软件工程师。
- 不了解 Kubernetes，但具有网络、系统管理经验的运维工程师。
- 基本了解 Kubernetes，但缺乏实践经验和深度认知的从业者。
- 有志投身于软件开发和互联网行业的计算机爱好者和高校学生。

读者要求

本书不涉及编程语言或软件开发，不要求读者具备编程知识。但 Kubernetes 与系统运维有较强的关联，所以读者应该具备基本的计算机知识，最好能够对 Linux 系统有所了解。

本书特点

本书设计了一条独特的入门路线，把 Kubernetes 的知识点由网状结构简化成了线性结构，读者可以在这条路线上循序渐进，由浅入深、由易到难地学习 Kubernetes。

与其他同类图书相比，本书有以下 4 个特点。

（1）不强求读者熟悉 Go 语言，也不包含 Kubernetes 的内部源码或者实现细节。

讲源码虽然会很透彻，但它的前置条件比较高，不是所有人都具备这个基础。为了学习 Kubernetes 要先了解 Go 语言，在我看来有点本末倒置。[1]

本书作者也并非 Go 语言专家，所以面对 Kubernetes 的时候和读者是平等的，不会下意识地从源码层次来讲解它的运行原理，更能够设身处地为初学者着想。

（2）不会讲那些高深的大道理和复杂的工作流程，尽量少用专业术语和缩略词。

毕竟 Kubernetes 涉及的领域太过庞大，对于初次接触的人来说直接深挖内部细节不太合适，那样很容易会钻牛角尖。

学习 Kubernetes 最好的方式是尽快建立一个全局观和大局观，等到对这个陌生领域的全貌有了粗略但完整的认识之后，再挑选一个自己感兴趣的方向去研究，才是性价比最高的做法。

（3）以实战为导向，强调手眼脑结合，鼓励多动手、多实际操作。

本书从 Docker 开始，陆续用 Minikube、kubeadm 搭建单机和多机的 Kubernetes 集群环境，在讲解概念的同时，还会给出大量的 Docker、Kubectl 命令实例，让读者能够立即上手演练，通过实际操作来强化学习效果。

第 2 章及第 4～6 章末尾还会设置一个独立的实战演练小节，使用当前所学的知识动手搭建 WordPress 网站，并逐渐将这个网站从单机应用演变为集群里的高可用系统。

（4）不会贪大求全，本着做减法而不是做加法的原则，力争每小节聚焦一个知识点。

这是因为 Kubernetes 涉及的领域太广，知识结构是网状的，知识间的联系很密切，学习时稍不注意就会跳跃到其他地方，很容易发散，导致思维不集中。

所以本书会尽量克制，把知识收缩在一个相对独立的范围之内，不会有太多的外延话题，也不会机械地罗列 API、命令参数和属性字段（这些都可以查阅 Kubernetes 文档），在讲解复杂的知识点时还会配上图示，帮助读者精准地理解知识。

而且 Kubernetes 版本更新很快，有的功能点或许一段时间之后就成了废弃的特性，如果讲得太细，相应知识点以后会因过时而无用武之地。[2]

---

① 对比 Linux 操作系统的学习，它是用 C 语言写的，但几乎没有人要求在学习 Linux 之前要先掌握 C 语言。

② 例如，ComponentStatus 在 Kubernetes 1.19 中被废弃，PodSecurityPolicy 在 Kubernetes 1.21 中被废弃。

本书结构

全书共 7 章，各章的内容简介如下。

- 第 1 章：Kubernetes 基本环境搭建。学习 Kubernetes 需要有一个易上手的实验环境，本章介绍了在本地计算机上搭建虚拟机、安装 Linux 操作系统的方法。本章是后续学习的前提条件。
- 第 2 章：Kubernetes 底层基础：容器技术。本章以 Docker 为例，介绍 Kubernetes 的底层运行原理——容器技术，讲解容器、镜像、镜像仓库的概念和运行原理，以及使用 Docker 来操作容器、构建镜像、管理应用的方式。本章内容属于 Kubernetes 预备知识。
- 第 3 章：Kubernetes 实验环境搭建。本章先简单介绍容器编排概念和 Kubernetes 的历史，然后在第 1 章的基础上搭建两个 Kubernetes 环境，分别是 Minikube 的单机环境和 kubeadm 的集群环境。
- 第 4 章：Kubernetes 运行机制和基本 API 对象。本章开始正式介绍 Kubernetes 技术，先讲解它的运行机制和使用的工作语言，然后介绍核心对象 Pod，最后介绍另外 4 个基本对象——Job、CronJob、ConfigMap 和 Secret。本章内容属于 Kubernetes 初级知识。
- 第 5 章：Kubernetes 业务应用 API 对象。本章着重讲解 Kubernetes 里的重要对象，包括 Deployment、DaemonSet、Service、Ingress、PersistentVolume、StatefulSet 等。掌握了这些对象，读者就能够明白 Kubernetes 的优点和特点是什么，知道为什么它能够成为云原生时代的操作系统。本章内容属于 Kubernetes 中级知识。
- 第 6 章：Kubernetes 运维、监控和管理。本章介绍 Kubernetes 的高级运维管理知识，包括滚动更新、状态探针、资源配额管理、集群资源监控、网络插件等。本章内容属于 Kubernetes 高级知识。
- 第 7 章：结束语。本章分享一些学习 Kubernetes 的经验，并给出今后的学习建议。

本书的资源

为方便读者学习 Kubernetes，本书内所有示例源码均在 GitHub 网站上公开发布，可任意下载使用，网址是：https://github.com/chronolaw/k8s_practice.git。

资源与支持

资源获取

本书提供如下资源：

- 本书源代码；
- 本书思维导图；
- 异步社区 7 天 VIP 会员。

要获得以上资源，您可以扫描下方二维码，根据指引领取。

提交勘误

作者和编辑尽最大努力来确保书中内容的准确性，但难免会存在疏漏。欢迎您将发现的问题反馈给我们，帮助我们提升图书的质量。

当您发现错误时，请登录异步社区（https://www.epubit.com/），按书名搜索，进入本书页面，点击“发表勘误”，输入勘误信息，点击“提交勘误”按钮即可（见下图）。本书的作者和编辑会对您提交的勘误进行审核，确认并接受后，您将获赠异步社区的 100 积分。积分可用于在异步社区兑换优惠券、样书或奖品。

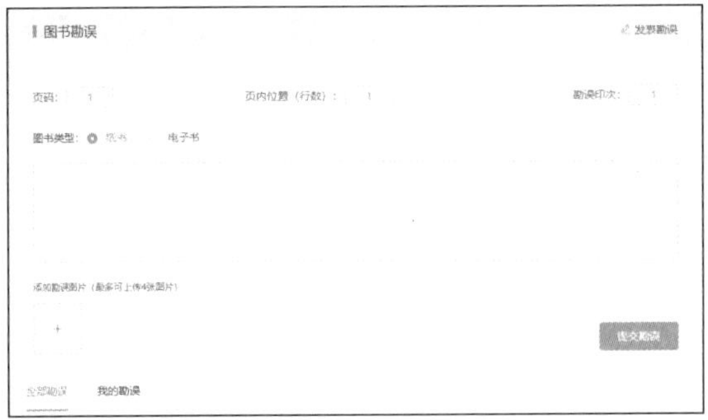

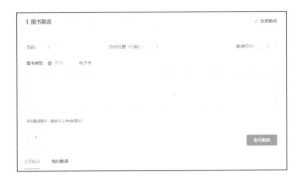

与我们联系

我们的联系邮箱是 contact@epubit.com.cn。

如果您对本书有任何疑问或建议，请您发邮件给我们，并请在邮件标题中注明本书书名，以便我们更高效地做出反馈。

如果您有兴趣出版图书、录制教学视频，或者参与图书翻译、技术审校等工作，可以发邮件给本书的责任编辑（yanghailing@ptpress.com.cn）。

如果您所在的学校、培训机构或企业，想批量购买本书或异步社区出版的其他图书，也可以发邮件给我们。

如果您在网上发现有针对异步社区出品图书的各种形式的盗版行为，包括对图书全部或部分内容的非授权传播，请您将怀疑有侵权行为的链接发邮件给我们。您的这一举动是对作者权益的保护，也是我们持续为您提供有价值的内容的动力之源。

关于异步社区和异步图书

“异步社区”（www.epubit.com）是由人民邮电出版社创办的 IT 专业图书社区，于 2015 年 8 月上线运营，致力于优质内容的出版和分享，为读者提供高品质的学习内容，为作译者提供专业的出版服务，实现作者与读者在线交流互动，以及传统出版与数字出版的融合发展。

“异步图书”是异步社区策划出版的精品 IT 图书的品牌，依托于人民邮电出版社在计算机图书领域 40 余年的发展与积淀。异步图书面向 IT 行业以及各行业使用相关技术的用户。

目录

第 1 章　Kubernetes 基本环境搭建 …… 1
1.1　本地主机 …… 1
1.2　虚拟机软件 …… 2
1.3　Linux 发行版 …… 2
1.4　创建虚拟机 …… 3
1.5　安装操作系统 …… 4
1.6　常用的 Linux 操作 …… 5
1.7　小结 …… 6
第 2 章　Kubernetes 底层基础：容器技术 …… 7
2.1　认识 Docker …… 7
2.1.1　Docker 的诞生 …… 7
2.1.2　Docker 的形态 …… 8
2.1.3　Docker 的安装 …… 9
2.1.4　Docker Engine 的架构 …… 10
2.1.5　Docker 的基本用法 …… 12
2.1.6　小结 …… 13
2.2　理解容器的本质 …… 13
2.2.1　容器究竟是什么 …… 14
2.2.2　为什么要隔离 …… 15
2.2.3　容器与虚拟机的区别 …… 16
2.2.4　隔离是怎么实现的 …… 17
2.2.5　小结 …… 18
2.3　容器化的应用 …… 18
2.3.1　容器与镜像 …… 19
2.3.2　常用的镜像操作命令 …… 20
2.3.3　常用的容器操作命令 …… 21

2.3.4 小结……23
2.4 创建应用镜像……24
2.4.1 镜像内部机制……24
2.4.2 什么是 Dockerfile……26
2.4.3 编写 Dockerfile……27
2.4.4 镜像构建工流程……29
2.4.5 小结……30
2.5 镜像仓库……31
2.5.1 什么是 Docker Hub……31
2.5.2 在 Docker Hub 上挑选镜像……32
2.5.3 Docker Hub 镜像的命名规则……34
2.5.4 向 Docker Hub 上传镜像……37
2.5.5 离线环境使用 Docker Hub……38
2.5.6 小结……38
2.6 容器与外界的通信……39
2.6.1 容器内外的文件拷贝……39
2.6.2 共享宿主机的文件……40
2.6.3 网络互联互通……41
2.6.4 小结……44
2.7 实战演练……44
2.7.1 要点回顾……45
2.7.2 私有镜像仓库……46
2.7.3 WordPress 网站……47
2.7.4 小结……51
第 3 章 Kubernetes 实验环境搭建……52
3.1 认识 Kubernetes……52
3.1.1 什么是容器编排……52
3.1.2 什么是 Kubernetes……53
3.1.3 小结……54
3.2 使用 Minikube……54
3.2.1 什么是 Minikube……54
3.2.2 安装 Minikube……55
3.2.3 运行 Minikube……56
3.2.4 小结……58

3.3 使用 kubeadm……59
3.3.1 什么是 kubeadm……59
3.3.2 集群架构……60
3.3.3 准备工作……61
3.3.4 安装 kubeadm……62
3.3.5 安装控制面节点……63
3.3.6 安装网络插件……65
3.3.7 安装数据面节点……65
3.3.8 安装操作台节点……66
3.3.9 小结……66
第 4 章 Kubernetes 运行机制和基本 API 对象……67
4.1 Kubernetes 工作机制……67
4.1.1 云时代的操作系统……67
4.1.2 总体架构……68
4.1.3 控制面……70
4.1.4 数据面……70
4.1.5 工作流程……71
4.1.6 扩展……71
4.1.7 小结……73
4.2 工作语言 YAML……73
4.2.1 声明式与命令式……73
4.2.2 什么是 YAML……74
4.2.3 什么是 API 对象……76
4.2.4 用 YAML 描述 API 对象……78
4.2.5 编写 YAML 的技巧……79
4.2.6 小结……81
4.3 核心概念 Pod……81
4.3.1 为什么要有 Pod……82
4.3.2 为什么 Pod 是核心概念……82
4.3.3 用 YAML 描述 Pod……83
4.3.4 用 kubectl 操作 Pod……85
4.3.5 小结……87
4.4 离线业务 Job 和 CronJob……88
4.4.1 为什么不直接使用 Pod……88

4.4.2 为什么要有 Job 和 CronJob …… 89
4.4.3 用 YAML 描述 Job 和 CronJob …… 90
4.4.4 用 kubectl 操作 Job …… 91
4.4.5 用 kubectl 操作 CronJob …… 94
4.4.6 小结 …… 96
4.5 配置信息 ConfigMap 和 Secret …… 96
4.5.1 什么是 ConfigMap …… 97
4.5.2 什么是 Secret …… 98
4.5.3 加载为环境变量 …… 100
4.5.4 加载为文件 …… 103
4.5.5 小结 …… 106
4.6 实战演练 …… 106
4.6.1 要点回顾 …… 106
4.6.2 搭建 WordPress 网站 …… 108
4.6.3 小结 …… 113

第 5 章 Kubernetes 业务应用 API 对象 …… 114

5.1 永不宕机的 Deployment …… 114
5.1.1 为什么要有 Deployment …… 114
5.1.2 用 YAML 描述 Deployment …… 115
5.1.3 Deployment 的关键字段 …… 116
5.1.4 用 kubectl 操作 Deployment …… 118
5.1.5 小结 …… 120
5.2 忠实可靠的看门狗 DaemonSet …… 121
5.2.1 为什么要有 DaemonSet …… 121
5.2.2 用 YAML 描述 DaemonSet …… 122
5.2.3 用 kubectl 操作 DaemonSet …… 124
5.2.4 污点和容忍度 …… 124
5.2.5 静态 Pod …… 126
5.2.6 小结 …… 127
5.3 微服务必需的 Service …… 127
5.3.1 为什么要有 Service …… 127
5.3.2 用 YAML 描述 Service …… 128
5.3.3 用 kubectl 操作 Service …… 130
5.3.4 以域名的方式访问 Service …… 133

5.3.5 在集群外暴露 Service …… 135
5.3.6 小结 …… 136
5.4 管理集群出入流量的 Ingress …… 137
5.4.1 为什么要有 Ingress …… 137
5.4.2 为什么要有 Ingress Controller …… 138
5.4.3 为什么要有 Ingress Class …… 139
5.4.4 用 YAML 描述 Ingress 和 Ingress Class …… 140
5.4.5 用 kubectl 操作 Ingress 和 Ingress Class …… 142
5.4.6 使用 Nginx Ingress Controller …… 143
5.4.7 使用 Kong Ingress Controller …… 146
5.4.8 扩展 Kong Ingress Controller …… 150
5.4.9 小结 …… 153
5.5 数据持久化 PersistentVolume …… 154
5.5.1 什么是 PersistentVolume …… 155
5.5.2 什么是 PersistentVolumeClaim 和 StorageClass …… 155
5.5.3 用 YAML 描述 PersistentVolume …… 156
5.5.4 用 YAML 描述 PersistentVolumeClaim …… 158
5.5.5 在 Pod 里使用 PersistentVolume …… 158
5.5.6 在 Pod 里使用静态网络存储 …… 161
5.5.7 在 Pod 里使用动态网络存储 …… 164
5.5.8 小结 …… 167
5.6 有状态的应用 StatefulSet …… 168
5.6.1 什么是有状态的应用 …… 168
5.6.2 用 YAML 描述 StatefulSet …… 169
5.6.3 用 kubectl 操作 StatefulSet …… 170
5.6.4 StatefulSet 的数据持久化 …… 173
5.6.5 小结 …… 175
5.7 实战演练 …… 176
5.7.1 要点回顾 …… 176
5.7.2 使用 Deployment 搭建 WordPress 网站 …… 178
5.7.3 使用 StatefulSet 优化 WordPress 网站的设计 …… 185
5.7.4 小结 …… 187

第 6 章 Kubernetes 运维、监控和管理 …… 188

6.1 应用滚动更新 …… 188

6.1.1 应用的版本更新……188
6.1.2 应用版本更新的过程……190
6.1.3 管理更新……193
6.1.4 更新描述……195
6.1.5 小结……196
6.2 容器状态探针……197
6.2.1 探针的种类……197
6.2.2 使用探针……199
6.2.3 小结……201
6.3 容器资源配额管理……202
6.3.1 申请资源配额……202
6.3.2 处理策略……203
6.3.3 小结……204
6.4 集群资源配额管理……204
6.4.1 什么是名字空间……204
6.4.2 如何使用名字空间……205
6.4.3 设置资源配额……206
6.4.4 使用资源配额……208
6.4.5 默认资源配额……210
6.4.6 小结……212
6.5 集群资源监控……212
6.5.1 使用 Metrics Server……212
6.5.2 水平自动伸缩……214
6.5.3 使用 Prometheus……217
6.5.4 小结……221
6.6 集群网络插件……222
6.6.1 网络模型……222
6.6.2 什么是 CNI……223
6.6.3 CNI 的工作原理……224
6.6.4 使用 Calico 插件……227
6.6.5 小结……229
6.7 实战演练……230
6.7.1 要点回顾……230
6.7.2 部署 Dashboard……231
6.7.3 小结……237

第 7 章　结束语 …… 238

7.1 学习经验分享 …… 238

7.2 学习方式建议 …… 239

7.3 临别感言 …… 240

附录 A　Kubernetes 弃用 Docker …… 241

A.1 CRI …… 241

A.2 Containerd …… 242

A.3 正式弃用 Docker …… 243

A.4 Docker 的未来 …… 245

附录 B　docker-compose …… 246

B.1 什么是 docker-compose …… 246

B.2 搭建私有镜像仓库 …… 247

B.3 搭建 WordPress 网站 …… 250

B.4 小结 …… 253

附录 C　Harbor …… 254

C.1 什么是 Harbor …… 254

C.2 安装 Harbor …… 254

C.3 使用 Harbor …… 256

附录 D　NFS 网络存储服务 …… 258

D.1 安装 NFS 服务端 …… 258

D.2 安装 NFS 客户端 …… 259

D.3 验证 NFS 存储 …… 259

D.4 安装 NFS Provisioner …… 260

第 1 章 Kubernetes基本环境搭建

计算机科学的实践性大于理论性，拥有一个能够上手实际操作的环境可以极大地帮助理论知识的学习。

对于 Kubernetes 而言，实验环境更是必不可少。和网络协议、编程语言不同，Kubernetes 是个更贴近生产环境的庞大系统，如果光说不练，即使掌握了再多的知识却不能和实际相结合，也只能是纸上谈兵。

俗话说“工欲善其事，必先利其器”，在正式学习之前，必须有一个基本的实验环境，以便在这个环境中熟悉 Kubernetes 的操作命令，验证测试 Kubernetes 的各种特性。这样，Kubernetes 的学习才能够事半功倍。

1.1 本地主机

Kubernetes 通常运行在集群环境里，由多台服务器组成。想要得到一个完整的 Kubernetes 环境不太容易，因为它十分复杂，对软硬件的要求比较高。

一种比较便捷的获取途径是使用云主机。现在很多云厂商都提供了相应的服务，在其官方网站申请几台云主机，并在网页上做一些简单的配置，通常就可以搭建出一个可用的实验环境。

但本书并不推荐这种方式。首先，云主机很少是免费的，想要获得较高的配置还要花更多的钱，对于学习来说性价比不高。其次，云主机部署在云上，会受到网络和厂商的限制，存在不稳定因素。再次，这些云主机都是厂商配置好的，很多软硬件是固定的，不能随意定制——特别是很难真正地从零搭建。

考虑到以上几点，建议读者使用一台较高配置的笔记本电脑或者台式电脑作为宿主机，在系统里创建多台虚拟机（Virtual Machine）来搭建实验环境。

作为宿主机的电脑要求至少具备 4 核 CPU、300 GB 硬盘，关键是内存要足够大，建议要有 8 GB 以上，因为虚拟机和 Kubernetes 都要消耗比较多的内存，这样起码能够支持运行两个虚拟机组成的最小集群。

作为参考，本书选用的是 2021 年上市的 MacBook Pro（M1 Max，32 GB 内存，1 TB 硬盘）。

1.2 虚拟机软件

确定了实验环境的大方向之后就要选择虚拟机软件。

现在的虚拟机软件已经非常成熟，能够在一台宿主机里创建多台虚拟机，而且这些虚拟机使用起来和真实的物理主机几乎没有差异。只要宿主机配置不是太差，组成一个三四台虚拟服务器的小集群毫无问题，而且虚拟机的创建和删除非常简单，成本也极低。①

目前市面上的主流虚拟机软件屈指可数，所以选择起来并不算困难，本书推荐两个：VirtualBox 和 VMWare Workstation/Fusion。

VirtualBox 是 Oracle 公司推出的一款虚拟机软件，历史悠久，一直坚持免费政策，使用条款上也没有什么限制，是一款难得的精品软件。

VirtualBox 支持 Windows 和 macOS，但只能运行在 Intel（x86_64）芯片上，不支持苹果公司的 Apple Silicon（M1、M2 等）芯片，导致它无法在新款 Mac 上运行。②

VMWare Workstation/Fusion 是 VMware 公司出品的一款虚拟机软件，同样支持 Windows 和 macOS，功能较完善，效果也比较好，但需要付费使用。③

读者可以根据具体情况选择 VirtualBox 或者 VMWare Workstation/Fusion，本书选用的是适用于 macOS 的 VMWare Fusion Pro 13。

1.3 Linux 发行版

有了虚拟机之后，要在上面安装操作系统 Linux，因为 Kubernetes 只能运行在 Linux 系统上。

不过，Linux 有很多发行版，流行的有 CentOS、Fedora、Ubuntu、Debian、SUSE 等，

---

① 由于很多云服务商内部也在大量使用虚拟机作为服务器，Kubernetes 里的容器技术也与虚拟机有很多相似之处，因此使用虚拟机软件还有一个好处是，可以顺便对比这些技术的异同点，加深对 Kubernetes 的理解。

② VirtualBox 已经开始尝试支持 Apple Silicon，但还没有发布正式版本。

③ Vmware Fusion 提供 30 天的免费试用，也提供免费的个人许可证。

没有占据绝对统治地位的版本。

本书的主要目的是学习，首要关注点是易用性，所以选择 Ubuntu Server 22.04.2 LTS。它有足够新的特性，非常适合运行 Kubernetes，且内置的丰富工具也便于调试和测试。[①]

当然也可以选择其他发行版，但尽量选用较新的稳定版本，如 Fedora 38、Debian 11 等。

1.4 创建虚拟机

准备好虚拟机软件和 Ubuntu 光盘镜像后，可以创建虚拟机，并调整虚拟机的配置。

因为 Kubernetes 不是一般的应用软件，而是一个复杂的系统软件，对硬件资源的要求较高，最低要求是 2 核 CPU、2 GB 内存。如果条件允许，本书建议把虚拟机的内存设置为 4 GB（见图 1-1），硬盘调整到 40 GB 以上，这样运行起来更流畅。虚拟机中不必要的设备（如声卡、摄像头、软驱等）也可以禁用或者删除，以节约系统资源。

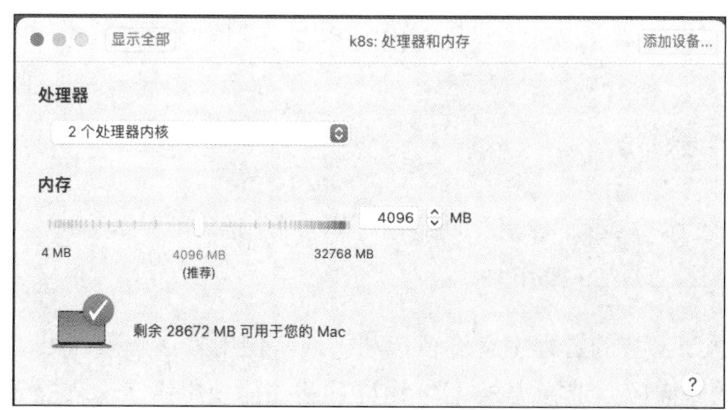

图 1-1 VMWare Fusion Pro 13 虚拟机的 CPU 和内存配置示例

由于 Linux 服务器大多以终端登录的方式使用，多台服务器还要联网，因此需要特别设置虚拟机的网络。

以 VMWare Fusion Pro 13 为例，要在“偏好设置→网络”里添加一个自定义的网络，如图 1-2 所示的“vmnet2”，网段是“192.168.26.0”，允许使用网络地址转换（network address translation，NAT）技术连接外网，然后在虚拟机的网络设置里选用这个网络，这样宿主机上的多台虚拟机就可以在同一个虚拟网段里通信。

① 早期版本的 Ubuntu 22.04 在内核由 5.13 升级到 5.15 的时候引入了一个小 bug，导致 VMWare Fusion 在 Apple Silicon 芯片上无法正常安装、启动。

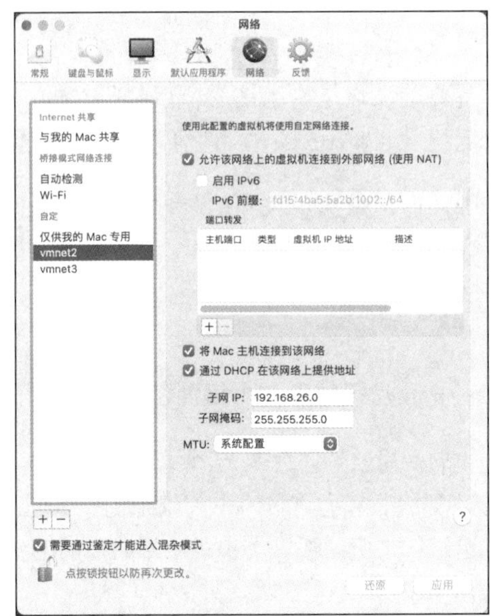

图 1-2 VMWare Fusion Pro 13 的网络配置示例

1.5 安装操作系统

配置好虚拟机的 CPU、内存、硬盘、网络后，再加载 Ubuntu Server 22.04.02 LTS 的光盘镜像，就可以开始安装 Linux 操作系统。

Ubuntu Server 在安装的过程中有许多选项，通常使用默认选项即可。不过在询问是否安装 OpenSSH Server 的时候应该选择“Yes”，这样后续才能使用终端远程登录进入系统。①

Linux 系统安装完成之后，还需要进行环境的初始化操作，以方便后续学习。

在虚拟机界面中登录系统（使用安装过程中设置的用户名和密码），使用“apt”从 Ubuntu 的官方软件仓库安装一些 Linux 常用工具，如 ping、git、vim、curl 等：②

```
sudo apt update
sudo apt install -y \
            coreutils iputils-ping iptables \
            bridge-utils net-tools \
            git vim wget curl jq dialog bash-completion
```

① 为了节约时间、提升效率，本书建议选择最小安装，避免安装过程中下载升级包。

② 在 Ubuntu 里有两个很相似的包管理工具，分别是“apt”和“apt-get”，一般认为“apt”更现代、更易用，不过大多数情况下两者的用法和效果是一致的。

如果安装系统的时候忘记安装 OpenSSH Server，可以在这时手动安装：

```
sudo apt install -y openssh-server
```

虚拟机的 IP 地址可以使用命令“ip addr”获取，通常应该是“192.168.xxx.yyy”的形式，如“192.168.26.100”。[①]

在宿主机上启动一个命令行终端（如 Windows 上的 Xshell 和 macOS 上的 iTerm2），输入用户名、密码和 IP 地址：

```
ssh username@192.168.26.100
```

就能够登录虚拟机里的 Ubuntu Server 系统，之后主要是在命令行终端里操作。

这些工作完成之后，建议再给虚拟机创建一个快照，做好备份工作，以便虚拟机可以轻松回退到这时的状态。

1.6 常用的 Linux 操作

到这里，Kubernetes 基本环境就搭建完毕了，目前只有一个 Linux 系统，后续章节会以它为基础逐步完善，安装 Docker 和 Kubernetes。

特别提醒一下，因为 Kubernetes 基于 Linux，虽然也有图形化的 Dashboard（参见 6.7 节），但更多的时候是在命令行里工作，所以读者还需要对基本的 Linux 操作有所了解。

学习 Linux 操作系统是一个很大的话题，以下简单列出了一些比较常用的知识，读者可以检测一下自己的掌握程度，如果有不熟悉的，可以查找相关资料学习。

- 命令行界面称为 Shell，支持交互操作，也支持脚本操作，即 Shell 编程。[②]
- root 用户有最高权限，但有安全隐患，建议使用普通用户身份，只在必要的时候通过“sudo”来临时使用 root 权限。
- 查看系统当前进程列表的命令是“ps”，它是 Linux 的常用命令之一。
- 查看文件可以使用“cat”，如果内容太多，可以用管道符“|”，后面加上“more”“less”。
- Vim 是 Linux 里流行的编辑器，但它的使用方式与一般的编辑器不同，学习成本略高。
- curl/wget 能够以命令行的方式发送 HTTP 请求，多用来测试 HTTP 服务器（如 Nginx）。

---

① 对于 Ubuntu 系统，可以编辑文件“/etc/netplan/00-installer-config.yaml”，在“dhcp4”下添加“addresses”，手动修改 IP 地址。

② Ubuntu 默认的 Shell 是“dash”，和常用的“bash”不太一样，可以使用命令“sudo dpkg-reconfigure dash”切换到 bash。

1.7 小结

本章的内容要点如下：

- 一个完善的实验环境能够很好地辅助 Kubernetes 的学习，建议在本地使用虚拟机从零开始搭建实验环境；
- 虚拟机软件可以选择 VirtualBox 或 VMWare Workstation/Fusion，因为 Kubernetes 只能运行在 Linux 上，建议选择较新的 Ubuntu 22.04.02 LTS；[①]
- 虚拟机要事先配置内存、网络等参数，安装系统时选择最小安装，再安装一些常用工具；
- 虚拟机都支持创建快照，设置好环境后要及时备份，出现问题可以随时回滚，避免重复安装系统浪费时间。

① macOS 上还有一个完全免费的虚拟机软件 UTM，它基于 QEMU，感兴趣的读者可以尝试一下。

第 2 章 Kubernetes底层基础：容器技术

第 1 章使用 VirtualBox 或 VMWare 搭建了 Linux 虚拟机环境，接下来就开始正式学习 Kubernetes。

常言道“万事开头难”，对于 Kubernetes 这个庞大而陌生的系统来说更是如此。如何迈出学习的第一步非常关键，本章会以 Docker 为例介绍 Kubernetes 的底层运行基础，也就是容器技术。[①]

2.1 认识 Docker

本节从简单、基本的知识开始，使用 Docker 来搭建实验环境，再动手操作，破除容器技术给初学者的神秘感。

2.1.1 Docker 的诞生

现在很多人可能已经对 Container、Kubernetes 这些技术名词耳熟能详了，但又有多少人知道这一切的开端——Docker，第一次在世界上的亮相的样子。

2013 年 3 月 15 日，在美国的圣克拉拉市召开了一场 Python 开发者社区的主题会议 PyCon，研究和探讨各种 Python 开发技术和应用，与云、PaaS 和 SaaS 毫不相关。

当天的会议日程临近结束时，有一个闪电演讲（lighting talk）的小环节。其中一位开发者用 5 分钟的时间，做了题为“The future of Linux Containers”的演讲，不过临近末尾因超时而被主持人赶下了台，场面略显尴尬。[②]

这个只有短短 5 分钟的技术演示，就是云原生大潮的开端。正是在这段演讲里，Solomon Hykes

---

① 除了 Docker，容器技术还有 Kata、gVisor、rkt、podman 等，但流行度都不如 Docker。

② 读者可以在各大视频网站上找到这段具有历史意义的视频。

（Docker 公司的创始人）首次展示了 Docker 技术。[①]

5 分钟的时间非常短，但演讲里包含了数个现在已经普及、当时却非常新奇的概念，如容器、镜像、隔离运行进程等，信息量非常大。

PyCon 2013 大会之后，很多人意识到了容器的价值和重要性，发现它能够解决困扰了云厂商多年的打包、部署、管理、运维等问题。Docker 也就迅速流行起来，成为 GitHub 上的明星项目。

在随后几个月的时间里，Docker 更是吸引了 Amazon、Google、Red Hat 等大公司的关注，这些公司基于自身的技术背景，纷纷在容器概念上大做文章，最终王者 Kubernetes 出现了。

2.1.2 Docker 的形态

如今 Docker 经过了十多年的发展，已经远不是当初的样子了，不过最核心的那些概念和操作并没有太大变化。

在使用 Docker 之前，我们需要对 Docker 的形态有所了解。目前 Docker 上有 Docker Desktop 和 Docker Engine 两个选择。

Docker Desktop 是专门针对个人使用而设计的，支持 macOS 和 Windows 快速安装，具有直观的图形界面，还集成了许多工具，方便易用。

不过，本书不推荐使用 Docker Desktop，原因有两个。第一，它是商业产品，难免带有 Docker 公司的属性，有一些非通用的特性，不利于后续的 Kubernetes 学习。第二，它只是对个人学习免费，受条款限制不能商用，在日常工作中难免会踩到雷区。[②]

Docker Engine 则和 Docker Desktop 相反，完全免费，但只能在 Linux 上运行，只能使用命令行操作，缺乏辅助工具，需要自己动手搭建运行环境。不过，它才是 Docker 当初的真正形态，也是现在各个公司在生产环境中实际使用的 Docker 产品，毕竟机房里 99%的服务器上运行的都是 Linux。

在接下来的学习过程里，本书推荐使用 Docker Engine，之后如果没有特别声明，Docker 这个词指的就是 Docker Engine。[③]

---

① Docker 的标志是一只可爱的小鲸鱼，不过这个词的实际含义却是干苦力活的“码头工人”。

② Docker Desktop 原本是可以免费使用的，但在 2021 年 8 月 31 日，Docker 公司改变了策略，只对个人、教育和小型公司免费，其他形式的商业使用需要采用订阅制付费。

③ 事实上，Docker Desktop 内部包含了 Docker Engine，也就是说，Docker Engine 是 Docker Desktop 的核心组件之一。

2.1.3 Docker 的安装

第 1 章已经在 Linux 里安装了一些常用工具，用的是 Ubuntu 的包管理工具 apt，这里仍然可以使用同样的方式来安装 Docker（为了方便，还可以使用“-y”参数来避免手动确认，实现自动化操作）：①

```
sudo apt install -y docker.io          #安装 Docker Engine
```

Docker Engine 不像 Docker Desktop 那样可以安装后就直接使用，必须要做一些手动调整，所以安装完毕后还要执行如下两条命令：

```
sudo service docker start              #启动 docker 服务
sudo usermod -aG docker ${USER}        #当前用户加入 docker 组
```

因为操作 Docker 必须要有 root 权限，而直接使用 root 用户不够安全，所以加入 docker 用户组是一个比较好的选择，这也是 Docker 官方推荐的做法。当然，如果只是图省事，也可以直接切换到 root 用户来操作 Docker。

上面的 3 条命令执行完之后，还要退出系统（命令“exit”），再重新登录一次，这样才能让修改用户组的命令“usermod”生效。

现在可以使用命令“docker version”和“docker info”来验证 Docker 是否安装成功。

运行“docker version”会输出 Docker 客户端和服务器各自的版本信息，例如：

```
[K8S ~]$docker version
Client:
  Version:           20.10.21
  API version:       1.41
  Go version:        go1.18.1

Server:
  Engine:
    Version:          20.10.21
    API version:      1.41 (minimum version 1.12)
    Go version:       go1.18.1
    OS/Arch:          linux/arm64
  Containerd:
    Version:          1.6.12-0ubuntu1~22.04.3
  runc:
    Version:          1.1.4-0ubuntu1~22.04.3
```

① 这种方式的安装源是 Ubuntu 的官方软件仓库，也可以选择使用 Docker 的官方软件仓库，但步骤略多（由于最终效果区别不大，因此本书不使用）。

运行命令“docker info”会显示当前 Docker 系统的相关信息，例如 CPU、内存、容器数量、镜像数量、容器运行时和存储文件系统等。这里只摘录如下一部分。

```
[K8S ~]$docker info
Client:
  Context:    default
  Debug Mode: false

Server:
  Containers: 0
    Running: 0
    Paused: 0
    Stopped: 0
  Images: 5
  Server Version: 20.10.21
  Storage Driver: overlay2
    Backing Filesystem: extfs
    Native Overlay Diff: true
  Logging Driver: json-file
  Cgroup Driver: systemd
  Cgroup Version: 2
  Runtimes: io.Containerd.runc.v2 io.Containerd.runtime.v1.linux runc
  Default Runtime: runc
  Kernel Version: 5.15.0-71-generic
  Operating System: Ubuntu 22.04.2 LTS
  OSType: linux
  Architecture: aarch64
  CPUs: 2
  Total Memory: 3.82GiB
  Docker Root Dir: /var/lib/docker
```

运行“docker info”显示的这些信息，对于了解 Docker 的内部运行状态非常有用，例如能够看到当前没有容器在运行（Containers: 0），有 5 个镜像（Images: 5），存储用的文件系统是 overlay2，Linux 内核版本是 5.15，操作系统是 Ubuntu 22.04.02 LTS，硬件是 aarch64（即 arm64），2 个 CPU，内存是 4 GB。

2.1.4 Docker Engine 的架构

本节会简略介绍 Docker Engine 的架构，为之后的学习做准备。

图 2-1 来自 Docker 官网，精准地描述了 Docker Engine 的内部角色和工作流程。

命令“docker”实际上是一个客户端（Client），会与 Docker Engine 里的后台服务 Docker daemon 通信，而镜像则存储在远端的镜像仓库 Registry 里，客户端并不能直接访问镜像仓库。

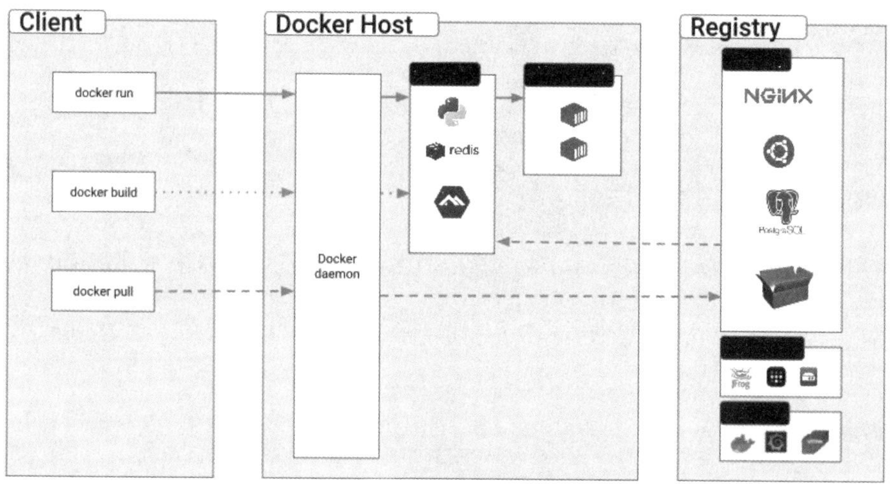

图 2-1 Docker Engine 架构示意

Client 可以通过“run”“build”“pull”等命令向 Docker daemon 发送请求；而 Docker daemon 则是容器和镜像的“大管家”，负责从镜像仓库拉取镜像、在本地存储镜像，还有从镜像生成容器、管理容器等所有功能。

所以，在 Docker Engine 里，真正干活的其实是运行在后台的 Docker daemon，而实际操作的命令行工具 docker 只是个“传声筒”。①

Docker 官方还提供了一个 hello-world 示例，可以展示从 Client 到 Docker daemon 再到 Registry 的详细工作流程，只需要执行如下命令：

```
docker run hello-world
```

它会先检查本地镜像，如果没有就从远程仓库拉取镜像再运行容器，最后输出运行信息：

```
[K8S ~]$docker run hello-world
Unable to find image 'hello-world:latest' locally
latest: Pulling from library/hello-world
70f5ac315c5a: Pull complete
Digest: sha256:926fac ... 81598
Status: Downloaded newer image for hello-world:latest

Hello from Docker!
This message shows that your installation appears to be working correctly.

To generate this message, Docker took the following steps:
```

① Docker 并不是只有 docker 这一个客户端，附录 B 中介绍的 docker-compose 也是 Docker 的客户端。

```
 1. The Docker client contacted the Docker daemon.
 2. The Docker daemon pulled the "hello-world" image from the Docker Hub.
 3. The Docker daemon created a new container from that image which runs the
    executable that produces the output you are currently reading.
 4. The Docker daemon streamed that output to the Docker client,
    which sent it  to your terminal.
```

2.1.5 Docker 的基本用法

有了可用的 Docker 运行环境，本节将重现 2013 年 Solomon Hykes 的那场简短的技术演示。

首先使用“docker ps”命令列出运行在当前系统里的容器，就像在 Linux 系统里使用“ps”命令列出当前运行的进程一样。

```
[K8S ~]$docker ps
CONTAINER ID   IMAGE      COMMAND    CREATED    STATUS     PORTS      NAMES
```

注意，所有的 Docker 命令都是这种形式：以“docker”开始，接着是一个具体的子命令（“docker version”和“docker info”也遵循了这样的规则）。子命令“help”或者选项“--help”可以获取帮助信息，查看命令清单或更详细的说明。

因为安装好 Docker 环境后还没有运行任何容器，所以列表是空的。

接下来学习一个非常重要的命令“docker pull”，从外部的镜像仓库拉取一个 busybox 镜像，可以把它类比为 Ubuntu 中的“apt install”下载软件包：

```
[K8S ~]$docker pull busybox        #拉取 busybox 镜像
Using default tag: latest
latest: Pulling from library/busybox
8a0af25e8c2e: Pull complete
Digest: sha256:3fbc632167 ... 7f4e79
Status: Downloaded newer image for busybox:latest
docker.io/library/busybox:latest
```

执行命令“docker pull”会有一些看起来比较奇怪的输出信息，2.4 节将会详细解释。

再执行命令“docker images”，会列出当前 Docker 存储的所有镜像：

```
[K8S ~]$docker images
REPOSITORY     TAG        IMAGE ID       CREATED        SIZE
busybox        latest     fc9db2894f4e   8 days ago     4.04MB
```

可以看到，命令显示了一个叫作 busybox 的镜像，镜像 ID 是一串十六进制数字，大小是 4.04 MB。[①]

① busybox 是一个小巧精致的工具箱，把诸多 Linux 命令整合在一个可执行文件里，非常适合测试任务或者嵌入式系统。

现在就可以从这个镜像启动容器，命令是“docker run”，执行“echo”，这也正是 Solomon Hykes 在大会上展示的非常精彩的部分，输出计算机世界著名的“hello world”：

```
[K8S ~]$docker run busybox echo hello world
hello world
```

再执行“docker ps”命令，加上参数“-a”，就可以看到这个已经运行完毕的容器：

```
[K8S ~]$docker ps -a
CONTAINER ID    IMAGE      COMMAND               CREATED            STATUS
036680f7fe3b    busybox    "echo hello world"    50 seconds ago     Exited (0)
```

以上基本是 Solomon Hykes 5 分钟演讲的全部内容了。

初次接触容器的读者可能会很困惑（PyCon 2013 上绝大部分的现场观众也有这样的疑问），这些命令都做了什么。看起来并没有展示什么特别神奇的本领，可能还不如直接写一个 Shell 脚本省事。本书后续会逐步讲解其中的奥妙。

2.1.6 小结

本节简单介绍了容器技术，要点如下：

- 容器技术起源于 Docker，目前有 Docker Desktop 和 Docker Engine 两个产品，推荐使用免费的 Docker Engine，可以在 Ubuntu 系统里直接用“apt”命令安装；[①]
- Docker Engine 需要使用命令行操作，主命令是“docker”，后面再接各种子命令；
- 查看 Docker 基本信息的命令是“docker version”和“docker info”，常用命令还有“docker ps”“docker pull”“docker images”和“docker run”；
- Docker Engine 是典型的客户端/服务器（C/S）架构，命令行工具 docker 直接面对用户，Docker daemon 和 Registry 协作实现各种功能。

2.2 理解容器的本质

广义上来说，容器技术是动态的容器、静态的镜像和远端的仓库这三者的组合。“容器”是容器技术里的核心概念，不过大多数初次接触这个领域的人，甚至已经有一些使用经验的人，想要准确理解它们的内涵和本质也比较困难。

本节将介绍究竟什么是容器（即狭义的、动态的容器）。

① 在 GitHub 上有一个开源项目 Moby，它就是原来的 Docker。因为 Docker 已经成为注册商标，所以在 2017 年改名为 Moby，作为目前 Docker 产品的试验上游而存在（类似 Fedora 与 CentOS、RHEL 的关系）。

2.2.1　容器究竟是什么

从字面意思看，容器就是 Container，一般把它形象地比喻为现实世界的集装箱，也正好和 Docker 的现实含义相对应，因为码头工人就是在不停地搬运集装箱（Docker 的标志是一只托着许多集装箱的小鲸鱼）。

集装箱的作用是标准化封装各种货物，一旦打包完成就可以从一个地方迁移到任意的其他地方。相比散装形式而言，集装箱隔离了箱内、箱外两个世界，保持了货物的原始形态，避免了内外相互干扰，简化了商品的存储、运输、管理等工作。

回到计算机世界，容器也发挥着同样的作用，它封装的货物是运行中的应用程序，也就是进程，同样它也会把进程与外界隔离开，使进程与外部系统互不影响。

接下来实际操作一下，看看容器里运行的进程。

首先使用“docker pull”命令，拉取一个新的镜像——操作系统 Alpine，然后使用“docker run”命令运行它的 Shell 程序：[①]

```
[K8S ~]$docker pull alpine
[K8S ~]$docker run -it alpine sh
```

注意这里加了“-it”参数，可以暂时离开当前的 Ubuntu 操作系统，进入容器内部。执行“cat/etc/os-release”和“ps”两条命令，再使用“exit”退出，看看容器内与容器外的区别：

```
[K8S ~]$docker run -it alpine sh

/ # cat /etc/os-release
NAME="Alpine Linux"
ID=alpine
VERSION_ID=3.18.2
PRETTY_NAME="Alpine Linux v3.18"

/ # ps
PID   USER     TIME  COMMAND
    1 root      0:00 sh
    8 root      0:00 ps

/ # exit
```

在容器里查看系统信息，可以发现不再是容器外面的 Ubuntu 22.04 系统了，而是 Alpine Linux 3.18；使用“ps”命令也只会看到一个完全干净的运行环境，除了 Shell（即 sh）没有其他进程存在。

① Alpine Linux 是一个微型的 Linux 发行版，体积很小，注重安全和效率。

也就是说，容器内部是一个全新的 Alpine 操作系统，在这里运行的应用程序完全看不到外面的 Ubuntu 系统，两个系统被互相隔离了。

下面再拉取一个 Ubuntu 18.04 的镜像，用同样的方式进入容器内部，然后执行“apt update”“apt install”等命令：

```
[K8S ~]$docker pull ubuntu:18.04
[K8S ~]$docker run -it ubuntu:18.04 sh

# 以下命令都是在容器内执行
cat /etc/os-release
apt update
apt install -y wget redis
redis-server &
```

可以看到，容器里是另一个完整的 Ubuntu 18.04 系统，用户可以在这个容器里做任意的事情，例如安装应用、运行 Redis 服务等。但无论在容器里做什么，都不会影响外面的 Ubuntu 系统（当然不是绝对的，某些特殊的命令（如修改系统时间）就会作用于容器外部环境）。

到这里就可以得到一个初步结论：容器，就是一个特殊的隔离环境，它能够让进程只看到这个环境里的有限信息，不能对外界环境施加影响。

2.2.2 为什么要隔离

很自然地，我们会想到一个问题：为什么要创建这样的一个隔离环境，直接让进程在原系统里运行不好吗？

计算机世界里的隔离是出于系统安全的考虑。

对于 Linux 操作系统来说，一个不受任何限制的应用程序是十分危险的。这个应用程序能够看到系统中的所有文件、进程和网络流量，能访问内存里的任何数据，系统很容易被恶意程序破坏，正常程序也可能因为无意的 bug 导致信息泄露或者其他安全事故。虽然 Linux 提供了用户权限控制，能够限制应用程序只访问某些资源，但这个机制比较薄弱，和真正的“隔离”需求相差得很远。

容器技术的一个作用是让应用程序运行在一个有严密防护的沙盒（sandbox）环境之内，它可以在这个环境里自由活动，但绝不允许越界，从而保证容器外系统的安全。

此外，计算机里有各种各样的资源，如 CPU、内存、硬盘、网卡等，虽然目前的高性能服务器拥有几十核 CPU、上百 GB 的内存、数 TB 的硬盘、万兆网卡，但资源终究有限，而且考虑到成本，也不允许某个应用程序无限制地占用这些资源。

容器技术的另一个作用是为应用程序加上资源隔离，在系统里切分出一部分资源，让它只能使用指定的配额，例如只能使用一个 CPU，只能使用 1 GB 内存等。这样就可以避免容器内的进程过度消耗系统资源，充分利用计算机硬件，让有限的资源提供稳定可靠的服务。①

所以，虽然进程被隔离在容器里，但保证了整个系统的安全。而且只要进程遵守隔离规定，完全可以正常运行。

2.2.3 容器与虚拟机的区别

业界有这样的一种看法：容器不过是常见的沙盒技术之一，和虚拟机差不多。实际上，它与虚拟机有相当大的区别，也有很多的优势。

容器和虚拟机面对的是相同的问题，使用的也都是虚拟化技术，只是所在的层次不同，可以参考图 2-2（来自 Docker 官网）的对比。②

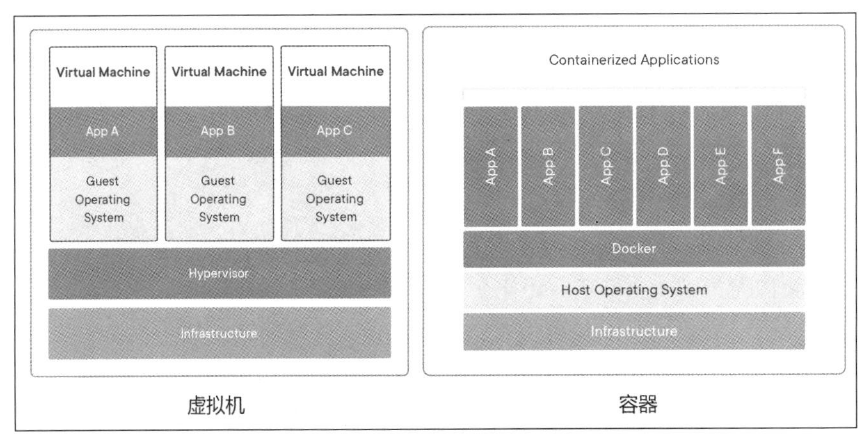

图 2-2 虚拟机和容器的架构对比

首先，容器和虚拟机的目的都是隔离资源，保证系统安全，并尽量提高资源的利用率。

1.4 节使用 VirtualBox/VMware 创建虚拟机时，读者也应该注意到，它们能够在宿主机系统里完整虚拟化出一套计算机硬件，还能够安装任意的操作系统，内外两个系统也是完全隔离，互不干扰。

---

① 早期的 Docker 内部使用的技术是 LXC（Linux Container），后来改成了自己研发的 libcontainer，现在则是基于 Containerd 和 runc。

② Docker 官网的图示其实并不太准确，容器并不直接运行在 Docker 上，Docker 只是辅助建立隔离环境，让容器基于 Linux 操作系统运行。

而在数据中心的服务器上，虚拟机软件（即图 2-2 中的 Hypervisor）同样可以把一台物理服务器虚拟成多台逻辑服务器，这些逻辑服务器彼此独立，可以按需分隔物理服务器的资源，为不同的用户所使用。

从实现的角度来看，虚拟机虚拟化出来的是硬件，在上面再安装一个操作系统后才能够运行应用程序，而硬件虚拟化和操作系统都比较重，会消耗大量的 CPU、内存、硬盘等系统资源，但这些消耗其实并没有为用户带来什么价值，属于无用功，不过好处是隔离程度非常高，每个虚拟机之间可以做到完全无干扰。①

再来看容器（即图 2-2 中的 Docker），它直接利用了下层的计算机硬件和操作系统，因为比虚拟机少了一层，所以非常轻量级，自然就会节约 CPU 和内存，能够更高效地利用硬件资源。不过，因为多个容器共用操作系统内核，应用程序的隔离程度没有虚拟机那么高。

容器相比于虚拟机的优势就是运行效率。在图 2-2 中可以看到，同样的系统资源，虚拟机只能跑 3 个应用，其他资源需要用来支持虚拟机运行，而容器则能够把这部分资源释放出来，同时运行 6 个应用。

当然，这个对比图只是一个形象展示，不是严谨的数值比较。不过我们还可以用现有的 VirtualBox/VMware 虚拟机与 Docker 容器做个简单对比。

一个普通的 Ubuntu 虚拟机安装完成之后，体积是 GB 级别的，再安装一些应用很容易就会达到 10 GB，启动时间通常需要几分钟，在个人电脑上同时运行十来个虚拟机可能就是极限了。而一个 Ubuntu 镜像大小只有几十 MB，启动速度更是非常快，启动时间基本不超过 1 s，同时运行上百个容器也毫无问题。

不过，虚拟机和容器这两种技术不是互斥的，它们完全可以结合起来使用，例如用虚拟机实现与宿主机的强隔离，然后在虚拟机里使用 Docker 容器来快速运行应用程序。

2.2.4 隔离是怎么实现的

虚拟机使用的是 Hypervisor（KVM、Xen 等），那么，隔离是如何实现的？容器又是如何实现和下层计算机硬件、操作系统交互的？

其实奥秘就在于 Linux 操作系统内核。它为资源隔离提供了 namespace、cgroup 和 chroot 3 种技术，虽然初衷并不是实现容器，但结合使用就会发生奇妙的化学反应。

namespace 是 2002 年从 Linux 2.4.19 开始出现的，和编程语言里的 namespace 有点类

① 虚拟化是计算机界的一门传统技术，虚拟机只是其中的一种，还有虚拟 CPU、虚拟内存、虚拟磁盘、虚拟网卡等，主要目的是资源共享，提高资源利用率。

似，它可以创建独立的文件系统、主机名、进程号、网络等资源空间，相当于给进程盖了一间“小板房”，这样就实现了系统全局资源和进程局部资源的隔离。

cgroup（Control Group）是 2008 年从 Linux 2.6.24 开始出现的，用来实现对进程的 CPU、内存等资源的优先级和配额的限制，相当于给进程的“小板房”加了一个“天花板”。①

chroot 的历史则要比 namespace、cgroup 久远得多，早在 1979 年的 UNIX V7 中就已经出现了，它可以更改进程的根目录，使其访问特定的目录，而不用访问整个文件系统，相当于给进程的“小板房”铺上了“地砖”。②

综合运用这 3 种技术，一个具有完善的隔离特性的容器出现了。

2.2.5 小结

本节介绍了容器技术中的关键概念：动态的容器，要点如下。

- 容器就是操作系统里一个特殊的沙盒环境，里面运行的进程只能看到受限的信息，实现了与外部系统的隔离。
- 容器隔离的目的是系统安全，可限制进程能够访问的各种资源。
- 相比虚拟机技术，容器更加轻巧、高效，消耗的系统资源也更少，在云计算时代极具优势。
- 容器的基本实现技术是 Linux 系统里的 namespace、cgroup 和 chroot。

2.3 容器化的应用

容器是一个系统中被隔离的特殊环境，进程可以在其中不受干扰地运行，可以描述得再简化一点：容器就是被隔离的进程。

相比笨重的虚拟机，容器有许多优点，那么应该如何创建并运行容器呢？是要用 Linux 内核里的 namespace、cgroup 和 chroot 吗？

当然不会，那样的方式实在是太原始了。本节将以 Docker 为例，先介绍容器化的应用，再介绍操纵容器化的应用。

① cgroup 技术最早由 Google 实现，被用于公司内部的 Borg 系统，也就是 Kubernetes 的前身，后来才被集成进 Linux 内核。

② 目前的容器基本不再使用过于古老的 chroot 了，而是改用 pivot_root。

2.3.1 容器与镜像

运行容器显然不是从零开始的，而是要先拉取一个镜像，再从这个镜像启动容器，方式如下：

```
docker pull busybox
docker run  busybox echo hello world
```

那么，这个镜像到底是什么？它和容器又有什么关系？

其实我们在其他场合中也见到过“镜像”这个词，例如替代实体光盘的光盘镜像，重装电脑时使用的硬盘镜像，还有虚拟机系统镜像。这些“镜像”的相同点是：只读，不允许修改，以标准格式存储了一系列文件，需要时再从中提取出数据。

容器技术里的镜像也类似。容器是由操作系统动态创建的，那么必然可以用一种办法把它的初始环境给固化下来，保存成一个静态的文件，以方便存放、传输、进行版本化管理。①

如果还拿“小板房”来做比喻，那么镜像就是一个“样板间”，把运行进程需要的文件系统、依赖库、环境变量、启动参数等信息打包整合到了一起。之后镜像文件无论放在哪里，操作系统都能根据这个“样板间”快速重建容器，应用程序看到的是一致的运行环境。

从功能上来看，镜像和常见的 tar、rpm、deb 等安装包一样，都打包了应用程序，但不同在于它里面不仅有基本的可执行文件，还有应用运行时的整个系统环境。这就让镜像具有了非常好的跨平台特性和兼容性，能够让开发者在一个系统（如 Ubuntu）上开发，然后打包成镜像，再去另一个系统（如 CentOS）上运行，完全不需要考虑环境依赖的问题，是一种更高级的应用打包方式。

理解了这一点，再来看看刚刚运行的两个 Docker 命令。

“docker pull busybox”，是获取一个打包了 busybox 应用的镜像，里面固化了 busybox 程序和它所需的完整运行环境。

“docker run busybox echo hello world”，是提取镜像里的各种信息，运用 namespace、cgroup 和 chroot 技术创建出隔离环境，然后运行 busybox 的“echo”命令，输出“hello world”的字符串。

这两条命令，因为是基于标准的 Linux 系统调用和只读的镜像文件，所以无论是在哪种操作系统上，或者是使用哪种容器实现技术，都会得到完全一致的结果。

---

① 镜像和容器的关系也可以用编程语言里的“序列化”和“反序列化”来理解，镜像就是被序列化后磁盘上的数据，容器就是反序列化后内存里的对象。

推而广之，任何应用都能够用这种形式打包再分发后运行，这也是无数开发者梦寐以求的“一次编写，到处运行”(Build once, Run anywhere) 的至高境界。所以，所谓的容器化的应用（或者应用的容器化)，就是指应用程序不再直接和操作系统打交道，而是封装成镜像，再交给容器环境运行。

现在应该知道，镜像就是静态的应用容器，容器就是动态的应用镜像，两者互相依存，互相转化，密不可分。

2.3.2 常用的镜像操作命令

镜像是容器运行的根本，先有镜像才有容器，本节将介绍 3 个常用的镜像命令：“docker pull”“docker images”和“docker rmi”。

2.1 节已经演示了两个基本命令：“docker pull”从远端仓库拉取镜像；“docker images”列出当前本地已有的镜像。

“docker pull”的用法比较简单，和普通的下载非常像，不过只有知道镜像的命名规则，才能准确地获取想要的容器镜像。

镜像完整的名字由名字和标签（tag）两部分组成，中间用“:”连接。

名字表明了应用的身份，例如 busybox、Alpine、Nginx、Redis 等。[①]

标签可以理解成为了区分不同版本的应用而做的额外标记，可以是任何字符串，例如 3.15 是纯数字的版本号，jammy 是项目代号，1.25-alpine 是“版本号+操作系统名”。其中有一个比较特殊的标签“latest”，它是默认标签，如果镜像只提供名字而没有附带标签，就会使用这个默认标签。[②]

把名字和标签组合起来，就可以使用“docker pull”来拉取任意镜像：

```
docker pull alpine:3.18
docker pull ubuntu:jammy
docker pull nginx:1.25-alpine
docker pull nginx:alpine
docker pull redis
```

有了这些镜像之后，再用“docker images”命令查看它们的具体信息：[③]

① Nginx 是著名的反向代理和负载均衡软件，以低消耗、高性能、功能丰富而闻名，它的正确发音是“Engine X”。

② 有一些特殊情况会导致镜像丢失名字或标签，这时会在列表里显示为“<none>”。

③ 在“docker images”命令生成的信息中，第一列的名字是“REPOSITORY”而不是“IMAGE”，这是因为 Docker 认为一系列同名但不同版本的镜像构成了一个集合，是一个镜像存储库，用 REPOSITORY 来表述更加恰当，相当于 GitHub 上的 Repository。

```
[K8S ~]$docker images
REPOSITORY          TAG             IMAGE ID        SIZE
redis               latest          c4645622ca39    149MB
ubuntu              jammy           37f74891464b    69.2MB
nginx               1.25-alpine     66bf2c914bf4    41MB
nginx               alpine          66bf2c914bf4    41MB
alpine              3.18            5053b247d78b    7.66MB
alpine              latest          5053b247d78b    7.66MB
ubuntu              18.04           d1a528908992    56.7MB
```

其中，REPOSITORY 列是镜像的名字，TAG 列是镜像的标签，IMAGE ID 列是镜像的唯一标识，SIZE 列是镜像的大小。①

可以用名字“ubuntu:jammy”来表示 Ubuntu 22.04 镜像，同样也可以用它的 IMAGE ID “37f7……”来表示。

还要注意，列表里的两个镜像“nginx:1.25-alpine”和“nginx:alpine”的 IMAGE ID 都是“66bf……”。这就像是人的身份证号码是唯一的，但可以有大名、小名、昵称和绰号，同一个镜像也可以打上不同的标签，这样应用在不同的场合会更容易理解。

因为 IMAGE ID 是十六进制形式且唯一，所以在本地使用镜像的时候，通常只需要写出前 3 位就能够快速定位，在镜像数量比较少的时候通过两位甚至一位数字也可以快速定位。

再来看另一个镜像操作命令“docker rmi”，用来删除不再使用的镜像，可以节约磁盘空间。注意命令“rmi”是“remove image”的简写。

下面分别使用镜像名字和 IMAGE ID 删除镜像：

```
docker rmi redis
docker rmi 37f7
```

这里的第一个“rmi”删除了 Redis 镜像，因为没有显式写出标签，默认使用的就是“latest”。第二个“rmi”没有给出镜像名字，而是直接使用了 IMAGE ID 的前 4 位，也就是“37f7”，Docker 会直接找到这个 IMAGE ID 前缀的镜像然后删除。②

Docker 中与镜像相关的命令还有很多，本书将会陆续介绍。

2.3.3 常用的容器操作命令

在本地存放了镜像后，可以使用“docker run”命令运行这些镜像，变成动态的容器。

① IMAGE ID 的十六进制字符串实际上是对镜像文件使用 SHA256 算法得到的摘要，总长度是 64 个字符（即 32 字节，256 位）。

② 如果一个镜像同时具有多个标签，例如这里的“nginx:1.25-alpine”和“nginx:alpine”，就不能直接使用 IMAGE ID 来删除，Docker 会提示镜像存在多个引用（即标签），拒绝删除。

命令的基本格式是“docker run 参数”，再跟上“镜像名或 IMAGE ID”，后面可能还会有附加的“运行命令”。例如这条命令：

```
docker run -h srv alpine hostname
```

其中，“-h srv”是容器的运行参数；“alpine”是镜像名；“hostname”表示要在容器里运行“hostname”这个程序，输出主机名。

“docker run”是 Docker 中一个比较复杂的容器操作命令，可以附加很多额外参数来调整容器的运行状态，读者可以加上“--help”查看它的帮助信息。如下是一些常用参数。

- “-it”表示开启一个交互式操作的 Shell，这样可以直接进入容器内部，就像是登录虚拟机。
- “-d”表示让容器在后台运行，这在启动 Nginx、Redis 等服务器程序时非常有用。
- “--name”表示为容器起一个名字，方便查看。这个参数不是必需的，如果缺省 Docker 会随机分配一个名字。

下面使用这 3 个参数，分别运行 Nginx、Redis 和 Ubuntu：

```
docker run -d nginx:alpine                    # 后台运行 Nginx
docker run -d --name red_srv redis            # 后台运行 Redis
docker run -it --name ubuntu d1a sh           # 使用 IMAGE ID，登录 Ubuntu 18.04
```

使用“docker ps”命令查看容器的运行状态（因为第三条命令使用的是“-it”而不是“-d”，所以会进入容器里的 Ubuntu 系统，可能需要另外开一个终端窗口）：

```
[K8S ~]$docker ps
CONTAINER ID   IMAGE          COMMAND          NAMES
25ef8e19e6f0   d1a            "sh"             ubuntu
cee17d973355   redis          "docker…"        red_srv
3c3745f493ba   nginx:alpine    "/docker.…"     beautiful_beaver
```

可以看到，每个容器会有一个 CONTAINER ID，它的作用和镜像的 IMAGE ID 一样，用于唯一标识容器。

对于正在运行的容器，可以使用“docker exec”命令执行另一个程序，效果和“docker run”类似，但因为容器已经存在，所以不会创建新的容器。它的常见用法是使用“-it”参数打开一个 Shell，进入容器内部，例如：

```
docker exec -it red_srv sh
```

这样就登录了 Redis 容器，可以很方便地查看服务的运行状态或者日志。

运行中的容器还可以使用“docker stop”命令来强制停止，这里仍然可以使用容器名字或者 CONTAINER ID 的前几位数字来指定容器。

```
docker stop 25e cee 3c3
```

容器被停止后使用“docker ps”命令就看不到了，不过容器并没有被彻底销毁，可以使用“docker ps -a”命令查看系统里所有的容器，当然也包括已经停止运行的容器：

```
[K8S ~]$docker ps -a
CONTAINER ID    IMAGE           COMMAND          NAMES
25ef8e19e6f0    d1a             "sh"             ubuntu
cee17d973355    redis           "docker.…"       red_srv
3c3745f493ba    nginx:alpine     "/docker.…"     beautiful_beaver
```

这些停止运行的容器可以用“docker start”再次启动运行，如果确定不再需要这些容器，可以使用“docker rm”命令彻底删除。

注意，这条命令与“docker rmi”非常像，区别在于它没有后面的字母“i”，只会删除容器不会删除镜像。

“docker rm”命令可以使用 CONTAINER ID 的前 3 位数字来删除容器：

```
docker rm 25e cee 3c3
```

执行删除命令之后，再用“docker ps -a”查看列表就会发现这些容器已经彻底消失。

不过这样的容器管理方式比较麻烦，启动后要使用“docker ps”查看 CONTAINER ID 再删除，容易在系统中遗留非常多的停止运行的容器，占用系统资源。

执行“docker run”命令时加上“--rm”参数，能够让 Docker 自动删除不需要的容器，这相当于告诉 Docker 不保存容器，只要运行完毕就自动清除，避免了手工管理容器的麻烦。

再次运行 Nginx、Redis 和 Ubuntu 3 个容器，并加上“--rm”参数：

```
docker run -d --rm nginx:alpine         # 后台运行 Nginx
docker run -d --rm red_srv redis        # 后台运行 Redis
docker run -it --rm ubuntu d1a sh       # 使用 IMAGE ID，登录 Ubuntu 18.04
```

然后使用“docker stop”停止容器，再使用“docker ps -a”，可以发现无须手动执行“docker rm”，Docker 已经自动删除了这 3 个容器。

2.3.4 小结

本节学习了容器化的应用，并使用 Docker 实际操作了镜像和容器，运行了被容器化的

Alpine、Nginx、Redis 等应用。

镜像是容器的静态形式，打包了应用程序的所有运行依赖项，方便保存和传输。使用容器技术运行镜像，就形成了动态的容器。因为镜像是只读的，不可修改，所以应用程序的运行环境总是一致的。

而容器化的应用就是指以镜像的形式打包应用程序，然后在容器环境里从镜像启动容器。

Docker 的命令比较多，每条命令还有许多参数，读者可以参考 Docker 自带的帮助或者官方文档，多加练习。

镜像操作和容器操作的要点如下：

- 常用的镜像操作有“docker pull”“docker images”和“docker rmi”，分别是拉取镜像、查看镜像和删除镜像；
- 用来启动容器的“docker run”是很常用的命令，它有很多参数用来调整容器的运行状态，对于后台服务来说应该加参数“-d”；
- “docker exec”命令可以在容器内部执行任意程序，对于调试、排错特别有用；
- 其他常用的容器操作还有“docker ps”“docker stop”“docker rm”，分别用来查看容器、停止容器和删除容器。

2.4 创建应用镜像

2.3 节介绍了容器化的应用，也就是被打包成镜像的应用程序，这些镜像是怎么创建出来的？能不能够制作属于自己的镜像？

本节将讲解镜像的内部机制，以及高效且正确编写 Dockerfile 制作容器镜像的方法。

2.4.1 镜像内部机制

镜像是一个打包文件，包含了应用程序以及它运行所依赖的环境，例如文件系统、环境变量、配置参数等。[①]

环境变量、配置参数比较简单，用一个 manifest 清单就可以管理，真正麻烦的是文件系统。为了保证容器运行环境的一致性，镜像必须把应用程序所在操作系统的根目录（也就是 rootfs）都包含进来。

---

① Docker 镜像遵循的是 OCI（Open Container Initiatve）标准，所以制作出来的镜像文件也能够被其他容器技术（如 Kata、Kubernetes）识别并运行。

虽然这些文件里不包含系统内核（因为容器共享宿主机的内核），但如果每个镜像都重复这样的打包操作，仍然会导致大量冗余。可以想象，如果有 1000 个镜像基于 Ubuntu 系统打包，那么这些镜像会重复 1000 次 Ubuntu 根目录，对磁盘存储、网络传输都是很大的浪费。

很自然地，我们会想到，把重复的部分抽取出来，只存放一份 Ubuntu 根目录文件，让这 1000 个镜像以某种方式共享这部分数据。

这个思路正是容器镜像的一个重大创新点：分层。

容器镜像内部并不是一个平坦的结构，而是由许多的镜像层（Layer）组成的，每层都是只读、不可修改的一组文件，相同的层可以在镜像之间共享，多个层像搭积木一样堆叠起来，再使用联合文件系统（Union File System，Union FS）技术把它们合并在一起，就形成了容器最终看到的文件系统。[①]

使用命令“docker inspect”可以查看镜像的分层信息，例如 nginx:alpine 镜像：

```
docker inspect nginx:alpine
```

它的分层信息在“RootFS”部分：

```
"RootFS": {
    "Type": "layers",
    "Layers": [
        "sha256:9386262...",
        "sha256:5079ade...",
        "sha256:81d1bb1...",
        "sha256:1eb3501...",
        "sha256:6be1b85...",
        "sha256:65bc30a...",
        "sha256:4b56765...",
        "sha256:0348644..."
    ]
},
```

可以看到，nginx:alpine 镜像里一共有 8 个层。

现在读者也就应该明白，2.1.5 节使用“docker pull”“docker rmi”等命令操作镜像时比较奇怪的输出信息是什么了，其实就是镜像里的各个层。Docker 会检查是否有重复的层，如果本地已经存在就不会重复下载，如果层被其他镜像共享就不会删除，这样就可以节约磁盘、降低网络成本。

① Union FS 有多种实现，例如 aufs、btrfs、device-mapper 等，目前 Docker 使用的是 overlay2，可以在“docker info”中查看。

2.4.2　什么是 Dockerfile

知道了容器镜像的内部结构和基本原理，下面继续学习如何自己动手制作容器镜像，也就是自己打包应用。

2.3 节说过容器是“小板房”，镜像是“样板间”。那么，要造出这个“样板间”，就必然要有一个“施工图纸”，由它来规定如何建造地基、铺设水电、开窗搭门等动作。这个“施工图纸”就是 Dockerfile。[①]

与容器、镜像相比，Dockerfile 非常普通，它就是一个纯文本文件，里面记录了一系列的构建指令，例如选择基础镜像、拷贝文件、运行脚本等，每条指令都会生成一个层，而 Docker 顺序执行这个文件里的所有指令，最后创建出一个新的镜像。

下面是一个简单的 Dockerfile 实例：

```
# Dockerfile.busybox
FROM busybox                        # 选择基础镜像
CMD echo "hello world"              # 启动容器时默认运行的命令
```

这个文件里只有两条指令。

第一条指令是“FROM”，所有的 Dockerfile 都要从它开始，表示选择构建使用的基础镜像，相当于“打地基”，这里就是 busybox。

第二条指令是“CMD”，指定“docker run”启动容器时默认运行的命令，这里使用了 echo 命令，输出“hello world”字符串。[②]

现在有了 Dockerfile，就可以用“docker build”命令来创建镜像：

```
[K8S ch2]$docker build -f Dockerfile.busybox .

Sending build context to Docker daemon   6.656kB

Step 1/2 : FROM busybox
 ---> fc9db2894f4e

Step 2/2 : CMD echo "hello world"
 ---> Running in a4006f6a969a
Removing intermediate container a4006f6a969a
```

① 也可以使用命令“docker commit”从运行中的容器直接生成镜像，但这样不具有 Dockerfile 文档化的优点，一般不推荐使用。

② 与“CMD”类似的一条指令是“ENTRYPOINT”，它也可以定义启动命令，相当于“docker run xxx ENTRYPOINT CMD”，不过没有“CMD”常用。

```
 ---> 37c8dcdc1cb2

Successfully built 37c8dcdc1cb2
```

需要特别注意命令的格式，用“-f”参数指定 Dockerfile 文件名，后面必须跟一个文件路径，叫作构建上下文（Build's Context），这里只是一个简单的点号，代表当前路径。

接下来会看到 Docker 逐行读取并执行 Dockerfile 里的指令，依次创建镜像层，再生成完整的镜像。

新的镜像暂时还没有名字（使用“docker images”命令查看时，可以看到是“<none>”），但可以直接使用 IMAGE ID 来查看或者运行，例如：

```
docker inspect 37c
docker run     37c
```

2.4.3 编写 Dockerfile

本节将介绍编写 Dockerfile 的一些常用指令和最佳实践。

构建镜像的第一条指令必须是“FROM”，所以基础镜像的选择非常关键。如果关注镜像的安全和大小，那么一般会选择 Alpine；如果关注应用运行的稳定性，那么可能会选择 Ubuntu、Debian 或者 RHEL。[①]

```
FROM alpine:3.18                    # 选择 Alpine 镜像
FROM ubuntu:bionic                  # 选择 Ubuntu 镜像
```

在本机开发、测试时会产生一些源代码、配置文件等，也需要打包进镜像里，这时可以使用“COPY”命令，它的用法和 Linux 的“cp”命令差不多，不过拷贝的源文件必须是构建上下文路径里的，不能随意指定文件。也就是说，如果要从本机向镜像拷贝文件，就必须把这些文件放到一个专门的目录下，然后在“docker build”里指定构建上下文到这个目录才行。[②]

下面是两条“COPY”命令示例：

```
COPY ./a.txt  /tmp/a.txt     # 把构建上下文里的 a.txt 拷贝到镜像的/tmp 目录
COPY /etc/hosts  /tmp        # 错误！不能使用构建上下文之外的文件
```

接下来是 Dockerfile 里的一条重要指令“RUN”，它非常灵活，可以执行任意的 Shell 命令，例如用于更新系统、安装应用、下载文件、创建目录、编译程序等的命令，完成镜像构建的任意一步。

---

① Dockerfile 里的构建指令不区分大小写，例如“FROM”可以写成“from”，但习惯上使用大写形式。

② 在 Dockerfile 里还可以使用另一条与“COPY”很类似的“ADD”指令，它不仅能够拷贝文件，还支持下载和自动解压缩，但过多的操作让它的含义比较模糊，不容易控制，不推荐使用。

“RUN”指令通常很复杂，包含很多 Shell 命令，但 Dockerfile 里一条指令只能是一行，所以有的“RUN”指令会在每行末尾使用续行符“\”，命令之间也会用“&&”来连接，以保证在逻辑上是一行，例如：

```
RUN apt update \
    && apt-get install -y \
        build-essential \
        curl \
        make \
        unzip \
    && cd /tmp \
    && curl -fSL xxx.tar.gz -o xxx.tar.gz\
    && tar xzf xxx.tar.gz \
    && cd xxx \
    && ./config \
    && make \
    && make clean
```

在 Dockerfile 里写这种超长的“RUN”指令很不美观，而且一旦写错了，每次调试都要重新构建，很麻烦，所以可以采用一个变通技巧：把这些 Shell 命令集中到一个脚本文件里，用“COPY”拷贝进去再用“RUN”来执行：

```
COPY setup.sh  /tmp/                      # 拷贝脚本到/tmp 目录

RUN cd /tmp && chmod +x setup.sh \        # 添加执行权限
    && ./setup.sh && rm setup.sh          # 运行脚本然后删除
```

“RUN”指令实际上是 Shell 编程，有变量的概念，可以实现参数化运行。这在 Dockerfile 里也可以做到，但需要使用“ARG”和“ENV”两条指令。

这两条指令的使用区别在于：“ARG”创建的变量只在镜像构建过程中可见，容器运行时不可见；而“ENV”创建的变量不仅能够在构建镜像的过程中使用，在容器运行时也能够以环境变量的形式被应用程序使用。

下面是一个简单的例子，使用“ARG”定义基础镜像的名字（可以用在“FROM”指令里），使用“ENV”定义两个环境变量：

```
ARG IMAGE_BASE="node"
ARG IMAGE_TAG="alpine"

ENV PATH=$PATH:/tmp
ENV DEBUG=OFF
```

Dockerfile 里还有一条重要指令是“EXPOSE”，用来声明容器对外服务的端口号，对现在基于 Node.js、Tomcat、Nginx、Go 等开发的微服务系统来说非常有用：

```
EXPOSE 443             # 默认是 TCP 协议
EXPOSE 53/udp          # 可以指定 UDP 协议
```

特别强调一下，因为每条指令都会生成一个镜像层，所以 Dockerfile 里最好不要滥用指令，尽量精简合并，否则太多的层会使镜像臃肿不堪。

2.4.4 镜像构建工流程

Dockerfile 必须经过“docker build”才能生效，本节再来看看“docker build”的详细用法。

2.4.2 节提到的构建上下文到底是什么？回到图 2-1，并注意图中“Docker daemon”与“docker build”之间的虚线。

因为命令行“docker”只是一个简单的客户端，真正的镜像构建工作是由服务器端的“Docker daemon”完成的，所以“docker”只能把构建上下文目录打包上传（显示信息“Sending build context to Docker daemon”），这样服务器才能够获取本地的文件。

所以，构建上下文其实与 Dockerfile 并没有直接的关系，它指定了要打包进镜像的一些依赖文件。而“COPY”命令也只能使用基于构建上下文的相对路径，因为“Docker daemon”看不到本地环境，只能看到打包上传的那些文件。

但这个机制也会带来一些麻烦，如果目录里有的文件（如 readme/.git/.svn 等）并不需要拷贝进镜像，docker 也会一股脑儿地打包上传，效率很低。

为了避免这种问题，可以在构建上下文目录里再创建一个“.dockerignore”文件，语法与“.gitignore”类似，排除那些不需要的文件。

下面是一个简单的示例，表示不打包上传后缀是“swp”和“sh”的文件：

```
# docker ignore
*.swp
*.sh
```

关于 Dockerfile，一般应该在命令行里使用“-f”来显式指定。如果省略这个参数，“docker build”会在当前目录下查找名字是“Dockerfile”的文件。所以，如果只有一个构建目标，文件直接命名为“Dockerfile”会省很多事。

现在使用“docker build”应该没什么难点了，不过构建出来的镜像只有 IMAGE ID 没有名字，不是很方便。

为此可以在命令行里加一个“-t”参数，也就是指定镜像的标签，这样 Docker 就会在构建完成后自动给镜像添加名字。当然，名字必须符合 2.3 节提到的命名规则，即用“:”分隔名字和标签，如果不提供标签默认是“latest”。

下面的这个 Dockerfile 以 nginx:1.25-alpine 为基础，构建了一个简单的应用镜像，可以用命令“docker build -t ngx-app:1.0 .”把它命名为“ngx-app:1.0”。

```
# Dockerfile

ARG IMAGE_BASE="nginx"
ARG IMAGE_TAG="1.25-alpine"

FROM ${IMAGE_BASE}:${IMAGE_TAG}

COPY ./default.conf /etc/nginx/conf.d/

RUN cd /usr/share/nginx/html \
    && echo "hello nginx" > a.txt

EXPOSE 8081 8082 8083
```

2.4.5　小结

本节介绍了容器镜像的内部结构，重点是理解容器镜像由多个只读的层构成，同一个层可以被不同的镜像共享，降低了存储和传输的成本。

本节的内容要点如下。

- 创建镜像需要编写 Dockerfile，定义创建镜像的步骤，每条指令都会生成一个层。①
- Dockerfile 里的第一条指令必须是“FROM”，用来选择基础镜像，常用的基础镜像有 Alpine、Ubuntu 等。其他的常用指令有“COPY”“RUN”“EXPOSE”，分别是拷贝文件、运行 Shell 命令、声明服务端口号。
- “docker build”需要用“-f”来指定 Dockerfile，如果不指定就使用当前目录下名字是“Dockerfile”的文件。
- “docker build”需要指定构建上下文，其中的文件会打包上传到 Docker daemon，尽量不要在构建上下文中存放多余的文件。
- 在创建镜像时应当使用“-t”参数，为镜像起一个有意义的名字，方便管理。

关于创建镜像还有很多高级技巧，例如使用缓存、多阶段构建等，可以参考 Docker 官方文档，或者知名应用的镜像（如 Nginx、Redis、Node.js 等）进一步学习。

① “docker history”命令可以回放完整的镜像的构建过程，对镜像排错很有用。

2.5 镜像仓库

使用“Dockerfile”和“docker build”能够创建自己的镜像，那么如何管理镜像文件呢？具体来说，应该如何存储、检索、分发、共享镜像？镜像仓库就是来解决这些问题的，它能够让容器化的应用更顺利地实施。

图 2-1 右侧的区域 Registry 就是镜像仓库，Registry 直译就是“注册中心”，意思是所有镜像都在这里登记保管，就像是一个巨大的档案馆。

图 2-1 左侧 docker pull 的工作流程是，先到 Docker daemon，再到 Registry，只有当 Registry 里存有镜像时才能真正下载到本地。

拉取镜像只是镜像仓库的一个基本功能，它还提供上传、查询、删除等功能，是一个全面的镜像管理服务站点。

我们可以把镜像仓库类比成手机上的应用商店，里面分门别类地存放了许多容器化的应用，有了它，使用镜像才能无后顾之忧。

2.5.1 什么是 Docker Hub

在使用“docker pull”获取镜像的时候，一般并不会明确地指定镜像仓库。在这种情况下，Docker 会使用默认的镜像仓库 Docker Hub。①

Docker Hub 是 Docker 公司于 2014 年 6 月搭建的官方 Registry 服务，和 Docker 1.0 同时发布。和 GitHub 一样，Docker Hub 几乎成了容器世界的基础设施。②

Docker Hub 里有 Docker 自己打包的镜像，而且对用户免费开放，任何人都可以上传自己的作品。经过这些年的发展，Docker Hub 已经不再是一个单纯的镜像仓库了，更应该说是一个丰富而繁荣的容器社区。

目前，Docker Hub 中有很多下载量超过 10 亿次的广受欢迎的应用程序，如 Nginx、MongoDB、Node.js、Redis 和 OpenJDK 等。显然，把这些容器化的应用引入我们自己的系统，就像是站在了巨人的肩膀上，会有一个较高的起点。

---

① 如果访问 Docker Hub 服务器比较慢，可以尝试在“/etc/docker/daemon.json”里配置镜像加速网站。

② 虽然 Docker Hub 一家独大，但市面上仍然有竞争者，典型的有 Red Hat 的 quay.io、Google 的 gcr.io，以及 GitHub 的 ghcr.io。

2.5.2 在 Docker Hub 上挑选镜像

和 GitHub、App Store 一样，面向所有人公开的 Docker Hub 也有一个不可避免的缺点，就是其中的镜像良莠不齐。

在 Docker Hub 网站的搜索框里输入关键字，如 Nginx、MySQL 等，会得到几千个搜索结果，本节将介绍挑选合适镜像的一些经验。①

Docker Hub 上的镜像可以分为官方镜像、认证镜像、赞助开源的镜像和社区镜像 4 类。

（1）官方镜像是指 Docker 公司提供的高质量镜像，经过了严格的漏洞扫描和安全检测，支持 x86_64、arm64 等多种硬件架构，还有清晰易读的文档。一般来说，官方镜像是构建镜像的首选，也是编写 Dockerfile 的最佳范例。

目前有大约 100 多个官方镜像，基本上囊括了现在的各种流行技术，图 2-3 所示为官方的 Nginx 镜像网页。

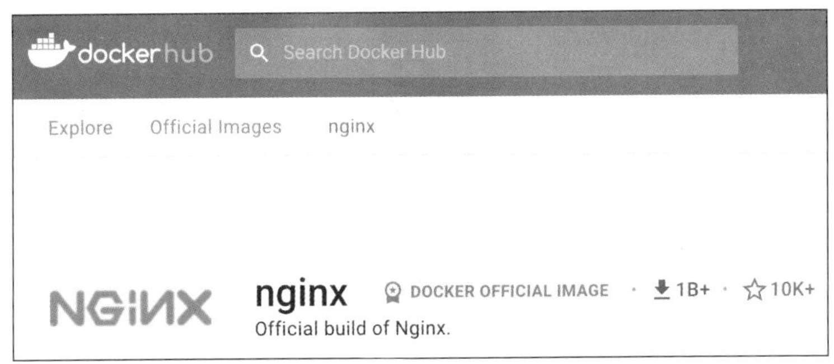

图 2-3 Docker Hub 上的 Nginx 官方镜像网页

可以看到，官方镜像会有“DOCKER OFFICIAL IMAGE”的标记，表示这个镜像经过了 Docker 公司的认证，有专门的团队负责审核、发布和更新，质量上可以放心。

（2）认证镜像，标记是“VERIFIED PUBLISHER”，也就是认证发行商，如 Bitnami、Rancher 和 Ubuntu 等。它们都是颇具规模的大公司，具有不逊于 Docker 公司的实力，并在 Docker Hub 上开了认证账号，发布自己打包的镜像，如图 2-4 所示。②

这些镜像有大公司背书，当然也值得信赖，不过它们难免会带上各自公司的一些烙印，例如 Bitnami 的镜像统一以“minideb”为基础，比 Docker 官方镜像的灵活性略差，有时甚至不

① 使用命令“docker search”也可以快速查找 Docker Hub 里的镜像。

② Bitnami 是一家面向云计算和 Kubernetes 的创业公司，以数量众多的高质量镜像而知名，在 2019 年被 VMware 收购。

符合实际需求。

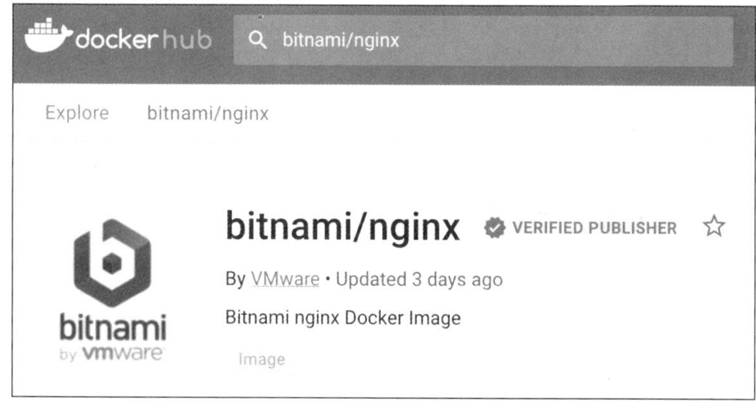

图 2-4　Docker Hub 上的 Bitnami Nginx 镜像网页

（3）赞助开源的镜像，标记是“SPONSORED OSS”，是由 Docker 公司赞助的开源项目所发布的镜像，有一定程度的 Docker 官方支持，但支持力度要比认证镜像弱一些，如图 2-5 所示。

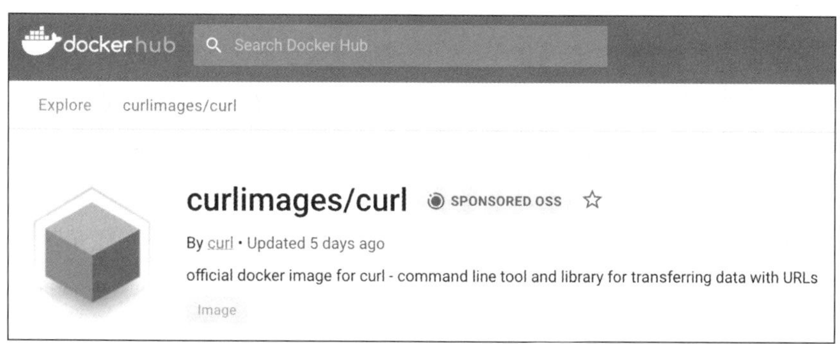

图 2-5　Docker Hub 上的 curl 镜像网页

（4）社区镜像，也叫非官方镜像，是官方镜像、认证镜像和赞助开源之外的镜像。社区镜像可以细分为两类。

第一类是“半官方”镜像。因为成为认证镜像要向 Docker 公司支付费用，所以很多公司只在 Docker Hub 上开了公司账号，但并没有加入认证。

以 OpenResty 为例，它的 Docker Hub 页面如图 2-6 所示，显示的是 OpenResty 官方发布，但并没有经过 Docker 公司的认证。所以这类镜像难免存在一些风险，使用的时候要注意鉴别。

一般来说，这种“半官方”镜像也比较可靠。[①]

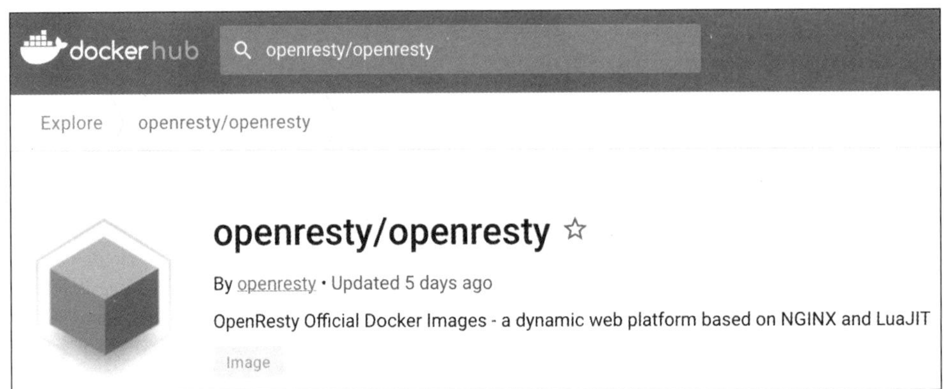

图 2-6 Docker Hub 上的 OpenResty 镜像网页

第二类是纯粹的“民间”镜像，通常是个人上传到 Docker Hub。因为条件所限，测试不完全甚至没有测试，质量上难以得到保证，下载的时候必须小心。

除了查看镜像是否为官方认证，我们还应该结合其他条件来判断镜像质量是否足够高，包括它的下载量、星数、更新历史。

一般来说下载量是非常重要的参考依据，好的镜像下载量通常在百万级别（超过 1M），而有的镜像虽然也是官方认证，但缺乏维护、更新不及时，用的人很少，星数、下载数都寥寥无几，还是应该选择下载量较多的镜像。

图 2-7 是在 Docker Hub 上的搜索 OpenResty 得到的结果。可以看到，有 1 个认证镜像、4 个赞助开源的镜像，但它们的下载量都很少；还有 1 个“民间”镜像下载量虽然超过了 1M，但更新时间是 4 年前。毫无疑问，我们应该选择排在第 6 位，下载量超过 50M、有 430 个星的“半官方”镜像。

2.5.3 Docker Hub 镜像的命名规则

Docker Hub 上的镜像非常多，但应用都是一样的名字，如 Nginx、Redis、OpenResty 等，该如何区分不同作者打包的镜像？

如果读者熟悉 GitHub 会发现 Docker Hub 使用了与 GitHub 同样的规则：用户名/应用名，例如“bitnami/nginx”“ubuntu/nginx”“rancher/nginx”等。

① OpenResty 是由 agentzh（章亦春）基于 Nginx 和 LuaJIT 开发的高性能 Web 平台，广泛应用于网站搭建、反向代理、CDN、API 网关等领域。

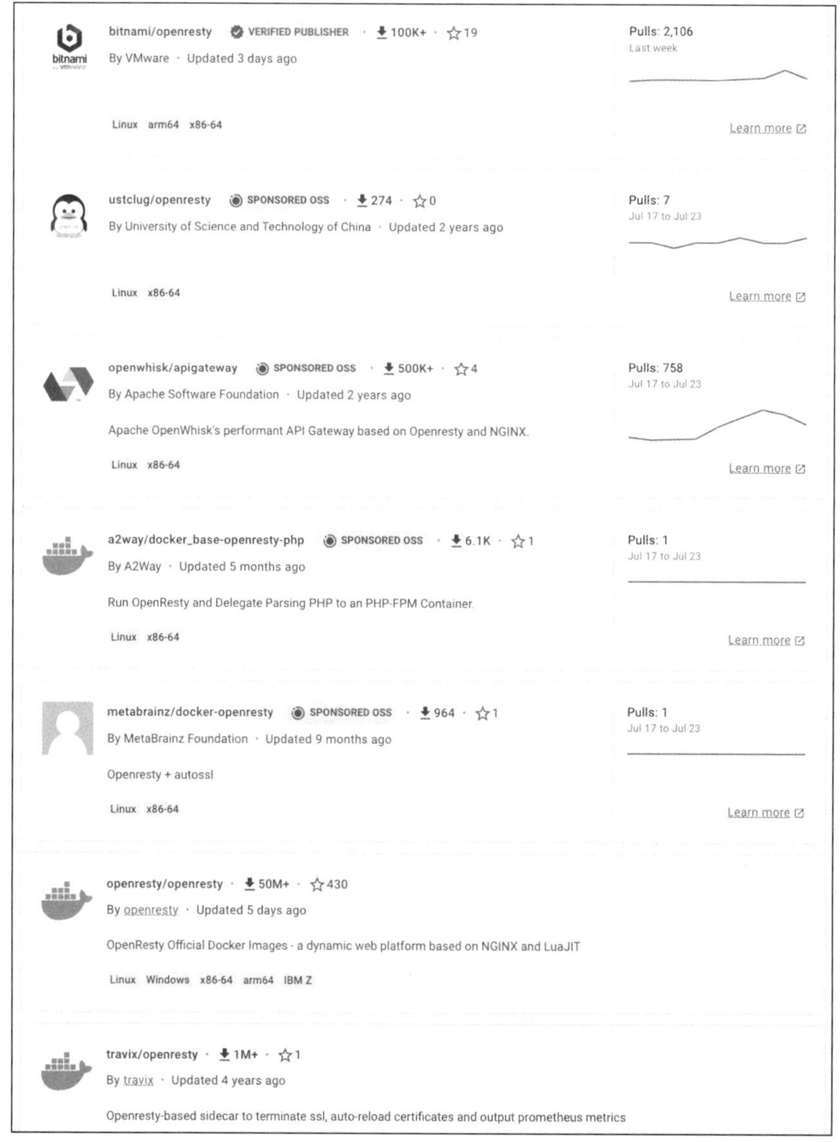

图 2-7 在 Docker Hub 上搜索 OpenResty 得到的结果

所以，在使用“docker pull”下载这些非官方镜像的时候，必须在命令中加上用户名，否则默认下载官方镜像，例如：①

```
docker pull bitnami/nginx
docker pull ubuntu/nginx
```

① Docker 官方镜像也有用户名，就是“library”，例如“library/nginx”，但一般省略不写。

确定了要使用的镜像后，还要确定镜像的版本，也就是标签。

直接使用默认的“latest”虽然简单，但在生产环境中这是一种非常不负责任的做法，可能导致版本不可控。所以，我们只有理解 Docker Hub 上标签命名的含义，才能够选择最适合的镜像版本。

下面以图 2-8 所示的官方 Redis 镜像为例，解释一下这些标签。

Supported tags and respective Dockerfile links

- 7.2-rc3 , 7.2-rc , 7.2-rc3-bookworm , 7.2-rc-bookworm
- 7.2-rc3-alpine , 7.2-rc-alpine , 7.2-rc3-alpine3.18 , 7.2-rc-alpine3.18
- 7.0.12 , 7.0 , 7 , latest , 7.0.12-bookworm , 7.0-bookworm , 7-bookworm , bookworm
- 7.0.12-alpine , 7.0-alpine , 7-alpine , alpine , 7.0.12-alpine3.18 , 7.0-alpine3.18 , 7-alpine3.18 , alpine3.18
- 6.2.13 , 6.2 , 6 , 6.2.13-bookworm , 6.2-bookworm , 6-bookworm
- 6.2.13-alpine , 6.2-alpine , 6-alpine , 6.2.13-alpine3.18 , 6.2-alpine3.18 , 6-alpine3.18
- 6.0.20 , 6.0 , 6.0.20-bookworm , 6.0-bookworm
- 6.0.20-alpine , 6.0-alpine , 6.0.20-alpine3.18 , 6.0-alpine3.18

图 2-8 Docker Hub 上 Redis 官方镜像的标签列表

通常来说，镜像标签的格式是“应用的版本号+操作系统”。

版本号基本上是“主版本+次版本+补丁”的形式，有的还会在正式版本发布前先发布候选版本（Release Candidate，RC）。而操作系统的情况略微复杂一些，因为各个 Linux 发行版的命名方式繁多。

Alpine、CentOS 的命名相对简单明了，就是数字的版本号，例如“alpine 3.18”。Ubuntu 和 Debian 采用代号的形式，例如 Ubuntu 18.04 的代号是“Bionic Beaver”，Ubuntu 20.04 的代号是“Focal Fossa”；Debian 10 的代号是“buster”，Debian 11 的代号是“bullseye”，Debian 12 的代号是“bookworm”。①

另外，有的标签还会加上“slim”“fat”，前者表示这个镜像的内容是经过精简的，后者则表示这个镜像包含了较多的辅助工具。通常“slim”镜像比较小，运行效率高；而“fat”镜像比较大，适合用来开发调试。

下面是几个标签的例子。

---

① Debian 版本的代号均出自《玩具总动员》系列电影里的角色名，例如 Debian 9 的代号“stretch”是《玩具总动员 3》里的章鱼。

- nginx:1.25.1-alpine，表示版本号是 1.25.1，基础镜像是 Alpine。
- redis:7.2-rc-bookworm，表示版本号是 7.2 候选版本，基础镜像是 Debian 12。
- node:20-buster-slim，表示版本号是 20，基础镜像是精简的 Debian 10。

2.5.4 向 Docker Hub 上传镜像

本节会介绍把自己创建的镜像上传到 Docker Hub 的步骤，包括如下 4 步。

（1）在 Docker Hub 上注册一个用户。

（2）在本机上执行“docker login”命令，用注册的用户名和密码认证身份登录，例如：

```
[K8S ~]$docker login -u xxx
Password:
WARNING! Your password will be stored unencrypted in xxx.json.
Configure a credential helper to remove this warning.
Login Succeeded
```

（3）执行“docker tag”命令，把镜像改成带用户名的完整名字，表示镜像属于这个用户。或者简单一点，直接用“docker build -t”在创建镜像的时候就定义好名字。这一步很关键。

以 2.4 节的镜像“ngx-app”为例，给它改名为“chronolaw/ngx-app:1.0”。

```
[K8S ~]$docker tag ngx-app:1.0 chronolaw/ngx-app:1.0

[K8S ~]$docker images
REPOSITORY              TAG              IMAGE ID
chronolaw/ngx-app        1.0              a6c8807f7f7b
ngx-app                 1.0              a6c8807f7f7b
```

（4）执行“docker push”命令把这个镜像推上去，镜像发布工作大功告成。

```
[K8S ~]$docker push chronolaw/ngx-app:1.0
The push refers to repository [docker.io/chronolaw/ngx-app]
fd6b8e801512: Pushed
269c5b3a4b3f: Pushed
0348644449af: Mounted from library/nginx
4b56765b6b5e: Mounted from library/nginx
65bc30a63225: Mounted from library/nginx
6be1b85707bc: Mounted from library/nginx
1eb3501d2fb4: Mounted from library/nginx
81d1bb17d85e: Mounted from library/nginx
5079ade1f5c9: Mounted from library/nginx
9386262d7a74: Mounted from library/nginx
1.0: digest: sha256:62dd... size: 2403
```

现在，只要知道这个镜像的名字（用户名/应用名：标签），就可以执行“docker pull”命令下载部署。

登录 Docker Hub 网站也可以验证镜像发布的结果，会看到它自动生成的一个页面模板。我们还能进一步丰富完善镜像，例如添加描述信息、使用说明等。

2.5.5 离线环境使用 Docker Hub

使用 Docker Hub 管理镜像非常方便，不过有一种场景下它却无法发挥作用，那就是企业内网的离线环境，无法使用“docker push”“docker pull”来推送、拉取镜像。

解决方法有很多。比较合适的方法是在内网环境里搭建 Docker Hub，创建一个自己的私有镜像仓库服务，由它来管理镜像，就像在内网搭建 GitLab 做版本管理一样。

自建镜像仓库已经有很多成熟的解决方案，例如 Docker Registry、CNCF Harbor，本书会在 2.7 节和附录 C 中详细讲解。

下面介绍存储、分发镜像的一种原始但简单易行的方法，可以作为临时的应急手段。

Docker 提供了“save”和“load”两个镜像归档命令，可以把镜像导出成压缩包，或者从压缩包导入 Docker。压缩包非常容易保管和传输，可以联机拷贝，通过文件传输协议（File Transfer Protocol，FTP）共享，甚至可以存储在 U 盘上随身携带。

需要注意的是，这两条命令默认使用标准流作为输入输出（目的是方便 Linux 管道操作），所以一般会用“-o”“-i”参数来使用文件的形式，例如：

```
docker save ngx-app:latest -o ngx.tar
docker load -i ngx.tar
```

2.5.6 小结

本节介绍了镜像仓库及 Docker Hub 的使用方法，要点如下：

- 镜像仓库是一个提供综合镜像服务的网站，基本功能是上传和下载；
- Docker Hub 是目前非常流行的镜像仓库，拥有许多高质量的镜像，选择时需要综合评估是否为官方认证、下载量、星数、更新历史这几项；
- 镜像也有很多版本，应该根据版本号和操作系统仔细确认合适的标签；
- 注册 Docker Hub 后就可以上传自己的镜像，用“docker tag”打上标签再用“docker push”推送；
- 离线环境可以自己搭建私有镜像仓库，或者使用“docker save”把镜像保存为压缩包，再使用“docker load”把镜像从压缩包恢复为镜像。

2.6 容器与外界的通信

用容器来运行"busybox""hello world"这样比较简单的应用还好，如果是Nginx、Redis、MySQL这样的后台服务应用，因为它们运行在容器的沙盒里，完全与外界隔离，无法对外提供服务，也就失去了价值。这时容器的隔离环境反而成为一种负面特性。

所以，容器不应该是一个完全隔离的环境需要让应用能够与外界交换数据、互通有无，这样有限的隔离才是应用真正需要的运行环境。

本节将以Docker为例，介绍容器与外部系统通信的一些方式。

2.6.1 容器内外的文件拷贝

Docker提供了"cp"命令，用来在宿主机和容器之间拷贝文件，是一个基本的数据交换功能。

要测试这条命令需要先用"docker run"启动一个容器，例如Redis：

```
[K8S ~]$docker run -d --rm redis
ad486fbb9afd8e7dfdf07f6fd676a5fd2935327adb6616eb8031953b892df942

[K8S ~]$docker ps
CONTAINER ID    IMAGE      COMMAND
ad486fbb9afd    redis      "docker-entrypoint.s…"
```

注意这里使用了"-d""--rm"两个参数，表示运行在后台，容器结束后自动删除；使用"docker ps"命令可以看到Redis容器正在运行，CONTAINER ID是"ad4……"。

"docker cp"的用法类似Linux的"cp""scp"，指定源路径（src path）和目标路径（dst path）就可以了。如果源路径是宿主机就把文件拷贝进容器，如果源路径是容器就把文件拷贝出容器，注意需要用容器名或者CONTAINER ID来指明容器的路径。

假设当前目录下有一个"a.txt"文件，现在要把它拷贝进Redis容器的"/tmp"目录，如果使用CONTAINER ID，命令如下：

```
docker cp a.txt ad4:/tmp
```

接下来使用"docker exec"命令，进入容器查看文件是否已经正确拷贝：

```
[K8S ~]$docker exec -it ad4 sh
# ls /tmp
a.txt
```

可以看到，"/tmp"目录下确实已经有一个"a.txt"文件。

再来测试从容器拷贝出文件，只需要把“docker cp”后面的两个路径调换位置：

```
docker cp 062:/tmp/a.txt ./b.txt
```

这样，在宿主机的当前目录里，就会多出一个新的“b.txt”文件，也就是从容器里拷贝出的文件。

2.6.2 共享宿主机的文件

“docker cp”的用法模仿了操作系统的拷贝命令，偶尔一两次的文件共享还可以应付，如果容器运行时经常有文件共享，这样反复地操作就很麻烦，也很容易出错。

VirtualBox/VMware 等虚拟机有共享目录的功能。它可以在宿主机上创建一个目录，然后把这个目录挂载进虚拟机，这样就实现了两者共享同一个目录，一方对目录里文件的操作另一方立刻就能看到，没有了数据拷贝效率自然也会高很多。①

沿用这个思路，容器也提供了共享宿主机目录的功能，效果和虚拟机几乎一样，用起来很方便，只需要在执行“docker run”命令启动容器的时候使用“-v”参数，具体格式是“宿主机路径:容器内路径”。②

仍然以 Redis 为例，启动容器，使用“-v”参数把本机的“/tmp”目录挂载到容器的“/tmp”目录下，也就是让容器共享宿主机的“/tmp”目录：

```
docker run -d --rm -v /tmp:/tmp redis
```

再使用“docker exec”进入容器，查看容器内的“/tmp”目录，可以看到文件与宿主机是完全一致的。

```
docker exec -it b5a sh    # b5a 是 CONTAINER ID
```

也可以在容器的“/tmp”目录下执行一些操作，如删除文件、建立新目录等，再观察宿主机，可以发现修改即时同步，这表明容器和宿主机确实已经共享了这个目录。③

“-v”参数挂载宿主机目录的功能，对于日常开发测试工作非常有用，可以在不改变本机环境的前提下，使用镜像安装任意的应用，然后直接以容器来运行本地的源码、脚本。

---

① Docker 也可以使用“volume”命令创建独立挂载的数据卷，但它的用法与 Kubernetes 差别较大，为避免混淆本书不做介绍。

② Docker 官方推荐使用“--mount”代替“-v”，但“--mount”的用法很复杂，而“-v”已经有了很长的应用历史，所以本书建议用“-v”。

③ “-v”挂载目录默认是可读可写的，但也可以加上“:ro”变成只读，以防止容器意外修改文件，如“-v /tmp:/tmp:ro”。

举一个简单的例子。假设本机上只安装了 Python 2.7，但想用 Python 3 开发，如果同时安装 Python 2.7 和 Python 3 很容易使系统混乱，所以可以使用如下方式。

- 先使用“docker pull”拉取一个 Python 3 的镜像，因为它打包了完整的运行环境，运行时有隔离，所以不会对现有系统的 Python 2.7 产生任何影响。
- 在本地的某个目录编写 Python 代码，然后用“-v”参数让容器共享这个目录。这样就可以在容器里以 Python 3 来安装各种包，再运行脚本做开发：①

```
docker pull python:alpine
docker run -it --rm -v `pwd`:/tmp python:alpine sh
```

显然，这种方式比把文件打包到镜像或者使用“docker cp”更加灵活，非常适合有频繁修改需求的开发测试工作。

2.6.3 网络互联互通

使用“docker cp”和“docker run -v”可以解决容器与外界的文件互通问题，但对于 Nginx、Redis 这些服务器来说，网络互通才是更要紧的问题。

网络互通的关键在于打通容器内外的网络，而处理网络通信无疑是计算机系统里非常棘手的工作，有许多名词、协议、工具，本节只从宏观层面进行介绍。

Docker 提供了 3 种网络模式，分别是 null、host 和 bridge。

null 模式是最简单的模式，也就是没有网络，但允许其他网络插件来自定义网络连接，本书不多做介绍。

host 的意思是直接使用宿主机网络，相当于去掉了网络隔离（其他隔离依然保留），容器会共享宿主机的 IP 地址和网卡。这种模式没有中间层，自然通信效率高，但缺少了隔离，运行太多的容器也容易导致端口冲突。

host 模式需要在执行“docker run”命令时使用“--net=host”参数。使用这个参数启动 Nginx 的命令如下：

```
[K8S ~]$docker run -d --rm --net=host nginx:alpine
161d2...
```

可以在本机和容器里分别执行“ip addr”命令来验证效果，查看网卡信息：

```
[K8S ~]$ip addr                              # 在本机里查看网卡
```

① 在使用“-v”挂载目录时，如果发现源路径不存在会自动创建，这有时候会是一个“坑”：当主机目录被意外删除时会导致容器里出现空目录，让应用无法按预想的流程工作。

```
1: lo: <LOOPBACK,UP,LOWER_UP> mtu 65536 qdisc
    inet 127.0.0.1/8 scope host lo
2: ens160: <BROADCAST,MULTICAST,UP,LOWER_UP> mtu 1500 qdisc
    link/ether 00:0c:29:e5:c1:0e brd ff:ff:ff:ff:ff:ff
    inet 192.168.26.208/24 brd 192.168.26.255 scope global ens160

[K8S ~]$docker exec 161 ip addr          # 在容器上查看网卡信息
1: lo: <LOOPBACK,UP,LOWER_UP> mtu 65536 qdisc
    inet 127.0.0.1/8 scope host lo
2: ens160: <BROADCAST,MULTICAST,UP,LOWER_UP> mtu 1500 qdisc
    link/ether 00:0c:29:e5:c1:0e brd ff:ff:ff:ff:ff:ff
    inet 192.168.26.208/24 brd 192.168.26.255 scope global ens160
```

可以看到这两条“ip addr”命令的输出信息是完全一样的，都是网卡 ens160，IP 地址是“192.168.26.208”，这就证明 Nginx 容器与本机共享了网络栈。

bridge 模式，也就是桥接模式，如图 2-9 所示。它与现实世界里的交换机、路由器类似，只不过是由软件虚拟出来的，容器和宿主机再通过虚拟网卡接入这个网桥（图 2-9 中的 docker0），它们之间就可以正常地收发网络数据包了。和 host 模式相比，bridge 模式多了虚拟网桥和网卡，通信效率会低一些。

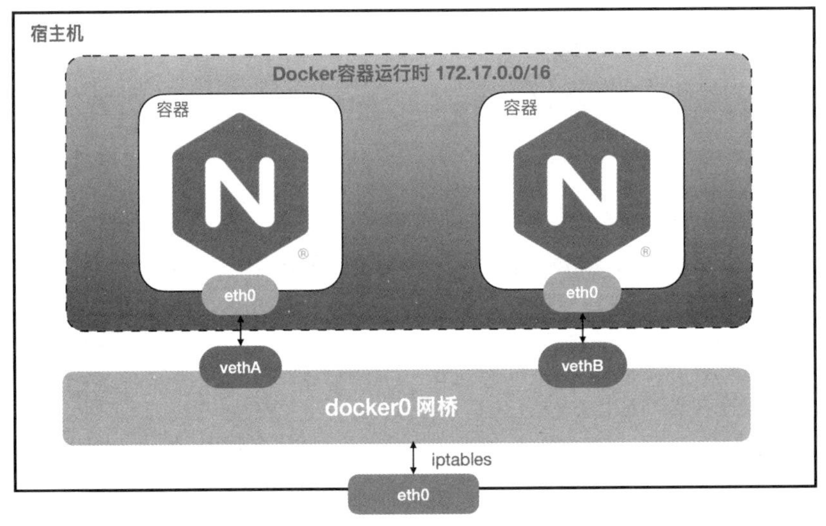

图 2-9 Docker 的 bridge 模式示意

和 host 模式一样，也可以用“--net=bridge”来启用 bridge 模式，但其实没有这个必要，因为 Docker 默认的网络模式就是 bridge，所以一般不需要显式指定。

下面启动两个容器 Nginx，因为没有特殊指定所以使用默认的 bridge 模式：

```
docker run -d --rm nginx:alpine    # 默认使用bridge模式
docker run -d --rm nginx:alpine    # 默认使用bridge模式
```

然后在容器里执行“ip addr”命令：

```
[K8S ~]$docker exec c5e ip addr
1: lo: <LOOPBACK,UP,LOWER_UP> mtu 65536 qdisc
    link/loopback 00:00:00:00:00:00 brd 00:00:00:00:00:00
    inet 127.0.0.1/8 scope host lo
34: eth0@if35: <BROADCAST,MULTICAST,UP,LOWER_UP,M-DOWN> mtu 1500 qdisc
    link/ether 02:42:ac:11:00:02 brd ff:ff:ff:ff:ff:ff
    inet 172.17.0.2/16 brd 172.17.255.255 scope global eth0
```

对比 host 模式的输出，可以发现容器里的网卡设置与宿主机完全不同，eth0 是一个虚拟网卡，IP 地址是 B 类私有地址“172.17.0.2”。①

我们还可以用“docker inspect”直接查看容器的 IP 地址：

```
[K8S ~]$docker inspect c5e |grep IPAddress
            "SecondaryIPAddresses": null,
            "IPAddress": "172.17.0.2",
                    "IPAddress": "172.17.0.2",

[K8S ~]$docker inspect 6f6 |grep IPAddress
            "SecondaryIPAddresses": null,
            "IPAddress": "172.17.0.3",
                    "IPAddress": "172.17.0.3",
```

可以看到，两个容器的 IP 地址分别是“172.17.0.2”和“172.17.0.3”，而宿主机的 IP 地址则是“172.17.0.1”，所以它们都在“172.17.0.0/16”这个 Docker 的默认网段，能够使用 IP 地址实现网络通信。

使用 host 模式或者 bridge 模式，容器就有了 IP 地址，建立了与外部世界的网络连接，接下来要解决的是网络服务的端口号问题。

应用必须有端口号才能对外提供服务，例如 HTTP 协议用的端口号是 80、HTTPS 用的端口号是 443、Redis 用的端口号是 6379、MySQL 用的端口号是 3306。2.4 节编写 Dockerfile 时用到的“EXPOSE”指令可以用来声明容器对外的端口号。

一台主机上的端口号数量是有限的，而且多个服务之间必须不能冲突，但打包镜像应用的时候通常使用的是默认端口号，容器实际运行起来很容易因为端口号被占用而无法启动。

① IPv4 地址是 32 位，分为 5 类（A 类、B 类、C 类、D 类和 E 类），A 类、B 类和 C 类地址中各有一部分网段可以私用，172.16.0.0/16 ~ 172.31.0.0/16 都属于 B 类私有地址。

解决这个问题的方法就是加入一个中间层，由容器环境（如 Docker）来统一管理分配端口号，在本机端口和容器端口之间做一个映射操作，容器内部还是用自己的端口号，但外界看到的却是另外一个端口号，这样就很好地避免了冲突。

端口号映射需要使用 bridge 模式，并且在“docker run”启动容器时使用“-p”参数，使用方式和共享目录的“-v”参数很类似，用“:”分隔本机端口和容器端口。

例如启动两个 Nginx 容器，分别运行在 80 和 8080 端口上：

```
docker run -d -p 80:80       --rm nginx:alpine
docker run -d -p 8080:80     --rm nginx:alpine
```

这样就把本机的 80 和 8080 端口分别映射到了两个容器里的 80 端口，不会发生冲突，使用“docker ps”命令能够在 PORTS 列更直观地看到端口的映射情况：

```
[K8S ~]$docker ps
CONTAINER ID   IMAGE          PORTS
7d338ad06ffe   nginx:alpine    0.0.0.0:8080->80/tcp, :::8080->80/tcp
1a40b6521a1e   nginx:alpine    0.0.0.0:80->80/tcp, :::80->80/tcp
```

2.6.4 小结

本节介绍了容器与外部系统通信的一些方法，几乎消除了容器化的应用和本地应用因为隔离特性而产生的差异。而且因为镜像独特的打包机制，容器技术显然能够比 apt/yum 更方便地安装各种应用，并且不会影响已有的系统。

读者可以借鉴 Python、Nginx 等例子把本地配置文件加载到容器中适当的位置，再映射端口号，把 Redis、MySQL、Node.js 都运行起来，让容器成为工作中的得力助手。

本节的内容要点如下：

- “docker cp”命令可以在容器和主机之间互相拷贝文件，适合简单的数据交换；
- “docker run -v”命令可以让容器和主机共享本地目录，免去了拷贝操作，提升工作效率；
- host 模式可以让容器与主机共享网络栈，效率高但容易导致端口冲突；
- bridge 模式实现了一个虚拟网桥，容器和主机在一个私有网段内互联互通；
- “docker run -p”命令可以把主机的端口号映射到容器的内部端口号，解决了潜在的端口冲突问题。

2.7 实战演练

至此，Kubernetes 的预备知识就基本介绍完了。在正式学习 Kubernetes 之前，我们先回顾和实践前面的知识点。

要提醒的是，本书只从众多的 Docker 相关内容中挑选出了一些比较基本的知识，毕竟学习 Kubernetes 不需要了解 Docker 的所有功能，我也不建议读者对 Docker 的内部架构细节和具体的命令行参数做过多了解，只要会用、够用，需要的时候能够查找官方手册即可。毕竟本书的目标是 Kubernetes，而 Docker 只不过是众多容器运行时（Container Runtime）中非常出名的一个。

本节先简要总结容器技术，然后演示两个实战项目：使用 Docker 部署 Registry 和 WordPress。

2.7.1 要点回顾

容器技术是后端应用领域的一项重大创新，彻底变革了应用的开发、交付与部署方式，是云原生的根本。

容器基于 Linux 底层的 namespace、cgroup 和 chroot 等功能，虽然它们很早就出现了，但直到 Docker 横空出世，把它们整合在一起，容器才真正走进了大众的视野，逐渐为广大开发者所熟知。

容器技术中有 3 个核心概念：容器、镜像，以及镜像仓库。

从本质上来说，容器属于虚拟化技术的一种，和虚拟机很相似，都能够分拆系统资源，隔离应用进程，但容器更加轻量级，运行效率更高，比虚拟机更能满足云计算的需求。

镜像是容器的静态形式，它把应用程序连同依赖的操作系统、配置文件、环境变量等都打包到了一起，因此能够在任何系统上运行，避免了很多部署运维和平台迁移的麻烦。

镜像由多个层组成，每一层都是一组文件，多个层会使用 Union FS 技术合并成一个文件系统供容器使用。这种细粒度结构的好处是相同的层可以共享、复用，节约磁盘存储空间和降低网络传输的成本，也让构建镜像的工作变得更加容易。

为了方便管理镜像出现了镜像仓库，它集中存放各种容器化的应用，用户可以任意上传、下载，是分发镜像的最佳方式。

目前比较知名的公开镜像仓库是 Docker Hub，还有 quay.io、gcr.io，可以在这些网站上找到许多高质量镜像，集成到我们自己的应用系统中。

容器技术有很多具体的实现，Docker 是当前非常流行的容器技术，它的主要形态是运行在 Linux 上的 Docker Engine。日常使用的“docker”命令其实只是一个客户端工具，它必须与后台服务 Docker daemon 通信才能实现各种功能。

操作容器的常用命令有“docker ps”“docker run”“docker exec”“docker stop”等；操作镜像的常用命令有“docker images”“docker rmi”“docker build”“docker tag”等；操作镜像仓库的常用命令有“docker pull”“docker push”等。

2.7.2 私有镜像仓库

2.5 节提到，可以在离线环境里自己搭建私有仓库。但因为镜像仓库是网络服务的形式，所以只有到本节具备了比较完整的 Docker 知识体系，才能够搭建私有仓库。

私有镜像仓库有很多现成的解决方案，本节选择简单的 Docker Registry，如果需要功能更完善的 CNCF Harbor 可参考附录 C。

在 Docker Hub 网站上搜索“registry”能够找到它的官方页面，上面有详细的说明，包括下载命令、用法等，可以照着它来操作。

首先使用“docker pull”命令拉取镜像：

```
docker pull registry
```

然后做一个端口映射，对外暴露端口，这样 Docker Registry 才能提供服务。它的容器内端口是 5000，简单起见在外面也使用 5000 端口，运行命令如下：

```
docker run -d -p 5000:5000 registry
```

启动 Docker Registry 之后，使用“docker ps”查看它的运行状态，可以看到它确实把本机的 5000 端口映射到了容器内的 5000 端口。

接下来使用“docker tag”命令给镜像打标签再上传。因为上传的目标是本地的私有仓库，而不是默认的 Docker Hub，所以镜像的名字前面必须再加上仓库的地址（域名或者 IP 地址），形式上和 HTTP 的 URL 类似。

例如，可以把“nginx:alpine”改成“127.0.0.1:5000/nginx:alpine”：

```
docker tag nginx:alpine 127.0.0.1:5000/nginx:alpine
```

现在这个镜像有了附加仓库地址的完整名字，可以使用“docker push”推送镜像：①

```
docker push 127.0.0.1:5000/nginx:alpine
```

---

① Docker Registry 默认会把镜像存储在 Docker 内部目录，也可以使用“-v”参数，把本地的其他目录挂载到容器里的“/var/lib/registry”目录下，让它独立存放镜像数据。

Docker Registry 虽然没有图形界面，但提供了 RESTful API，可以发送 HTTP 请求查看仓库里的镜像（具体的端点信息可以参考官方文档）。下面的 curl 命令分别能够获取镜像列表和 Nginx 镜像的标签列表：

```
curl 127.1:5000/v2/_catalog
curl 127.1:5000/v2/nginx/tags/list
```

可以看到，因为应用被封装到了镜像里，所以只用简单的一两条命令就完成了私有仓库的搭建工作，完全不需要复杂的软件安装、环境设置、调试测试等操作，这在容器技术出现之前简直不可想象。

2.7.3 WordPress 网站

Docker Registry 应用比较简单，只用单个容器就运行了一个完整的服务，本节会搭建一个略复杂的 WordPress 网站。①

该网站需要用到 3 个容器：WordPress、MariaDB 和 Nginx，它们都是非常流行的开源项目，在 Docker Hub 网站上有官方镜像，网页上的说明也很详细，所以略过具体的搜索过程，直接使用“docker pull”拉取它们的镜像：②

```
docker pull wordpress:6
docker pull mariadb:11
docker pull nginx:alpine
```

它们之间的关系比较简单，WordPress 网站的架构如图 2-10 所示。

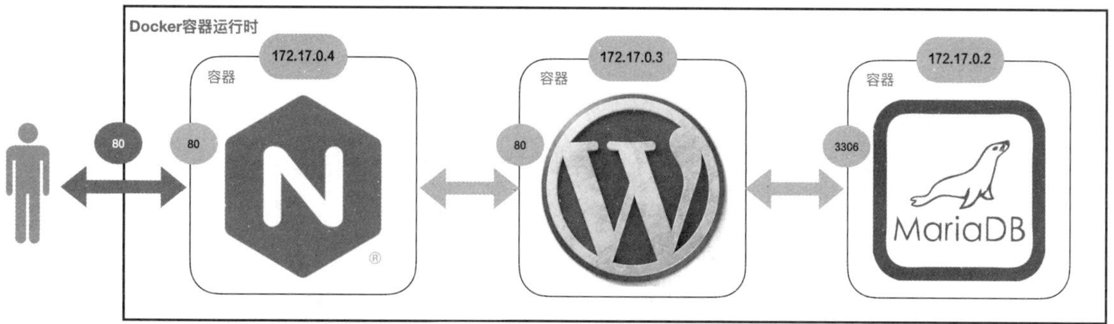

图 2-10 WordPress 网站的架构示意

① WordPress 是一个非常著名的网站内容管理系统，基于 PHP 语言和 MySQL 数据库，互联网上大约 40%的网站是使用它搭建的。

② MySQL 在 2008 年被 Sun（后来的 Oracle）收购，由于担心商业化后会对开源造成影响，所以原 MySQL 开发人员创建了一个兼容分支，也就是 MariaDB。

这个系统是比较典型的网站架构，MariaDB 作为后面的关系型数据库，端口号是 3306；WordPress 是中间的应用服务器，使用 MariaDB 来存储数据，端口是 80；Nginx 是前面的反向代理，它对外暴露 80 端口，然后把请求转发给 WordPress。

先运行 MariaDB。根据说明文档，需要配置“MARIADB_DATABASE”等环境变量，用“-e”参数来指定启动时的数据库、用户名和密码。这里指定数据库是“db”，用户名是“wp”，密码是“123”，管理员密码（root password）也是“123”。

以下是启动 MariaDB 的“docker run”命令：

```
docker run -d --rm \
    -e MARIADB_DATABASE=db \
    -e MARIADB_USER=wp \
    -e MARIADB_PASSWORD=123 \
    -e MARIADB_ROOT_PASSWORD=123 \
    mariadb:10
```

启动之后，还可以使用“docker exec”命令，运行数据库的客户端工具“mysql”，验证数据库是否正常运行。

输入刚才设定的用户名“wp”和密码“123”之后，可以连接 MariaDB，再使用“show databases;”“show tables;”等命令查看数据库里的内容（现在肯定是空的）：

```
[K8S ~]$docker exec -it 2c9 mysql -u wp -p
Enter password:
Welcome to the MariaDB monitor.  Commands end with ; or \g.
MariaDB [(none)]> show databases;
+--------------------+
| Database           |
+--------------------+
| db                 |
| information_schema |
+--------------------+
2 rows in set (0.002 sec)
```

因为 Docker 的 bridge 模式的默认网段是“172.17.0.0/16”，宿主机的 IP 地址是“172.17.0.1”，而且 IP 地址是顺序分配的，所以如果之前没有其他容器在运行的话，MariaDB 容器的 IP 地址应该是“172.17.0.2”。这可以通过“docker inspect”命令来验证：

```
[K8S ~]$docker inspect 2c9 |grep IPAddress
          "SecondaryIPAddresses": null,
          "IPAddress": "172.17.0.2",
                 "IPAddress": "172.17.0.2",
```

现在数据库服务已经正常，可以运行应用服务器 WordPress 了。WordPress 也要用“-e”

参数来指定一些环境变量才能连接到 MariaDB，注意“WORDPRESS_DB_HOST”必须是 MariaDB 的 IP 地址，否则无法连接数据库：

```
docker run -d --rm \
    -e WORDPRESS_DB_HOST=172.17.0.2 \
    -e WORDPRESS_DB_USER=wp \
    -e WORDPRESS_DB_PASSWORD=123 \
    -e WORDPRESS_DB_NAME=db \
    wordpress:6
```

WordPress 容器在启动的时候并没有使用“-p”参数映射端口号，所以外界不能直接访问，需要在前面配置一个 Nginx 反向代理，把请求转发给 WordPress 的 80 端口。

配置 Nginx 反向代理必须知道 WordPress 的 IP 地址，同样可以用“docker inspect”命令查看，没有意外的话应该是“172.17.0.3”。配置文件如下（Nginx 的用法可参考官网或其他资料，这里不做展开）：

```
server {
    listen 80;
    default_type text/html;

    location / {
        proxy_http_version 1.1;
        proxy_set_header Host $host;

        # docker private addr
        proxy_pass http://172.17.0.3;
    }
}
```

有了这个配置文件，关键的一步是用“-p”参数把本机的端口映射到 Nginx 容器内部的 80 端口，再用“-v”参数把配置文件挂载到 Nginx 的“conf.d”目录下。这样，Nginx 就会使用上面编写好的配置文件，在本机的 80 端口上监听 HTTP 请求，再转发到 WordPress 应用：

```
docker run -d --rm \
    -p 80:80 \
    -v `pwd`/wp.conf:/etc/nginx/conf.d/default.conf \
    nginx:alpine
```

3 个容器都启动之后，再用“docker ps”查看它们的状态：[①]

```
[K8S ~]$docker ps
CONTAINER ID   IMAGE          PORTS
19618badc700   nginx:alpine    0.0.0.0:80->80/tcp, :::80->80/tcp
```

① 也可以使用“docker logs”命令查看 Nginx、WordPress 和 MariaDB 的运行日志，来检查它们是否正常运行。

```
31b01d62fed2   wordpress:6    80/tcp
2c930e5b0fbb   mariadb:10     3306/tcp
```

可以看到，WordPress 和 MariaDB 虽然使用了 80 和 3306 端口，但被容器隔离，外界不可见，只有 Nginx 有端口映射，能够从外界的 80 端口收发数据，网络状态和图 2-10 中的一致。

现在整个系统已经在容器环境里成功运行了，打开浏览器，输入本机的“127.0.0.1”或者虚拟机的 IP 地址，就可以看到 WordPress 的界面，如图 2-11 所示。

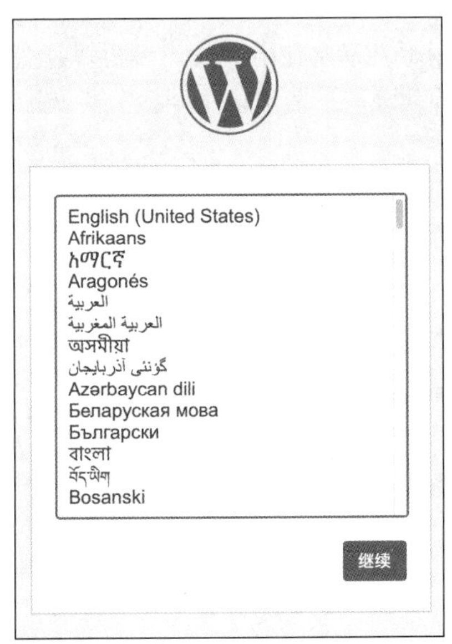

图 2-11　WordPress 网站启动界面

创建基本的用户、初始化网站之后，登录 MariaDB 会发现 WordPress 已经在数据库里新建了很多表，这证明容器化的 WordPress 网站搭建成功。

```
[K8S ~]$docker exec -it 2c9 mysql -u wp -p
Enter password:

MariaDB [(none)]> use db;
Database changed
MariaDB [db]> show tables;
+-----------------------+
| Tables_in_db          |
+-----------------------+
| wp_commentmeta        |
| wp_comments           |
| wp_links              |
| wp_options            |
| wp_postmeta           |
```

```
| wp_posts              |
| wp_term_relationships |
| wp_term_taxonomy      |
| wp_termmeta           |
| wp_terms              |
| wp_usermeta           |
| wp_users              |
+-----------------------+
12 rows in set (0.006 sec)
```

2.7.4 小结

本节首先回顾了容器技术，然后使用 Docker 实际搭建了两个服务：Registry 镜像仓库和 WordPress 网站。

通过这两个项目的实战演练，读者应该能够感受到容器化给后端开发带来的巨大改变，它简化了应用的打包、分发和部署，执行几条简单的命令就可以完成之前需要编写大量脚本才能完成的任务，对于开发工程师、运维工程师来说绝对是一件好事。

不过，容器技术也存在一些缺憾，例如：

- 要手动运行一些命令来启动应用，并人工确认运行状态；
- 运行多个容器组成的复杂应用比较麻烦，需要人工干预（如检查 IP 地址）才能维护网络通信；
- 现有的网络模式只适合单机，在多台服务器上运行应用、负载均衡该怎么做；
- 如果要增加应用数量该怎么办，目前容器技术还帮不上忙。

其实，如果整理运行容器的这些“docker run”命令并写成脚本，再加上一些 Shell、Python 编程来实现自动化，也许能够得到一个勉强可用的解决方案。

这个方案已经超越了容器技术本身，是在更高的层次上规划容器的运行次序、网络连接、数据持久化等应用要素，也就是容器编排（Container Orchestration）的雏形，是本书后面要介绍的 Kubernetes 的主要出发点。

第 3 章 Kubernetes实验环境搭建

第 2 章介绍了以 Docker 为代表的容器技术，本章将介绍什么是容器编排、什么是 Kubernetes，以及如何在本地计算机里搭建完善的 Kubernetes 环境，一起走近云原生。

3.1 认识 Kubernetes

本节从容器技术开始，简略地介绍容器编排的概念，带领读者认识 Kubernetes。

3.1.1 什么是容器编排

容器技术的核心概念是容器、镜像和镜像仓库，使用这 3 大基本要素就可以轻松完成应用的打包、分发工作，实现“一次开发，到处运行”。

不过，当我们熟练掌握了容器技术，信心满满地要在服务器集群里大规模实施的时候，却会发现容器技术的创新只解决了运维部署工作中很小的一个问题。现实生产环境的复杂程度很高，除了基本的安装，还有各种各样的需求，例如服务发现、负载均衡、状态监控、健康检查、扩容缩容、应用迁移、高可用等。

容器技术虽然开启了云原生时代，但也只走出了一小步，再继续前进已经不再是隔离一两个进程的普通问题，而是要隔离数不清的进程，以及它们之间互相通信、互相协作的超级问题，困难程度可以说是指数级别的上升。这并非容器技术可以解决。

这些容器之上的管理、调度工作，就是容器编排。

容器编排其实并不神秘，2.7 节使用 Docker 部署 WordPress 网站时，规划 Nginx、WordPress、MariaDB 3 个容器的运行顺序、配置 IP 地址并成功运行，就是一种比较初级的容器编排。

面对单机上的几个容器，可以手动编排调度，但如果规模达到几百台服务器、成千上万的容器，处理它们之间的复杂联系就必须依靠计算机了，而目前计算机用来调度管理容器的事实标准，就是 Kubernetes。①

3.1.2 什么是 Kubernetes

现在谈到容器一般会说是 Docker，但其实早在 Docker 之前，Google 在公司内部就使用了类似的技术（cgroup 是由 Google 开发后提交给 Linux 内核的），只不过不叫容器。

作为世界上领先的搜索引擎，Google 拥有数量庞大的服务器集群，为了提高资源利用率和部署运维效率，它专门开发了一个集群应用管理系统，代号 Borg，支持整个公司的运转。②

2014 年，Google 内部系统"升级换代"，从原来的 Borg 切换到 Omega，按照惯例 Google 会发表公开论文。

在发表 Borg 论文的同时，Google 把 C++语言开发的 Borg 系统用 Go 语言重写并开源了。Kubernetes 就这样诞生了。③

Kubernetes 背后有 Borg 系统十多年生产环境经验的支持，技术底蕴深厚，理论水平也非常高，一经推出就引起了轰动。2015 年 Google 又联合 Linux 基金会成立了云原生基金会（Cloud Native Computing Foundation，CNCF），并捐献了 Kubernetes 作为种子项目。

有了 Google 和 Linux 的保驾护航，再加上宽容开放的社区，作为 CNCF 的明星项目，Kubernetes 旗下很快就汇集了众多行业精英，仅用两年时间就打败了同期的竞争对手 Apache Mesos 和 Docker Swarm，成为这个领域的霸主。④

Kubernetes 到底能够做什么呢？

简单来说，Kubernetes 就是一个生产级别的容器编排平台和集群管理系统，不仅能够创建、调度容器，还能够监控、管理服务器，它凝聚了 Google 等大公司和开源社区的集体智慧，让中小型公司也可以具备轻松运维海量计算节点——也就是云计算的能力。

---

① 在容器诞生之前，Ansible、Nagios、Zabbix 等服务器运维监控软件勉强可以算作应用编排的概念。它们虽然功能强大，但都没有上升到 Kubernetes 的高度。

② Borg 系统的名字来自《星际迷航》（*Star Trek*）里的外星人种族。在开发之初 Kubernetes 为了延续与 Borg 的关系，使用了一个代号"Seven of Nine"，即 Borg 与地球文明之间联络人的名字，隐喻从内部封闭系统到外部开源项目，所以 Kubernetes 的标志有 7 条轮辐。

③ Kubernetes 这个词来自希腊语，意思是"领航员""舵手"，可以理解为操控着满载集装箱（容器）大船的指挥官。

④ Kubernetes 有时候会缩写成"K8s"，因为"K"和"s"之间有 8 个字符，类似的缩写还有"i18n"（internationalization）。

3.1.3 小结

本节简要介绍了容器编排概念和 Kubernetes 的历史。

容器技术只解决了应用的打包和安装问题，面对复杂的生产环境时需要借助容器编排技术，来组织管理各个应用容器之间的关系，让容器顺利地协同运行。

Kubernetes 源自 Google 内部的 Borg 系统，也是当前容器编排领域的事实标准。它的官网里有非常详细的文档，包括概念解释、入门教程、参考手册等，更难得的是有对应的中文版本。希望读者有时间多阅读这些文档，并关注官网以及时获取官方第一手知识。

3.2 使用 Minikube

本节将介绍一个易用的 Kubernetes 学习工具：Minikube，并使用它搭建小巧且完备的 Kubernetes 环境。

3.2.1 什么是 Minikube

Kubernetes 一般运行在大规模的计算集群上，管理很严格，这对学习者来说是一定的障碍，没有实际操作环境很难学好用好。

好在 Kubernetes 充分考虑到了这方面的需求，提供了一些快速搭建 Kubernetes 环境的工具，官网推荐 kind 和 Minikube 两个，它们都可以在本机上运行完整的 Kubernetes 环境。①

kind 基于 Docker，意思是“Kubernetes in Docker”。它的功能少，用法简单，因此运行速度快，容易上手。不过它缺少 Kubernetes 的很多标准功能，如仪表盘、网络插件，也很难定制化，个人认为它比较适合有经验的 Kubernetes 用户做快速开发测试，不太适合学习研究。②

从名字就能够看出来，Minikube 是一个迷你版本的 Kubernetes，自从 2016 年发布以来一直在积极地开发维护，紧跟 Kubernetes 的版本更新，同时也兼容较旧的 Kubernetes 版本。

Minikube 显著的特点就是小而美，可执行文件不到 100 MB，运行镜像也不过 1 GB 左右，却集成了 Kubernetes 的绝大多数功能特性，不仅有核心的容器编排功能，还有丰富的插件，例如 Dashboard、GPU、Istio、Kong、Registry 等，综合来看非常完善。

所以本书建议选择 Minikube 来学习 Kubernetes。

---

① 现在也有一些线上的 Kubernetes 实验环境，如 katacoda、play-with-k8s，但国内网络不稳定，建议使用本地环境。

② 本书不选择 kind 还有一个原因，它的名字与 Kubernetes YAML 配置里的字段“kind”重名，会干扰初学者学习。

3.2.2 安装 Minikube

Minikube 支持 macOS、Windows 和 Linux，可以在官网找到详细的安装说明。这里选择虚拟机里的 Linux，并且要提前安装好 Docker（可参考 2.1 节）。

本书使用的 Minikube 版本是 1.31.1，支持的 Kubernetes 版本是 1.27.3。

Minikube 不包含在系统自带的 apt/yum 软件仓库里，需要在网上自行找安装包。不过因为它是用 Go 语言开发的，整体就是一个二进制文件，没有多余的依赖，所以安装过程非常简单，只需要用 curl 或者 wget 下载。

Minikube 的官网提供了各种系统的安装命令，通常是下载和拷贝两步。不过读者需要注意本机的硬件架构，如果是 Intel 芯片要选择“amd64”后缀，如果是 Apple M1/M2 芯片要选择“arm64”后缀，如果选错了版本会因 CPU 指令集不同而无法运行，如图 3-1 所示。

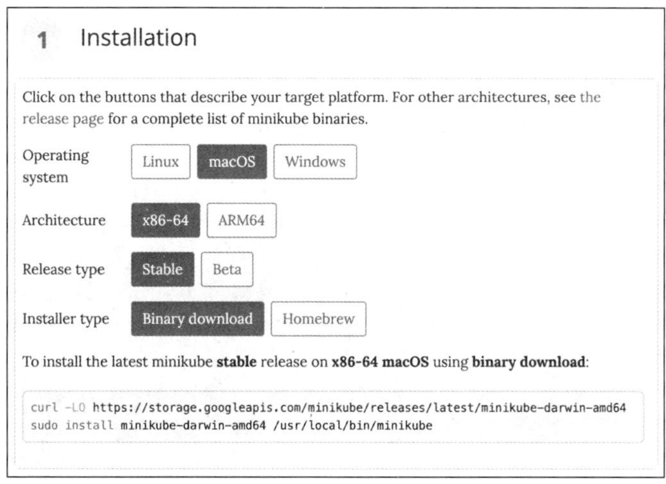

图 3-1 Minikube 官网的安装说明

安装完成后可以执行命令“minikube version”查看版本号，验证是否安装成功：

```
[K8S ~]$minikube version
Minikube version: v1.31.1
commit: fd3f3801765d093a485d255043149f92ec0a695f
```

不过 Minikube 只能搭建 Kubernetes 环境，要操作 Kubernetes 还要另一个专门的客户端工具 kubectl。

kubectl 的作用类似第 2 章学习容器技术时使用的工具“docker”。它也是命令行工具，其作用也是与 Kubernetes 后台服务通信，把命令转发给 Kubernetes，实现管理容器和集群的功能。

kubectl 是一个与 Kubernetes、Minikube 彼此独立的项目，所以不包含在 Minikube 里，但 Minikube 提供了 kubectl 的简化安装方式，只需执行如下命令：

```
minikube kubectl
```

它就会下载与当前 Kubernetes 版本匹配的 kubectl，存放在内部目录（如“.minikube/cache/linux/arm64/v1.27.3”），然后就可以使用它来操作 Kubernetes。①

所以，在 Minikube 环境里会用到两个客户端：Minikube 管理 Kubernetes 集群环境，kubectl 实际操作 Kubernetes。这和 Docker 比起来有点复杂。

图 3-2 简单描述了 Minikube 环境，方便读者理解它们的关系。

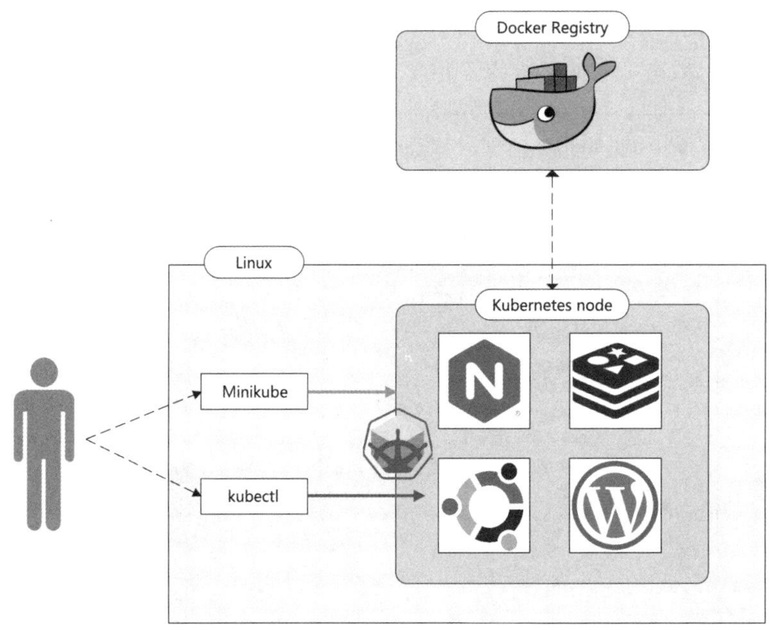

图 3-2 Minikube 环境示意

3.2.3 运行 Minikube

安装好 Minikube 后就可以在本机上创建 Kubernetes 实验环境。

执行命令“minikube start”会从 Docker Hub 上拉取镜像，以当前支持的 Kubernetes 最新版本启动集群。不过为了保证实验环境的一致性，需要加上参数“--kubernetes-version”，

① 也可以不通过 Minikube 而是直接下载 kubectl 的二进制文件，不过对于初学者还是使用 Minikube 下载更方便。

明确指定要使用的 Kubernetes 版本。[①]

这里使用的版本是“1.27.3”，启动命令是：

```
minikube start --kubernetes-version=v1.27.3
```

现在 Kubernetes 集群已经运行在本地了，可以使用“minikube status”和“minikube node list”命令来查看集群的状态：[②]

```
[K8S ~]$minikube status
Minikube
type: Control Plane
host: Running
kubelet: Running
apiserver: Running
kubeconfig: Configured

[K8S ~]$minikube node list
Minikube    192.168.49.2
```

可以看到，Kubernetes 集群中现在只有一个节点 Minikube，类型是 Control Plane，里面有 host、kubelet 和 apiserver 这 3 个服务，IP 地址是 192.168.49.2。

我们还可以执行命令“minikube ssh”登录这个节点，虽然它是虚拟的，但使用起来和计算机没有区别：

```
[K8S ~]$minikube ssh

docker@minikube:~$ uname -ir
5.15.0-78-generic aarch64

docker@minikube:~$ hostname
Minikube

docker@minikube:~$ exit
logout
```

接下来可以使用 kubectl，初步体会 Kubernetes 这个容器编排系统，例如查看版本：

```
kubectl version
```

不过这条命令还不能直接执行，因为使用 Minikube 自带的 kubectl 在形式上有些限制，要在 kubectl 前面加上“minikube”的前缀，并在 kubectl 后面加上“--”，即：

① 如果在国内网络环境下载外网镜像遇到困难，可以尝试使用 Minikube 提供的特殊启动参数“--image-mirror-country=cn”。

② Minikube 的启动过程使用了比较活泼的表情符号，可能是想表现得平易近人吧，如果不喜欢也可以设置关闭它。

```
minikube kubectl -- version
```

为了避免麻烦，建议使用 Linux 的“alias”功能，为它创建一个别名，写到当前用户目录下的“.bashrc”里：

```
alias kubectl="minikube kubectl --"
```

现在就可以正常使用 kubectl 了：①

```
[K8S ~]$kubectl version --short
Client Version: v1.27.3
Server Version: v1.27.3
```

接下来尝试在 Kubernetes 里运行一个 Nginx 应用，命令与 Docker 一样，也是“run”，不过形式上有点区别，需要用“--image”指定镜像，然后 Kubernetes 会自动拉取并运行。

这里涉及 Kubernetes 中非常重要的一个概念：Pod（4.3 节将会详细介绍），查看 Pod 列表需要使用命令“kubectl get pod”，效果与使用命令“docker ps”类似：

```
[K8S ~]$kubectl run ngx --image=nginx:alpine
pod/ngx created

[K8S ~]$kubectl get pod
NAME    READY   STATUS    RESTARTS   AGE
ngx     1/1     Running   0          17s
```

执行命令后可以看到，Kubernetes 集群中有一个叫作 ngx 的 Pod 正在运行，表示这个单节点 Minikube 环境已经搭建成功。

3.2.4 小结

本节在 Linux 虚拟机上安装了 Minikube 和 kubectl，运行了一个简单但功能完整的 Kubernetes 集群。

在 CNCF 云原生有明确的定义，下面是对这个定义的通俗理解。

所谓的“云”，现在就指的是 Kubernetes；“云原生”就是应用的开发、部署、运维、监控等一系列工作都要向 Kubernetes 看齐，使用容器、微服务、声明式 API 等技术，保证应用的整个生命周期都能够在 Kubernetes 环境里顺利实施，不需要附加额外的条件。

换句话说，“云原生”就是 Kubernetes 里的“原住民”，而不是从其他环境迁过来的。

本节的内容要点如下：

① Kubernetes 1.28 废弃了“--short”参数，直接使用“kubectl version”即可。

- 使用 Minikube 可以在本机搭建 Kubernetes 环境，功能很完善，适合学习研究；
- 操作 Kubernetes 需要使用命令行工具 kubectl，只有通过它才能与 Kubernetes 集群交互；
- kubectl 的用法与 Docker 类似，也可以拉取镜像运行，但操作的是 Pod 而不是简单的容器。

3.3 使用 kubeadm

Minikube 简单易用，不需要什么配置工作，就能够在单机环境里搭建一个功能完善的 Kubernetes 集群，给学习、开发、测试都带来了极大的便利。

不过 Minikube 提供方便的同时隐藏了很多细节，与生产环境里的计算集群有一些差距。

本节会使用 kubeadm 搭建另一个 Kubernetes 集群，它由多个虚拟机组成，更贴近现实中的生产系统，能够让读者尽快拥有实际的集群使用经验。

3.3.1 什么是 kubeadm

多节点的 Kubernetes 集群是怎么从无到有地创建出来的呢？

Kubernetes 由很多模块构成，而实现核心功能的组件（如 apiserver、etcd、scheduler 等）本质上是二进制可执行文件（参见 4.1 节），所以可以采用和其他系统类似的方式，使用 Shell 脚本或者 Ansible 等工具打包发布到服务器上。

不过 Kubernetes 这些组件的配置和关系实在太复杂，用 Shell、Ansible 部署的难度很高，需要具备相当专业的运维管理知识才能配置、搭建好集群，而且即使这样搭建过程也非常麻烦。

为了简化 Kubernetes 的部署工作，社区里出现了一个专门用来在集群中安装 Kubernetes 的工具 kubeadm，意思就是"Kubernetes 管理员"。

kubeadm 的原理和 Minikube 类似，也是用容器和镜像来封装 Kubernetes 的各种组件，但它的目标不是单机部署，而是能够轻松地在集群环境里部署 Kubernetes，并且让这个集群接近甚至达到生产级质量。[①]

同时，kubeadm 还具有和 Minikube 一样的易用性，只要执行很少的几条命令，如"init""join""upgrade""reset" 就能够完成 Kubernetes 集群的管理和维护工作。这让 kubeadm 不仅适用于集群管理员，也适用于开发人员、测试人员。

---

① Minikube 也可以使用"node"命令添加多个节点，但比起生产环境的集群还是太简单。

3.3.2 集群架构

在使用 kubeadm 搭建实验环境之前先来看看集群的架构，也就是说要准备好集群所需的硬件设施。

Kubernetes 集群架构如图 3-3 所示，一共有 3 台主机，分别是 Master、Worker 和 Console，它们都是使用虚拟机软件 VirtualBox 或 VMWare 虚拟出来的。

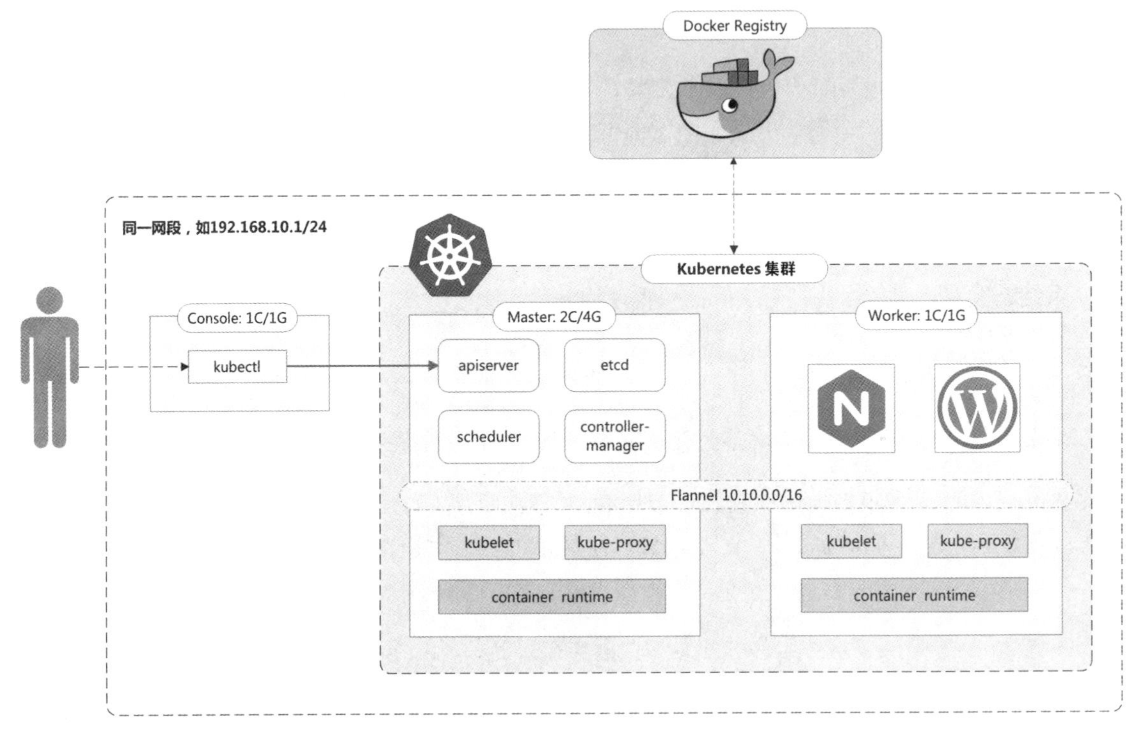

图 3-3 Kubernetes 集群架构示意

多节点集群要求至少有两台服务器，本书取最小值，所以这个 Kubernetes 集群只有两台主机，一台是控制面的 Master 节点，另一台是数据面的 Worker 节点。当然，在掌握了 kubeadm 的用法之后，读者可以在这个集群里添加更多节点。

Master 节点需要运行控制面应用，管理整个集群，所以对服务器的配置要求比较高，至少是 2 核 CPU、4 GB 的内存。而 Worker 节点没有管理工作，只运行业务应用，所以服务器的配置可以略微低一些，但内存不应少于 2 GB。

基于模拟生产环境的考虑，在 Kubernetes 集群之外还需要有一台起辅助作用的服务器。它的名字叫 Console（操作台），需要在上面安装命令行工具 kubectl，所有对 Kubernetes 集群的管理命令都从这台主机发出去。这也比较符合实际情况，出于安全考虑，集群里的主机部署好之后应该尽量少地直接登录主机进行操作。①

这 3 台主机共同组成了 kubeadm 的实验环境，在配置的时候要注意它们的网络选项必须在同一个网段，保证它们使用的是同一个网络。

3.3.3 准备工作

有了这些主机还不能立即使用 kubeadm 安装 Kubernetes，因为 Kubernetes 对系统有一些特殊要求，必须要在 Master 节点和 Worker 节点上做一些准备工作，主要包括修改节点名字、修改网络设置、修改交换分区等主机配置和安装容器运行时。②

（1）由于 Kubernetes 使用主机名来区分集群里的节点，因此每个节点的 hostname 必须不能重名。可以编辑文件“/etc/hostname”来修改主机名，例如 Master 节点的名字可以修改为“k8s-master”，Worker 节点的名字可以修改为“k8s-worker”：

（2）为了让 Kubernetes 能够检查、转发网络流量，需要修改 iptables 的配置，启用“br_netfilter”模块，命令如下：

```
cat <<EOF | sudo tee /etc/modules-load.d/k8s.conf
overlay
br_netfilter
EOF

cat <<EOF | sudo tee /etc/sysctl.d/k8s.conf
net.bridge.bridge-nf-call-ip6tables = 1
net.bridge.bridge-nf-call-iptables  = 1
net.ipv4.ip_forward                 = 1
EOF

sudo sysctl --system
```

（3）修改文件“/etc/fstab”，关闭 Linux 的 swap 分区，提升 Kubernetes 的性能，命令如下：③

```
sudo swapoff -a
sudo sed -ri '/\sswap\s/s/^#?/#/' /etc/fstab
```

① 注意，Console 这台主机只是逻辑上的概念，在实际安装部署的时候完全可以复用 3.2 节的 Minikube 的虚拟机，或者直接使用 Master、Worker 节点作为控制台。

② 在 CentOS 上使用 kubeadm 安装 Kubernetes 略麻烦，要事先禁用防火墙和 SELinux。

③ 从 Kubernetes 1.22 开始 Kubernetes 允许启用交换内存，但到 Kubernetes 1.28 交换内存还是 beta 支持。

（4）安装新的底层容器运行时。这是因为从 Kubernetes 1.24 开始，Kubernetes 不再默认支持 Docker，本书选择的是 Containerd。[①]

Containerd 的安装过程比较复杂，读者可以自行阅读它在 GitHub 上的文档，这里只给出安装命令，不做具体解释：

```
sudo apt install -y Containerd

sudo systemctl enable Containerd

stat -fc %T /sys/fs/cgroup/

sudo mkdir /etc/Containerd

Containerd config default | \
    sed 's/SystemdCgroup = false/SystemdCgroup = true/g' | \
    sudo tee /etc/Containerd/config.toml

sudo systemctl restart Containerd
```

安装完成后，可以运行命令“ctr version”（需要 root 权限），验证是否安装成功：

```
[K8S-CP ~]$sudo ctr version
Client:
  Version:  1.7.2

Server:
  Version:  1.7.2
```

以上 4 步操作完成之后，建议重启系统，然后给虚拟机创建快照做备份，避免后续的操作失误导致重复进行这些准备工作。

这些工作的详细信息都可以在 Kubernetes 的官网上找到，但它们分散在不同的页面里，所以本书把它们整合到了一起。

3.3.4　安装 kubeadm

完成准备工作后，在 Master 节点和 Worker 节点上安装 kubeadm。

可以直接从 Google 的软件仓库下载安装 kubeadm，本书选择的是国内某云厂商上的软件源：

```
sudo apt install -y apt-transport-https ca-certificates curl nfs-common
```

---

① 附录 A 详细介绍了 Kubernetes 与 Docker 的这段历史。

```
curl https://mirrors.aliyun.com/kubernetes/apt/doc/apt-key.gpg | \
sudo apt-key add -

cat <<EOF | sudo tee /etc/apt/sources.list.d/kubernetes.list
deb https://mirrors.aliyun.com/kubernetes/apt/ kubernetes-xenial main
EOF

sudo apt update
```

更新软件仓库后，就能够用“apt install”获取 kubeadm、kubelet 和 kubectl 这 3 个必备的安装工具。apt 默认下载最新版本，但也可以指定版本号，例如使用和 3.2 节相同的版本号“1.27.3”：

```
sudo apt install -y kubeadm=1.27.3-00 kubelet=1.27.3-00 kubectl=1.27.3-00
```

安装完成之后，可以用“kubeadm version”“kubectl version”来验证版本是否正确：

```
kubeadm version
kubectl version --short
```

另外按照 Kubernetes 官网的要求，最好再使用命令“apt-mark hold”，锁定 kubeadm、kubelet 和 kubectl 的软件版本，避免意外升级导致版本错误：

```
sudo apt-mark hold kubeadm kubelet kubectl
```

3.3.5 安装控制面节点

现在就可以用 kubeadm 正式安装 Kubernetes，先从控制面（也就是 Master）节点开始。

kubeadm 的用法非常简单，只需要一条命令“kubeadm init”就可以把组件在 Master 节点上运行起来。不过它还有很多参数（用“-h”可以查看）用来调整集群的配置，这里只介绍实验环境用到的如下 5 个参数：

- --apiserver-advertise-address，用来设置 apiserver 的 IP 地址，对于多网卡服务器来说很重要（如 VirtualBox 虚拟机就用了两块网卡），可以指定 apiserver 在某个网卡上对外提供服务；
- --pod-network-cidr，用来设置集群里 Pod 的 IP 地址段；
- --image-repository，用来指定镜像仓库，默认是官方的 registry.k8s.io；[①]
- --kubernetes-version，用来指定 Kubernetes 的版本号；
- --v，用来输出运行中的详细日志。

① 早期 Kubernetes 使用的镜像仓库是 k8s.gcr.io，从 Kubernetes 1.25 开始改用 registry.k8s.io。

如下安装命令设置 apiserver 的 IP 地址为“192.168.26.210”，Pod 的网段是“10.10.0.0/16”，镜像仓库是国内某厂商提供的，Kubernetes 的版本号是“1.27.3”：

```
sudo kubeadm init \
    --apiserver-advertise-address=192.168.26.210 \
    --pod-network-cidr=10.10.0.0/16 \
    --image-repository registry.aliyuncs.com/google_containers \
    --kubernetes-version=v1.27.3 \
    --v=5
```

kubeadm 的安装耗时比较长，需要耐心等待，完成后会提示接下来要做的工作：

```
To start using your cluster, you need to run the following as a regular user:

  mkdir -p $HOME/.kube
  sudo cp -i /etc/kubernetes/admin.conf $HOME/.kube/config
  sudo chown $(id -u):$(id -g) $HOME/.kube/config
```

可以看到，首先要在本地建立一个“.kube”目录，然后复制 kubectl 的配置文件，读者按提示执行即可。

另外还有一个很重要的“kubeadm join”提示，其他节点要加入集群必须用到指令中的 token 和 CA 证书，所以这条命令务必复制后保存好：[①]

```
Then you can join any number of worker nodes by
running the following on each as root:

kubeadm join 192.168.26.210:6443 --token wct4n0.pkn5n88we5ogucds \
  --discovery-token-ca-cert-hash sha256:3b415f...c692
```

安装完成后，可以使用“kubectl version”“kubectl get node”来检查 Kubernetes 的版本和集群的节点状态：

```
[K8S-CP ~]$kubectl version --short
Client Version: v1.27.3
Server Version: v1.27.3

[K8S-CP ~]$kubectl get node
NAME          STATUS     ROLES            AGE      VERSION
k8s-master    NotReady   control-plane    3m23s    v1.27.3
```

可以看到，Master 节点的状态是“NotReady”，这是由于缺少网络插件，集群的内部网络还没有正常运行。

① “kubeadm join”命令里的 token 有时效性，默认是 24 小时，如果失效或者忘记了可以用“kubeadm token create --print-join-command”创建一个新的 token。

3.3.6 安装网络插件

Kubernetes 定义了 CNI 标准，有很多网络插件，本节选用的是 Flannel，可以在它的 GitHub 项目里找到相关文档。

Flannel 的安装也很简单，只需要在 Kubernetes 里直接部署“kube-flannel.yml”。不过因为它应用了 Kubernetes 的网段地址，还需要修改文件里的“net-conf.json”字段，把“Network”改成 kubeadm 参数 “--pod-network-cidr”设置的网段。[①]

例如这里要修改成“10.10.0.0/16”：

```
net-conf.json: |
  {
    "Network": "10.10.0.0/16",
    "Backend": {
      "Type": "vxlan"
    }
  }
```

修改完成后，执行命令“kubectl apply”安装 Flannel 网络：

```
kubectl apply -f kube-flannel.yml
```

稍等一段时间，镜像拉取完成并运行后可以执行“kubectl get node”来查看节点状态：

```
[K8S-CP ~]$kubectl get node
NAME          STATUS   ROLES           AGE   VERSION
k8s-master   Ready    control-plane   14m   v1.27.3
```

如果看到控制面节点的状态是“Ready”，就表明集群的网络工作正常。

3.3.7 安装数据面节点

成功安装了控制面节点后，数据面（也就是 Worker）节点的安装就简单多了，只需要执行 3.3.5 节保存的“kubeadm join”命令，并在前面加上“sudo”以 root 权限执行：

```
sudo \
kubeadm join 192.168.26.210:6443 --token wct4n0.pkn5n88we5ogucds \
--discovery-token-ca-cert-hash sha256:3b415f...c692
```

执行命令后会先连接控制面节点，然后从控制面节点拉取镜像，安装网络插件，最后把数据面节点加入集群。

① Flannel 默认使用的网络地址段是“10.244.0.0/16”。如果在“kubeadm init --pod-network-cidr”中设置好网段信息，那么就不用修改 Flannel 的 YAML 文件。

数据面节点安装完毕后，执行“kubectl get node”，就会看到两个节点都是“Ready”状态：

```
[K8S-CP ~]$kubectl get node
NAME          STATUS   ROLES                  AGE    VERSION
k8s-master    Ready    control-plane          20m    v1.27.3
k8s-worker    Ready    <none>                 102s   v1.27.3
```

现在可以执行命令“kubectl run”，运行 Nginx 来验证：

```
[K8S-CP ~]$kubectl run ngx --image=nginx:alpine
pod/ngx created

[K8S-CP ~]$kubectl get pod -o wide
NAME   READY   STATUS    RESTARTS   IP          NODE
ngx    1/1     Running   0          10.10.1.3   k8s-worker
```

可以看到，Pod 运行在数据面节点上，IP 地址是“10.10.1.3”，表明 Kubernetes 集群部署成功。

3.3.8 安装操作台节点

控制面节点和数据面节点安装好后，操作台（也就是 Console）节点的部署工作更加简单，只需要安装 kubectl，并复制控制面节点的“config”文件。

除了运行“apt install”，读者还可以直接运行“scp”远程复制控制面节点里已经安装好的文件，例如：

```
scp `which kubectl`      xxx@192.168.26.208:~/
scp ~/.kube/config      xxx@192.168.26.208:~/.kube
```

3.3.9 小结

本节讲解了使用 kubeadm 安装 Kubernetes 集群的方法，要点如下：

- kubeadm 是一个方便易用的 Kubernetes 工具，能够部署生产级别的 Kubernetes 集群；
- 安装 Kubernetes 之前需要修改主机的配置，包括主机名、网络设置、交换分区等；
- 当前版本的 Kubernetes（Kubernetes 1.24 之后的版本）不能在 Docker 上运行，需要自行安装容器运行时，本书建议使用 Containerd；
- Kubernetes 的组件镜像存放在 registry.k8s.io 里，可以考虑从国内镜像站获取；
- 安装控制面节点需要使用命令“kubeadm init”，安装数据面节点需要使用命令“kubeadm join”，部署 Flannel 等网络插件后集群才能正常工作。

这些操作是各种 Linux 命令，本书已经把它们做成了 Shell 脚本放在了 GitHub 上，读者可以下载后直接运行。

第 4 章 Kubernetes运行机制和基本API对象

容器技术只实现了应用的打包和分发，到运维真正落地实施的时候仍然会遇到很多困难，需要用容器编排技术来解决这些问题，而 Kubernetes 已经成为容器编排领域的事实标准。

Kubernetes 为什么能担当这样的重任呢？难道仅仅因为它是由 Google 主导开发的吗？本章会讲解 Kubernetes 的内部架构和工作语言，以及 Pod、Job、CronJob、ConfigMap 和 Secret 等基本对象，了解它能够傲视群雄的秘密所在。

4.1 Kubernetes 工作机制

本节介绍 Kubernetes 的工作机制，重点是控制面（Control Plane）和数据面（Data Plane）协作的内部架构。

4.1.1 云时代的操作系统

Kubernetes 是一个生产级别的容器编排平台和集群管理系统，能够创建、调度容器，监控、管理服务器。

容器是软件，是应用，是进程；服务器是硬件，是 CPU、内存、硬盘、网卡。Kubernetes 既可以管理软件，也可以管理硬件，可以说是一个操作系统。

从某种角度来看，Kubernetes 确实是一个集群级别的操作系统，主要功能就是资源管理和作业调度。但 Kubernetes 不是运行在单机上管理单台计算资源和进程，而是运行在多台服务器上管理几百几千台的计算资源，以及运行在这些资源上的上万个进程。

所以，我们可以对比 Linux 来学习 Kubernetes，而这个新的操作系统里自然会有一系列新名词、新术语，我们也需要使用新的思维方式来考虑问题。

Kubernetes 与 Linux 有一个重要区别值得注意：Linux 的用户通常是 Dev 和 Ops 两类，而在 Kubernetes 里只有一类用户 DevOps。

在以前的应用实施流程中，开发人员和运维人员分工明确，开发完成后开发人员需要编写详细的说明文档，然后把程序交给运维人员部署、管理，两者分工明确不能随便“越线”。

而在 Kubernetes 中，开发人员和运维人员的界限变得不那么清晰了。开发人员从一开始就必须考虑后续的部署运维工作，而运维人员也需要在早期介入开发工作，才能做好应用的运维监控工作。

这就导致 Kubernetes 的很多新用户要面临身份的转变，一开始可能会有点困难。不过不用担心，任何技术的学习都有个适应期，只要过了开始的概念理解阶段就好了。

4.1.2 总体架构

操作系统的一个重要功能是抽象，从烦琐的底层事务中抽象出一些简洁的概念，然后基于这些概念来管理系统资源。

Kubernetes 也是这样。它的管理目标是大规模的集群和应用，必须能够把系统抽象到足够高的层次，分解出一些松耦合的对象，才能简化系统模型，减轻用户的心理负担。

所以，Kubernetes 扮演的角色是一个资深的系统管理员，具有丰富的集群运维经验，独创了一套自己的工作方式，不需要太多的外部干预，就能够自主完成许多复杂的管理工作。

图 4-1 为 Kubernetes 的核心架构。虽然 Kubernetes 还会有版本更新，但图 4-1 突出了 Kubernetes 架构的重点，适合初学者学习。①

Kubernetes 采用了现今流行的控制面/数据面架构，集群里的物理实机可以是计算机也可以是虚拟机，被称为节点（Node）。少量的节点用作控制面来执行集群的管理维护工作，其他大部分节点用作数据面来运行业务应用。②

控制面节点是整个集群里最重要的部分，可以说是 Kubernetes 的大脑和心脏。③

数据面节点一般简称为 Worker 或者 Node，相当于 Kubernetes 的手和脚，在控制面节点的指挥下工作。

节点的数量非常多，构成了一个资源池，Kubernetes 在这个资源池里分配资源，调度应用。

---

① 相比早期的架构，目前版本的 Kubernetes 在控制面节点里多出了一个 cloud-controller-manager，用来与特定的云厂商连接进而控制 Kubernetes 对象。

② 为确保控制面的高可用，Kubernetes 集群里都会部署多个控制面节点，数量一般是奇数（3、5 或 7），这是由 etcd 的特性决定的。

③ 早期控制面节点被称为 master，Kubernetes 1.24 之后被改成了 control plane。

资源被池化后管理也就变得比较简单，可以在集群中任意添加或者删除节点。①

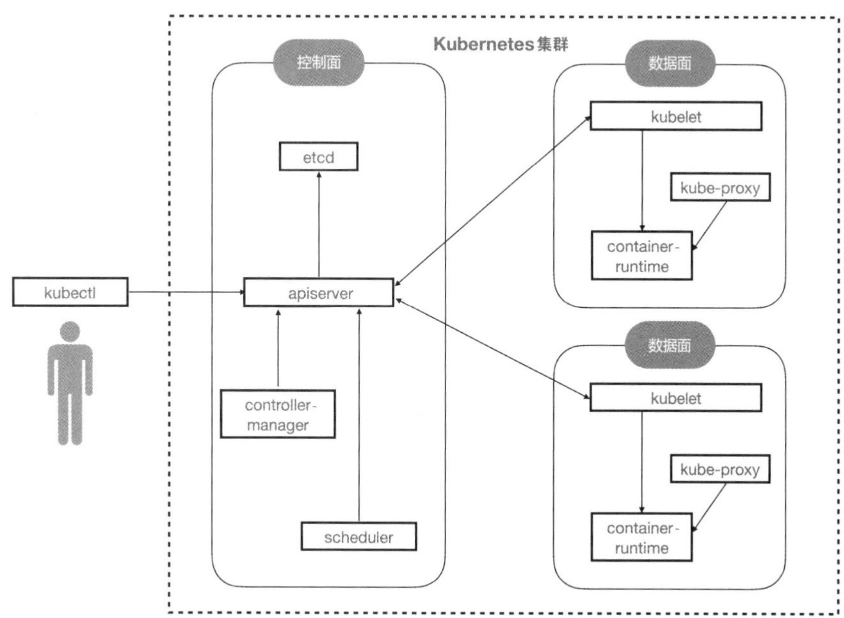

图 4-1 Kubernetes 的核心架构示意

图 4-1 中的 kubectl 是 Kubernetes 的客户端工具，用来操作 Kubernetes，但它位于集群之外，理论上不属于集群。

使用命令“kubectl get node”可以查看 Kubernetes 的节点状态：

```
[K8S ~]$kubectl get node
NAME          STATUS   ROLES                    AGE     VERSION
k8s-master     Ready    control-plane           4h5m    v1.27.3
k8s-worker     Ready    <none>                  3h46m   v1.27.3
```

Kubernetes 集群中的控制面和数据面的划分不是绝对的。当集群的规模较小，工作负载较少的时候，控制面节点也可以承担数据面节点的工作。例如 3.2 节搭建的 Minikube 环境只有一个节点，这个节点既是控制面又是数据面。

Kubernetes 节点内部结构比较复杂，由很多模块构成，这些模块可以分为组件（Component）和扩展（Addon）两类。

组件实现了 Kubernetes 的核心功能特性，没有这些组件 Kubernetes 就无法启动；而扩展

① Nginx 的 master/worker 架构与 Kubernetes 有点相似，只不过 Nginx 的 master/worker 是进程，而 Kubernetes 的控制面/数据面是计算机节点。

则是 Kubernetes 的附加功能，不安装也不会影响 Kubernetes 的正常运行。

4.1.3 控制面

控制面包括 4 个组件，分别是 apiserver、etcd、scheduler 和 controller-manager。

apiserver 是控制面，也是整个 Kubernetes 系统的唯一管理入口，它对外公开了一系列的 RESTful API，并具有验证、授权等功能，其他所有组件都只能和它直接通信，可以说是 Kubernetes 里的联络员。

etcd 是一个高可用的分布式键值（Key-Value）数据库，用来持久化存储系统里的各种资源对象和状态，相当于 Kubernetes 里的配置管理员。它只能与 apiserver 直接通信，也就是说其他任何组件想要读写 etcd 里的数据都必须经过 apiserver。①

scheduler 负责容器的编排工作，检查节点的资源状态，把 Pod 调度到最适合的节点上运行，相当于部署人员。因为节点状态和 Pod 信息都存储在 etcd 里，所以 scheduler 必须经过 apiserver 才能获得这些数据。

controller-manager 负责维护容器和节点等资源的状态，实现故障检测、服务迁移、应用伸缩等功能，相当于监控运维人员。同样地，它也必须通过 apiserver 获得存储在 etcd 里的数据，才能够实现对资源的各种操作。②

这 4 个组件也都被容器化了，运行在集群的 Pod 里，可以用 kubectl 查看它们的状态，命令如下：

```
[K8S ~]$kubectl get pod -n kube-system
NAME                                 READY     STATUS
etcd-k8s-master                      1/1       Running
kube-apiserver-k8s-master            1/1       Running
kube-controller-manager-k8s-master   1/1       Running
kube-scheduler-k8s-master            1/1       Running
```

注意命令行里的“-n kube-system”参数，表示检查“kube-system”名字空间（namespace）里的 Pod（名字空间的概念可参考 6.4 节）。

4.1.4 数据面

控制面里的 apiserver、scheduler 等组件必须获取节点的各种信息才能够作出管理决策，

① etcd 由 CoreOS 公司开发，基于类 Paxos 的 Raft 算法实现数据一致性。

② controller-manager 是多个 controller 的集合体，每个 controller 负责一种控制循环（如 node controller、namespace controller），但为了简化部署被合并在一个进程里执行。

这就需要节点里的 kubelet、kube-proxy、container-runtime 这 3 个组件协同工作。

kubelet 是节点的代理，负责管理节点相关的绝大部分操作。节点上只有 kubelet 能够与 apiserver 通信，实现状态上报、命令下发、启停容器等功能。

kube-proxy 的作用有点特别，是节点的网络代理，只负责管理容器的网络通信，简单来说就是为 Pod 转发 TCP/UDP 数据包。

container-runtime 读者应该比较熟悉，是容器和镜像的实际使用者，负责根据 kubelet 命令创建容器，管理 Pod 的生命周期。

一定要注意，Kubernetes 因为定位是容器编排平台，所以没有限定 container-runtime，允许使用任何符合标准的容器运行时，例如 Containerd、CRI-O 等（但不是 Docker）。

这 3 个组件中只有 kube-proxy 被容器化了。kubelet 因为要管理整个节点，容器化会限制它的能力，所以必须运行在 container runtime 之外。

4.1.5 工作流程

把控制面和数据面里的组件结合起来看，就能够明白 Kubernetes 的大致工作流程。

- 数据面的 kubelet 会定期向 apiserver 上报节点状态，apiserver 将节点状态保存到 etcd 里。
- 数据面的 kube-proxy 实现了 TCP/UDP 反向代理，让容器对外提供稳定的网络服务。
- scheduler 通过 apiserver 获取当前的节点状态，调度 Pod；apiserver 下发命令给某个数据面的 kubelet，kubelet 调用 container-runtime 启动容器。
- controller-manager 也通过 apiserver 获取实时的节点状态，监控可能的异常情况，再使用相应的手段去调节恢复。

其实，但 Kubernetes 并没有颠覆它之前的操作流程，只是把这些流程抽象化、规范化了。

于是，这些组件就好像无数个不知疲倦的运维工程师，把原先烦琐低效的人力工作搬进了高效的计算机里，能够随时发现集群里的变化和异常，再互相协作维护集群的健康状态。

4.1.6 扩展

只要服务器节点上运行了 apiserver、scheduler、kubelet、kube-proxy、container-runtime 等组件，就可以说是一个功能齐全的 Kubernetes 集群。

不过就像 Linux 一样，操作系统提供的基础功能虽然可用，但想达到好用的程度，还要安装一些附加功能。在 Kubernetes 里，这些附加功能就是扩展。

Kubernetes 本身的设计非常灵活，允许大量的扩展增强它对应用和集群的管理能力。

3.2 节的 Minikube 就自带很多插件，使用命令“minikube addons list”可以查看插件列表：

```
[K8S ~]$minikube addons list
|-----------------------------    |---------------------------------|
|        ADDON NAME               |           MAINTAINER            |
|-----------------------------    |---------------------------------|
| ...                             | ...                             |
| istio                           | 3rd party (Istio)               |
| istio-provisioner               | 3rd party (Istio)               |
| kong                            | 3rd party (Kong HQ)             |
| storage-provisioner             | Minikube                        |
| volumesnapshots                 | Kubernetes                      |
| ...                             | ...                             |
|-----------------------------    |---------------------------------|
```

插件中比较重要的有两个：DNS 和 Dashboard。

DNS 在 Kubernetes 集群里实现了域名解析服务，能够让应用以域名而不是 IP 地址的方式互相通信，是服务发现和负载均衡的基础。它对微服务、服务网格等架构至关重要，基本上是 Kubernetes 的必备插件。

Dashboard 是仪表盘，为 Kubernetes 提供一个图形化的操作界面，虽然大多数 Kubernetes 工作是使用命令行 kubectl，但有时候在 Dashboard 上查看信息更方便，如图 4-2 所示。

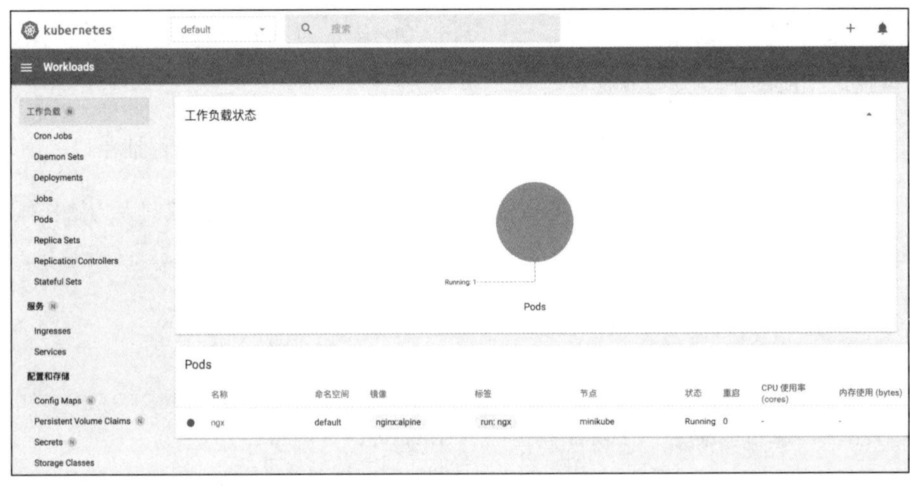

图 4-2　Minikube 内置的仪表盘

如果 Linux 系统有图形界面（桌面版 Linux），只要在 Minikube 环境里执行一条简单的命令，就可以自动用浏览器打开 Dashboard 网页（支持中文）。①

```
minikube dashboard
```

6.7 节会在 kubeadm 环境部署一个可用的 Dashboard。

4.1.7 小结

本节介绍了 Kubernetes 的内部架构和工作机制。Kubernetes 的功能非常完善，能够自动化地完成大部分常见的运维管理工作，节约大量的人力成本。

本节的内容要点如下。

- Kubernetes 能够在集群级别管理应用和服务器，可以认为是一种集群操作系统。它使用控制面/数据面的基本架构，控制面节点实现管理控制功能，数据面节点运行具体业务。
- Kubernetes 由很多模块组成，可分为核心的组件和选配的插件两类。
- 控制面包括 4 个组件，分别是 apiserver、etcd、scheduler 和 controller-manager。
- 数据面包括 3 个组件，分别是 kubelet、kube-proxy 和 container-runtime。
- 通常必备的插件有 DNS 和 Dashboard。

4.2 工作语言 YAML

独特的控制面/数据面架构是 Kubernetes 得以安身立命的根本，但还不足以使 Kubernetes 成为容器编排领域的事实标准，还需要 Kubernetes 世界里的标准工作语言 YAML 的助力。

4.2.1 声明式与命令式

Kubernetes 使用的 YAML 语言有一个非常关键的特性：声明式（Declarative），与声明式对应的是命令式（Imperative）。在详细了解 YAML 之前，需要先了解声明式与命令式这两种工作方式。②

第 2 章介绍的 Docker 命令和 Dockerfile 就属于命令式，大多数编程语言也属于命令式，

① Minikube Dashboard 本身只允许本机访问，但给它配置了 Nginx 反向代理后，外部运行的浏览器也可以查看。

② 命令式和声明式不是绝对对立的关系，命令式里有的命令可能是声明式的（如查询数据库），声明式里有的声明也可以是命令式的（如执行一段脚本）。

它的特点是交互性强，注重顺序和过程，必须“告诉”计算机每步该做什么，所有的步骤都列清楚，程序才能够一步步走下去，最后完成任务。

在 Kubernetes 出现之前声明式比较少见。它与“命令式”完全相反，不关心具体的过程，更注重结果，不需要告诉计算机该怎么做，只要告诉计算机一个目标状态，由计算机自己想办法完成任务。

这两个概念比较抽象，不太好理解，也是 Kubernetes 初学者经常遇到的障碍之一。下面以打车为例解释命令式和声明式的区别。

假设要打车去高铁站，但司机不熟悉路况，你只好不厌其烦地告诉他该走哪条路、在哪个路口转向、在哪里进出主路、停在哪个进站口。虽然最后到达了目的地，但这一路上费了很多口舌，发出了无数的“命令”。很显然，这段路程就属于“命令式”。

现在换一种方式。同样是去高铁站，但司机经验丰富，他知道哪里拥堵、哪条路的红灯多、哪段路有临时管控、哪里可以走小道，此时你再多嘴无疑会干扰他的正常驾驶，所以，你只要给他一个“声明”：我要去高铁站，就可以舒舒服服地躺在后座上休息，顺利到达目的地。很显然，这段路程属于“声明式”。

在这个例子里，Kubernetes 就是一位熟练的老司机，控制面/数据面的架构让它对整个集群的状态了如指掌，并能够自动监控、管理应用内部的众多组件和插件。

这个时候我们可以用“声明式”把任务的目标告诉 Kubernetes，例如使用哪个镜像、什么时候运行，由 Kubernetes 处理执行过程中的各种细节。

容器技术里的 Shell 脚本和 Dockerfile 可以很好地描述命令式，但对于声明式需要使用专门的 YAML 语言。

4.2.2　什么是 YAML

YAML 语言首次发表于 2001 年，比 XML 的诞生时间晚了 3 年。YAML 虽然在名字上和 XML 相似，但实质上与 XML 完全不同，更适合人类阅读，计算机解析起来也更容易。[①]

YAML 的官网上有对语言规范的完整介绍，本书不再列举语言的细节，只讲与 Kubernetes 相关的要点，帮助读者快速掌握 YAML。

YAML 支持整数、浮点数、布尔、字符串、数组和对象等数据类型，是 JSON 的超集，也就是

① YAML 是“YAML Ain't a Markup Language”的缩写，类似 PHP 的递归形式，但它早期真正的名字是“Yet Another Markup Language”。它的发音可能让人觉得有点怪，可以参考“yard”和“camel”这两个词的发音。

说，任何合法的 JSON 文档也是 YAML 文档。如果读者了解 JSON，那么学习 YAML 会很容易。[①]

和 JSON 相比，YAML 的语法更简单、形式也更清晰紧凑，例如：

- 使用空白与缩进表示层次（类似 Python），可以不使用花括号和方括号；
- 支持使用“#”书写注释，比起 JSON 是很大的改进；
- 对象（字典）的格式与 JSON 基本相同，但 Key 不需要使用双引号；
- 数组（列表）是使用“-”开头的清单形式（类似 MarkDown）；
- 表示对象的“:”和表示数组的“-”后面都必须有空格；
- 可以使用“---”在一个文件里分隔多个 YAML 对象。

下面是 3 个 YAML 的简单示例。

示列 1：数组，使用“-”列出了 3 种操作系统。

```
# YAML 数组(列表)
OS:
  - Linux
  - macOS
  - Windows
```

它等价的 JSON 如下：

```
{
  "OS": ["Linux", "macOS", "Windows"]
}
```

对比可以看到 YAML 在形式上很简单，避免了闭合花括号、方括号的麻烦，每个元素后面也不需要逗号。

示例 2：YAML 对象，声明了一些计算节点。

```
# YAML 对象(字典)
Kubernetes:
  master: 1
  worker: 3
```

它等价的 JSON 如下：

```
{
  "Kubernetes": {
    "master": 1,
    "worker": 3
  }
}
```

① 推荐一个知名的 JSON/YAML 工具网站：BEJSON，支持 JSON 格式校验，也可以把 JSON 格式转换为 YAML。

注意 YAML 里的 Key 不需要使用双引号，看起来更舒服。

示例 3：组合 YAML 的数组和对象，可以描述任意的 Kubernetes 资源对象。

```
# 复杂的例子，组合数组和对象
Kubernetes:
  master:
    - apiserver: running
    - etcd: running
  node:
    - kubelet: running
    - kube-proxy: down
    - container-runtime: [docker, Containerd, cri-o]
```

关于 YAML 语言的其他知识点如图 4-3 所示，读者可以参考 YAML 官网学习。

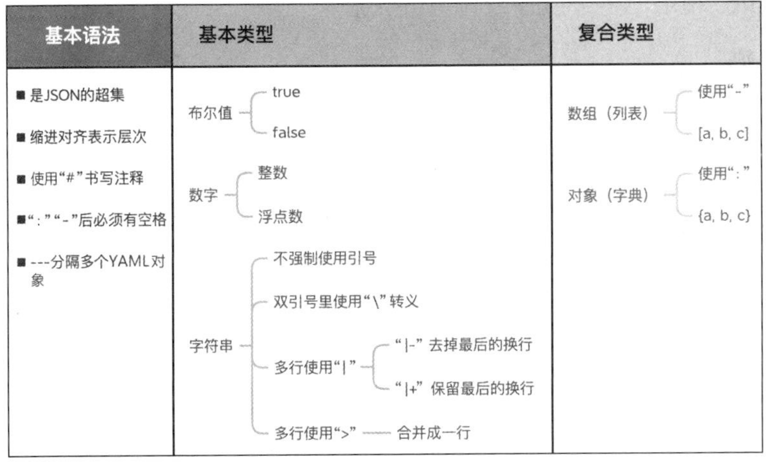

图 4-3 YAML 语言的语法细节

4.2.3 什么是 API 对象

YAML 语言只相当于"语法"，要与 Kubernetes 对话，还必须有足够的"词汇"来表达"语义"，才能够让 Kubernetes 明白我们的意思。

作为一个集群操作系统，Kubernetes 归纳总结了 Google 多年的经验，在理论层面抽象出了很多概念，用来描述系统的管理运维工作。

apiserver 是 Kubernetes 系统的唯一管理入口，外部用户和内部组件必须和它通信，而 apiserver 采用了 HTTP 的 URL 资源理念，API 风格也用的是 RESTful 的 GET、POST、DELETE 等，所以，Kubernetes 中的资源很自然地就被称为 API 对象。

使用“kubectl api-resources”可以查看当前 Kubernetes 版本支持的所有对象：

```
[K8S ~]$kubectl api-resources
NAME                         SHORTNAMES   APIVERSION   KIND
configmaps                    cm           v1           ConfigMap
endpoints                     ep           v1           Endpoints
namespaces                    ns           v1           Namespace
nodes                         no           v1           Node
persistentvolumeclaims        pvc          v1       PersistentVolumeClaim
persistentvolumes             pv           v1           PersistentVolume
pods                          po           v1           Pod
secrets                                    v1           Secret
services                      svc          v1           Service
daemonsets                    ds           apps/v1      DaemonSet
...
```

第一列 NAME 是对象的名字，例如 configmaps、pods、services 等；第二列 SHORTNAMES 则是对象名字的简写，在使用 kubectl 命令的时候可以减少键盘输入，例如 pods 可以简写为 po、services 可以简写为 svc；第三列 APIVERSION 代表对象的版本；第四列 KIND 代表对象的类型。

如果使用 kubectl 命令时加上参数“--v=9”，就会显示详细的命令执行过程，清楚地看到发出的 HTTP 请求，例如：

```
[K8S ~]$kubectl get pod --v=9
Config loaded from file:  /home/chrono/.kube/config
curl -v -XGET
 'https://192.168.26.210:6443/api/v1/namespaces/default/pods?limit=500'
HTTP Trace: Dial to tcp:192.168.26.210:6443 succeed
GET https://192.168.26.210:6443/api/v1/namespaces/default/pods?limit=500
Response Headers:
Audit-Id: c8bc3847-c87e-47e4-ac34-379726369d71
Cache-Control: no-cache, private
Content-Type: application/json
X-Kubernetes-Pf-Flowschema-Uid: ebb14040-ff2c-4fb5-8ef0-fc9f06c2b782
X-Kubernetes-Pf-Prioritylevel-Uid: 73afbd1e-2c6b-4837-ae71-b3bed880e9ba
Content-Length: 2957
```

可以看到，kubectl 客户端等价于调用 curl，向 8443 端口发送了 HTTP GET 请求，URL 是“/api/v1/namespaces/default/pods”。

目前 Kubernetes 1.27.3 版本有 50 多种 API 对象，全面描述了集群的节点、应用、配置、服务、账号等信息，apiserver 会把它们存储在数据库 etcd 里，kubelet、scheduler、controller-manager 等组件通过 apiserver 来访问它们，就在 API 对象这个抽象层次实现了对整个集群的管理。

4.2.4　用 YAML 描述 API 对象

本节使用 YAML 语言在 Kubernetes 里描述并创建 API 对象。

3.3.7 节验证 Kubernetes 时启动了一个 Nginx 应用，执行的命令是“kubectl run”，和 Docker 一样是命令式的方式：

```
kubectl run ngx --image=nginx:alpine
```

现在可以把它改写成声明式的 YAML，描述清楚 Nginx 应用的属性，也就是目标状态，由 Kubernetes 决定如何拉取镜像并运行：

```
apiVersion: v1
kind: Pod
metadata:
  name: ngx-pod
  labels:
    env: demo
    owner: chrono

spec:
  containers:
  - image: nginx:alpine
    name: ngx
    ports:
    - containerPort: 80
```

借助 4.2.1 节介绍的 YAML 语言知识应该能够明白，这个 Nginx 应用是一个 Pod，要使用“nginx:alpine”镜像创建一个容器，开放端口 80，其他部分是 Kubernetes 对 API 对象强制的格式要求。

因为 API 对象采用的是标准 HTTP，为了方便理解可以借鉴 HTTP 的报文格式，把 API 对象的描述分成“header”和“body”两部分。

“header”部分包含的是 API 对象的基本信息，包括 3 个字段：apiVersion、kind 和 metadata。

apiVersion 表示操作这种资源的 API 版本号，例如 v1、v1alpha1、v1beta1 等。由于 Kubernetes 的迭代速度很快，不同版本创建的对象会有所差异，为了区分这些版本需要使用 apiVersion 字段。①

① Kubernetes 的 API 版本命名有明确规范，正式版本（Generally Available，GA）是“v+数字”，如 v1；测试性质、不稳定版本的版本号带有“alpha”，如 v1alpha1；比较稳定、即将发布版本的版本号中带有“beta”，如 v1beta1。

kind 表示资源对象的类型，例如 Pod、Node、Job、Service 等。

metadata 表示资源的一些元信息，也就是用来标记对象，方便 Kubernetes 管理的一些信息。

在上面的 YAML 示例里有两个元信息，一个是 name，定义 Pod 的名字是“ngx-pod”；另一个是 labels，可以理解为便于查找 Pod 的标签，分别是“env”和“owner”。

apiVersion、kind 和 metadata 被 kubectl 用来生成发给 apiserver 的 HTTP 请求（可以用“--v=9”参数在请求的 URL 里看到它们）。

和 HTTP 一样，“header”部分包含的 apiVersion、kind 和 metadata 3 个字段是任意对象都必须有的，而“body”部分则与特定对象相关，每种对象有不同的规格定义，在 YAML 里表现为“spec”（即 specification）字段，表示对象的期望状态。

在上面例子的 Pod 里，spec 里是一个“containers”数组，数组中的每个元素是一个对象，指定了名字、镜像、端口等信息。

综合这些字段看，这份 YAML 文档完整地描述了一个类型是 Pod 的 API 对象，要求使用 v1 版本的 API 接口管理，其他更具体的名称、标签、状态等细节都记录在了 metadata 和 spec 字段等里。

使用“kubectl apply”“kubectl delete”，再加上参数“-f”，就可以使用这个 YAML 文件创建或者删除对象：

```
kubectl apply      -f ngx-pod.yml
kubectl delete     -f ngx-pod.yml
```

Kubernetes 收到这份“声明式”的数据，再根据 HTTP 请求里的 POST/DELETE 等方法，就会自动操作这个资源对象，至于对象在哪个节点上、怎么创建、怎么删除完全不用外部用户关心。

4.2.5 编写 YAML 的技巧

Kubernetes 里有很多 API 对象，如何知道该用什么 apiVersion、什么 kind？在 metadata、spec 里又该写哪些字段呢？YAML 看起来简单，写起来却比较麻烦，缩进对齐很容易搞错，有没有什么可靠的方法呢？

这些问题的权威答案无疑是 Kubernetes 的官方文档，在这里可以找到 API 对象的所有字段。不过官方文档内容太多本节会介绍 3 个简单实用的技巧。

技巧 1：使用“kubectl api-resources”命令（4.2.3 节已经讲过），会显示资源对象的

API 版本和类型，例如 Pod 的版本是“v1”，Ingress 的版本是“networking.k8s.io/v1”，照着它写就不会错。

技巧 2：使用“kubectl explain”命令，相当于 Kubernetes 自带的 API 文档，可以给出对象字段的详细说明。例如想要看 Pod 里的字段该怎么写，可以执行如下命令：[①]

```
kubectl explain pod
kubectl explain pod.metadata
kubectl explain pod.spec
kubectl explain pod.spec.containers
```

使用这两个技巧编写 YAML 就基本上没有难度了。

为了更方便、简单，我们还可以让 kubectl 生成一份文档模板，免去我们打字和对齐格式的工作。

技巧 3：使用 kubectl 的两个特殊参数“--dry-run=client”和“-o yaml”，前者表示空运行，后者表示生成 YAML 格式，组合使用会让 kubectl 不会有实际的创建动作，只生成 YAML 文件。

例如，想要生成一个 Pod 的 YAML 样板示例，在“kubectl run”后面加上这两个参数：

```
kubectl run ngx --image=nginx:alpine --dry-run=client -o yaml
```

就会生成一个正确的 YAML 文件：

```
apiVersion: v1
kind: Pod
metadata:
  creationTimestamp: null
  labels:
    run: ngx
  name: ngx
spec:
  containers:
  - image: nginx:alpine
    name: ngx
    resources: {}
  dnsPolicy: ClusterFirst
  restartPolicy: Always
status: {}
```

接下来要做的是查阅对象的说明文档，通过添加或者删除字段来定制这个 YAML 文件了。

---

① 因为 Kubernetes 的开发语言是 Go，所以 API 对象字段用的是 Go 的语法规范，例如字段命名遵循“Camel Case”，类型是“boolean”“string”“[]Object”等。

可以再进化一下，把这两个参数定义为 Shell 变量（变量可以是任意名字，例如$do/$go，这里用的是$out），使用起来更方便，例如：

```
export out="--dry-run=client -o yaml"
kubectl run ngx --image=nginx:alpine $out
```

除了一些特殊情况，本书后续章节不会再使用“kubectl run”这样的命令直接创建 Pod，而是会编写 YAML 文件，用声明式的方式来描述对象，再用“kubectl apply”发布 YAML，让 Kubernetes 自动创建对象。

4.2.6 小结

本节介绍了声明式和命令式的区别、YAML 语言的语法、用 YAML 描述 API 对象，以及编写 YAML 文件的 3 个技巧。

Kubernetes 采用 YAML 作为工作语言，这是它有别于其他系统的一大特色，声明式的语言能够更准确、更清晰地描述系统状态，避免引入烦琐的操作步骤扰乱系统，与 Kubernetes 高度自动化的内部结构相得益彰，而且纯文本形式的 YAML 也很容易版本化，适合持续集成/持续交付（CI/CD）。

本节的内容要点如下。

- YAML 是 JSON 的超集，支持数组和对象，能够描述复杂的状态，可读性也很高。
- Kubernetes 把集群里的一切资源都定义为 API 对象，通过 RESTful 接口来管理。描述 API 对象需要使用 YAML 语言，必需的字段是 apiVersion、kind 和 metadata。
- 运行命令“kubectl api-resources”可以查看对象的 API 版本和类型，运行命令“kubectl explain”可以查看对象字段的说明文档。
- 运行命令“kubectl apply”“kubectl delete”发送 HTTP 请求，管理 API 对象。
- 使用参数“--dry-run=client -o yaml”可以生成 YAML 模板，简化 YAML 文件的编写工作。

4.3 核心概念 Pod

4.2 节使用 YAML 描述了一个 API 对象：Pod，其中 spec 字段里包含了容器的定义。

为什么 Kubernetes 不直接使用已经非常成熟稳定的容器？为什么要再单独抽象出一个 Pod 对象？为什么几乎所有人都说 Pod 是 Kubernetes 里最核心、最基本的概念呢？

本节将逐一解答这些问题。

4.3.1 为什么要有 Pod

Pod 这个词原意是“豌豆荚”，后来又延伸出“舱室”“太空舱”等含义，形象地说 Pod 就是包含了很多组件、成员的一种结构。①

容器技术让进程在一个沙盒环境里运行，具有良好的隔离性，是一个非常好的应用封装。

不过，当容器技术进入真实的生产环境中时，这种隔离性就带来了一些麻烦。因为很少有应用是完全独立运行的，经常需要几个进程协作才能完成任务，例如第 2 章搭建 WordPress 网站时，需要 Nginx、WordPress 和 MariaDB 这 3 个容器一起工作。

WordPress 网站中的 3 个容器之间的关系比较松散，可以分别调度，即使运行在不同的机器上也能够通过 IP 地址通信。

但还有一些特殊情况，多个应用结合得非常紧密以至于无法把它们拆开。例如，有的应用运行前需要由其他应用先初始化一些配置；再例如日志代理，必须读取另一个应用存储在本地磁盘的文件再转发出去。这些应用如果被强制分离成两个容器，就无法正常工作了。

把这些应用放在一个容器里运行也可以，但不是一种好的做法。因为容器的理念是对应用的独立封装，它里面就应该是一个进程、一个应用，如果里面有多个进程、多个应用，不仅违背了容器的初衷，也会让容器更难以管理。

为了解决多应用联合运行的问题，同时不破坏容器的隔离环境，需要在容器外再建立一个“收纳舱”，让多个容器既保持相对独立，又能够小范围共享网络、存储等资源，而且永远是“绑在一起”的状态。

所以，Pod 的概念呼之欲出了，容器正是“豆荚”里那些小小的“豌豆”，在 Pod 的 YAML 里可以看到，“spec.containers”字段其实是一个数组，里面允许定义多个容器。②

4.3.2 为什么 Pod 是核心概念

Pod 是对容器的“打包”，里面的容器是一个整体，总是能够一起调度、一起运行，绝不会出现分离的情况，而且 Pod 属于 Kubernetes，可以在不触碰底层容器运行时的情况下任意定制修改。所以有了 Pod 这个抽象概念，Kubernetes 在集群级别上管理应用就会更方便。

Kubernetes 让 Pod 去编排处理容器，然后把 Pod 作为应用调度部署的最小单位，Pod 也因

---

① 在科幻电影里“Pod”常用来称呼飞船的分离舱，而 Apple 的音乐播放器 iPod、Home Pod 从属于 Mac，与飞船和分离舱的关系有点类似，所以被命名为“Pod”。

② Pod 内部有一个名为 infra 的“隐藏”容器，它实际上代表了 Pod，维护着 Pod 内多容器共享的主机名、网络和存储。infra 容器的镜像叫“pause”，非常小，只有不到 500 KB。

此成了 Kubernetes 世界里的“原子”（当然这个“原子”内部是有结构的，不是铁板一块），基于 Pod 就可以构建出更多更复杂的业务形态。

图 4-4 是以 Pod 为中心的 Kubernetes 资源对象关系图。它从 Pod 开始，扩展出了 Kubernetes 里的一些重要 API 对象，例如配置信息 ConfigMap、离线作业 Job、多实例部署 Deployment 等，分别对应现实中的各种运维需求，比较全面地描述了 Kubernetes 的资源对象。

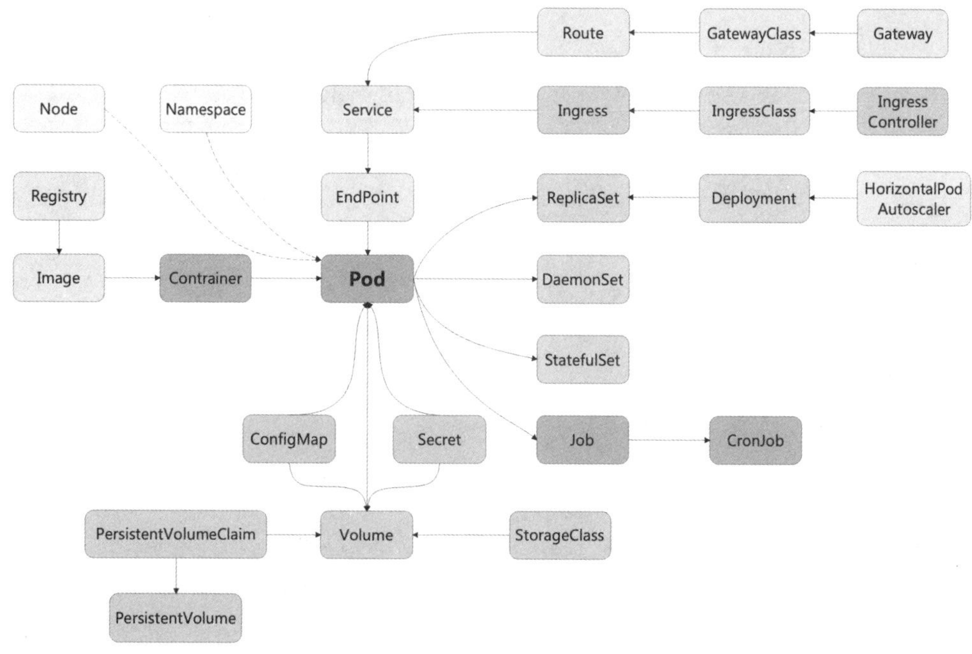

图 4-4 以 Pod 为中心的 Kubernetes 资源对象关系

从图 4-4 中也能够看出来，所有的 Kubernetes 资源都直接或者间接地依附在 Pod 之上，Kubernetes 的所有功能都必须通过 Pod 来实现，所以 Pod 成了 Kubernetes 的核心对象。

4.3.3 用 YAML 描述 Pod

Pod 非常重要，理解了 Pod 的概念，Kubernetes 学习之旅就成功了一半。

因为始终可以用“kubectl explain”来查看任意字段的详细说明，所以本节只简要介绍编写 YAML 时 Pod 里的一些常用字段。

Pod 是 API 对象，它也必然具有 apiVersion、kind、metadata 和 spec 4 个基本组成部分。

“apiVersion”和“kind”这两个字段很简单，对于 Pod 来说分别是固定的值“v1”和“Pod”，而“metadata”里通常应该有“name”和“labels”这两个字段。

在使用 Docker 创建容器的时候，可以不给容器起名字，但在 Kubernetes 里，Pod 必须有一个名字，这也是 Kubernetes 里所有资源对象的一个约定。[①]

“name”只是一个基本标识，信息有限，而“labels”字段可以添加任意数量的键值对，给 Pod 添加归类的标签，结合“name”更容易识别和管理。

例如，可以根据运行环境，使用标签“env=dev/test/prod”，或者根据所在的数据中心，使用标签“region: north/south”，还可以根据应用在系统中的层次，使用标签“tier=front/middle/back”，等等。[②]

下面这段 YAML 代码描述了一个简单的 Pod，名字是“busy-pod”，再附加一些标签：

```
apiVersion: v1
kind: Pod
metadata:
  name: busy-pod
  labels:
    owner: chrono
    env: demo
    region: north
    tier: back
```

“metadata”一般包含“name”和“labels”两个字段就足够了，而“spec”由于需要管理、维护 Pod 这个 Kubernetes 的基本调度单元，里面有非常多的关键信息，本节只介绍最重要的“containers”字段，其他字段（如“hostname”“restartPolicy”等）读者可以自行学习。

“containers”字段是一个数组，里面的每个元素又是一个 container 对象，也就是容器。

和 Pod 一样，container 对象也必须用“name”表示名字，然后还要用一个“image”字段来表示它的镜像，这两个字段是必须的，否则 Kubernetes 会报告数据验证错误。

container 对象的其他字段基本上都可以和第 2 章里的容器技术对应，比较容易理解，以下是部分字段。

- ports：列出容器对外暴露的端口，和 Docker 的“-p”参数类似。
- imagePullPolicy：指定镜像的拉取策略，可以是 Always、Never 或 IfNotPresent。一般默认 IfNotPresent，表示只有本地不存在才会远程拉取镜像，以减少网络消耗。
- env：定义 Pod 的环境变量，和 Dockerfile 里的“ENV”指令类似，但它是容器运行

① 本书通常会为 Pod 的名字统一加上“pod”后缀，这样可以和其他类型的资源区分开。

② metadata 中的标签必须符合域名规范（FQDN），不能随意写。

时指定的，更加灵活、可配置。

- command：定义容器启动时要执行的命令，相当于 Dockerfile 里的“ENTRYPOINT”。
- args：它是 command 运行时的参数，相当于 Dockerfile 里的“CMD”。[①]

下面编写“busy-pod”的 spec 部分，添加“env”“command”“args”等字段：

```
spec:
  containers:
  - image: busybox:latest
    name: busy
    imagePullPolicy: IfNotPresent
    env:
      - name: os
        value: "ubuntu"
      - name: debug
        value: "on"
    command:
      - /bin/echo
    args:
      - "$(os), $(debug)"
```

这个 YAML 为 Pod 指定使用镜像 busybox:latest，拉取策略是“IfNotPresent”，并定义了“os”和“debug”两个环境变量，启动命令是“/bin/echo”，参数里输出刚才定义的环境变量。

对比这份 YAML 文件和 Docker 命令就可以看出，YAML 在“spec.containers”字段里用声明式的方式把容器的运行状态描述得非常清晰，比“docker run”这样的命令行要整洁得多，对人、对计算机都非常友好。

4.3.4 用 kubectl 操作 Pod

有了描述 Pod 的 YAML 文件，本节介绍用来操作 Pod 的 kubectl 命令。

“kubectl apply”“kubectl delete”已经在 4.2 节介绍过，它们可以使用“-f”参数指定 YAML 文件创建或者删除 Pod，例如：

```
kubectl apply     -f busy-pod.yml
kubectl delete     -f busy-pod.yml
```

因为在 YAML 里定义了“name”字段，所以也可以直接指定 Pod 的名字来删除：

```
kubectl delete pod busy-pod
```

① 特别注意：command、args 这两条命令和 Docker 里的 ENTRYPOINT、CMD 含义不完全相同。

和 Docker 不一样，Kubernetes 的 Pod 不会在前台运行，只能在后台（相当于默认使用了参数“-d”），所以不能直接看到输出信息。命令“kubectl logs”可以显示 Pod 的标准输出流信息，执行如下命令后显示的是 Pod 预设的两个环境变量的值：

```
[K8S ~]$kubectl logs busy-pod
ubuntu, on
```

使用命令“kubectl get pod”可以查看 Pod 列表和运行状态：

```
[K8S ~]$kubectl get pod
NAME       READY   STATUS             RESTARTS
busy-pod   0/1     CrashLoopBackOff   5 (<invalid> ago)
```

可以发现这个 Pod 运行不正常，状态是“CrashLoopBackOff”，继续执行命令“kubectl describe”可以检查详细状态（这在调试排错时很有用）：

```
[K8S ~]$kubectl describe pod busy-pod
Name:           busy-pod
Namespace:       default
...
Events:
  Type     Reason     Message
  ----     ------     -------
  Normal   Scheduled  Successfully assigned default/busy-pod to k8s-worker
  Normal   Pulling    Pulling image "busybox:latest"
  Normal   Pulled     Successfully pulled image "busybox:latest"
  Normal   Created    Created container busy
  Normal   Started    Started container busy
  Warning  BackOff    Back-off restarting failed container busy in pod
```

通常需要关注的是“Events”部分，它显示的是 Pod 运行过程中的一些关键节点事件。对于这个“busy-pod”，因为它只执行了一条“echo”命令就退出了，而 Kubernetes 默认会重启 Pod，所以会进入一个反复循环“停止-启动”的错误状态。①

因为 Kubernetes 里运行的应用大部分是不会主动退出的服务，所以我们可以把“busy-pod”删掉，用 4.2 节创建的 ngx-pod.yml，启动一个 Nginx 服务。这才是大多数 Pod 的工作方式。

启动之后，再用“kubectl get pod”查看 Pod 的状态，可以发现它已经是“Running”状态：②

---

① 对于确实不需要重启的 Pod，可以配置字段“restartPolicy: Never”。

② “kubectl get pod”的“READY”列显示的是 Pod 内部的容器状态，格式是“x/y”，表示 Pod 里总共定义了 y 个容器，其中 x 个的状态是 ready。

```
[K8S ~]$kubectl apply -f ngx-pod.yml
pod/ngx-pod created

[K8S ~]$kubectl get pod
NAME       READY   STATUS    RESTARTS   AGE
ngx-pod    1/1     Running   0          6s
```

运行命令“kubectl logs”也能够正常输出 Nginx 的运行日志：

```
[K8S ~]$kubectl logs ngx-pod
/docker-entrypoint.sh: Configuration complete; ready for start up
2023/XX/XX 11:28:46 [notice] 1#1: using the "epoll" event method
2023/XX/XX 11:28:46 [notice] 1#1: nginx/1.25.1
2023/XX/XX 11:28:46 [notice] 1#1: built by gcc 12.2.1 20220924
2023/XX/XX 11:28:46 [notice] 1#1: OS: Linux 5.15.0-78-generic
2023/XX/XX 11:28:46 [notice] 1#1: getrlimit(RLIMIT_NOFILE)
2023/XX/XX 11:28:46 [notice] 1#1: start worker processes
```

kubectl 提供与 Docker 类似的“cp”“exec”命令，“kubectl cp”命令可以把本地文件拷贝进 Pod，“kubectl exec”命令是进入 Pod 内部执行 Shell 命令。①

例如有一个“a.txt”文件，可以使用“kubectl cp”命令把这个文件拷贝到 Pod 的“/tmp”目录里：

```
echo 'aaa' > a.txt
kubectl cp a.txt ngx-pod:/tmp
```

不过“kubectl exec”的命令格式与 Docker 有所区别，需要在 Pod 后面加上“--”，把 kubectl 的命令与 Shell 命令分隔开，使用的时候需要注意：

```
[K8S ~]$kubectl exec -it ngx-pod -- sh

/ # uname -r
5.15.0-78-generic
/ # ls /tmp
a.txt
/ # nginx -v
nginx version: nginx/1.25.1
```

4.3.5 小结

本节介绍了 Kubernetes 里核心且基本的概念 Pod，使用 YAML 来定制 Pod，以及使用 kubectl 命令来创建、删除、查看、调试 Pod。

① 准确地说，“kubectl cp”“kubectl exec”操作的是 Pod 里的容器，需要用“-c”参数指定容器名，不过因为大多数 Pod 里只有一个容器，所以通常可以省略。

Pod 屏蔽了容器技术的底层细节，同时又具备足够的控制管理能力，比起容器的“细粒度”、虚拟机的“粗粒度”，Pod 可以说是“中粒度”，灵活又轻便，非常适合在云计算领域作为应用调度的基本单元，因而成了 Kubernetes 世界里构建一切业务的“原子”。

本节的内容要点如下：

- 现实中有很多应用需要多个进程密切协作才能完成任务，仅使用容器很难描述这种协作关系，所以就出现了 Pod，它“打包”了一个或多个容器，保证里面的进程能够被整体调度；
- Pod 是 Kubernetes 管理应用的最小单位，其他所有概念都是从 Pod 衍生出来的；
- Pod 也应该使用 YAML 描述，关键字段是“spec.containers”，列出名字、镜像、端口等要素，定义内部的容器运行状态；
- 操作 Pod 的很多命令与 Docker 类似，如“kubectl run”“kubectl cp”“kubectl exec”等，这些命令的用法有些小差异，使用的时候需要注意；

虽然 Pod 是 Kubernetes 的核心概念，但事实上在 Kubernetes 里通常并不会直接创建 Pod，因为它只是对容器做了简单的包装，离复杂的业务需求还有些距离，需要通过 Job、CronJob、Deployment 等其他对象增添更多的功能才能投入生产环境使用。

4.4 离线业务 Job 和 CronJob

Kubernetes 的核心对象 Pod 可以编排一个或多个容器，让这些容器共享网络、存储等资源。

因为 Pod 比容器更能表示实际的应用，所以 Kubernetes 不会在容器层面来编排业务，而是把 Pod 作为在集群里调度运维的最小单位。

图 4-4 中以 Pod 为中心，延伸出了很多表示各种业务的资源对象。Pod 的功能已经足够完善了，为什么还要定义这些额外的对象呢？为什么不直接在 Pod 里添加功能，来处理业务需求呢？

这个问题体现了 Google 对管理大规模计算集群的深度思考，本节将讲解 Kubernetes 基于 Pod 的设计理念，先从离线业务对象——Job 和 CronJob 开始。

4.4.1 为什么不直接使用 Pod

Kubernetes 使用的是 RESTful API，将集群中的各种业务抽象为 HTTP 资源对象，在这个层次之上就可以使用面向对象的方式来考虑问题。面向对象编程（OOP）把一切都视为高内聚的对象，强调对象之间互相通信来完成任务。

面向对象的设计思想虽然多用于软件开发，但却意外地适合 Kubernetes。因为 Kubernetes 使用 YAML 来描述资源，把业务简化成一个个的对象，内部有属性，外部有联系，也需要互相协作，只不过不需要编程，完全由 Kubernetes 自动处理（其实 Kubernetes 的 Go 语言内部实现就大量应用了面向对象的设计）。

面向对象的设计有许多基本原则，其中有两条比较恰当地描述了 Kubernetes 对象设计思路，一条是单一职责，另一条是组合优于继承。

单一职责的通俗理解是对象应该专注于做好一件事情，不要贪大求全，保持足够小的粒度才更方便复用和管理。

组合优于继承的通俗理解是应该尽量让对象在运行时产生联系，保持松耦合，而不要用硬编码的方式固定对象的关系。

基于这两条设计原则，再来看 Kubernetes 的资源对象就会很清晰。因为 Pod 已经是一个相对完善的对象，专门负责管理容器，那么就不应该再盲目为它扩充功能，而是要保持它的独立性，容器之外的功能就再定义其他对象，把 Pod 作为它的一个成员。

这样每种 Kubernetes 对象就可以只关注自己的业务领域，做自己最擅长的事情，其他工作交给其他对象来处理，既有分工又有协作，从而以更小的成本实现更大的收益。

4.4.2 为什么要有 Job 和 CronJob

Kubernetes 里的两种对象 Job 和 CronJob 就是组合了 Pod，来实现对离线业务的处理。

4.3 节介绍 Pod 的时候运行了 Nginx 和 busybox 两个 Pod，它们分别代表了 Kubernetes 里的两大类业务。一类是像 Nginx 这样长时间运行的在线业务，另一类是像 busybox 这样短时间运行的离线业务。①

在线业务类型的应用有很多，例如 Nginx、Node.js、Tomcat、MySQL、Redis 等，一旦运行起来基本上不会停，也就是“永远在线”。

而离线业务类型的应用也不少见，它们一般不直接服务于外部用户，只对内部用户有意义，例如日志分析、数据建模、音视频转码等，虽然计算量很大，但只会运行一段时间。离线业务的特点是必定会退出，不会无期限地运行下去，所以它的调度策略与在线业务存在很大的不同，需要考虑运行超时、状态检查、失败重试、获取计算结果等。

而这些业务特性与容器管理没有必然的联系，如果由 Pod 来实现就违反了单一职责的原则，所

① 离线业务的例子有很多，著名的例子有 MapReduce 和 Hadoop。

以应该把这部分功能分离到另外一个对象上实现，让这个对象来控制 Pod 的运行，完成附加的工作。

离线业务也可以分为两种。一种是“临时任务”，运行完就结束，下次有需求再重新安排；另一种是“定时任务”，按时运行，不需要过多干预。

对应到 Kubernetes 里，“临时任务”就是 API 对象 Job，“定时任务”就是 API 对象 CronJob，使用这两个对象就能够在 Kubernetes 里调度管理任意的离线业务。[①]

4.4.3 用 YAML 描述 Job 和 CronJob

Job 和 CronJob 都属于离线业务，具有一定的相似性，本节先介绍通常只运行一次的 Job 对象。

Job 的 YAML 文件头部分包括如下 3 个必备字段。

- apiVersion 字段：不是“v1”，而是“batch/v1”。[②]
- kind 字段：是“Job”，和对象的名字一致。
- metadata 字段：仍然要由“name”字段标记名字，也可以通过“labels”字段添加任意的标签。

这些字段的说明都可以使用命令“kubectl explain job”查看。不过，想要生成 YAML 模板文件不能使用“kubectl run”命令，因为“kubectl run”命令只能创建 Pod，要创建 Pod 以外的其他 API 对象需要使用“kubectl create”命令，并在命令中加上对象的类型。

例如用 busybox 创建一个“echo-job”，命令如下：

```
export out="--dry-run=client -o yaml"              # 定义 Shell 变量
kubectl create job echo-job --image=busybox $out
```

它会生成一个基本的 YAML 文件，保存之后对 YAML 文件做如下修改，就有了一个 Job 对象：

```
apiVersion: batch/v1
kind: Job
metadata:
  name: echo-job

spec:
  template:
    spec:
      restartPolicy: OnFailure
      containers:
```

① 单词“Cron”和“Kubernetes”一样，也是来源于希腊语，即 Chronos，意思是时间。

② Job 和 CronJob 的“apiVersion”字段是“batch/v1”，表示它们不属于核心对象组（core group），而是批处理对象组（batch group）。

```
    - image: busybox
      name: echo-job
      imagePullPolicy: IfNotPresent
      command: ["/bin/echo"]
      args: ["hello", "world"]
```

可以发现，Job 的描述与 Pod 很像，主要区别在于“spec”字段里多了一个“template”字段，“template”字段里又有一个“spec”字段。这种做法其实是在 Job 对象里应用了组合模式，“template”字段定义了一个应用模板，里面嵌入了一个 Pod，这样 Job 就可以从这个模板创建 Pod。

而这个 Pod 因为受 Job 的管理，不直接和 apiserver 通信，也就没必要重复“apiVersion”等头字段，只需要定义好关键的“spec”字段，描述清楚容器相关的信息，可以说是一个“无头”的 Pod 对象。

为了辅助理解，图 4-5 重新组织了上面定义的 Job 对象。其实，“echo-job”只是对 Pod 做了简单的包装，并没有太多的额外功能。

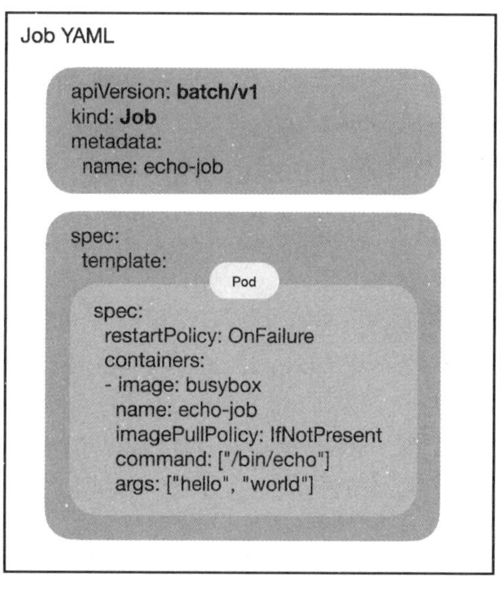

图 4-5 Job 对象的 YAML 描述

这个 Pod 对象的工作包括，在“containers”里定义名字和镜像，“command”执行“/bin/echo”命令，输出“hello world”。

不过，因为 Job 业务的特殊性，还要在“spec”里多加一个字段“restartPolicy”，定义 Pod 运行失败时的策略，“OnFailure”表示失败时重启容器，而“Never”则表示不重启容器，让 Job 重新调度生成一个新 Pod。

4.4.4 用 kubectl 操作 Job

现在来创建 Job 对象，运行这个简单的离线作业，还是使用如下“kubectl apply”命令：

```
kubectl apply -f job.yml
```

Kubernetes 会从 YAML 的模板定义中提取 Pod，在 Job 的控制下运行 Pod 如下命令，“kubectl get job”“kubectl get pod”分别用来查看 Job 和 Pod 的状态：

```
[K8S ~]$kubectl get job
NAME       COMPLETIONS   DURATION   AGE
echo-job   1/1           3s         18s
```

```
[K8S ~]$kubectl get pod
NAME             READY   STATUS      RESTARTS   AGE
echo-job-829t5   0/1     Completed   0          22s
```

可以看到，因为 Pod 被 Job 管理，所以不会反复重启报错，而是显示为“Completed”（表示任务完成），Job 里会列出运行成功的作业数量，这里只有一个作业，所以是“1/1”。

还可以看到，Pod 被自动关联了一个名字，用的是 Job 的名字（echo-job）加一个随机字符串（829t5），这是因为 Job 的管理，免去了手动定义 Pod 对象名字的麻烦。使用命令“kubectl logs”，可以获取 Pod 的运行结果：

```
[K8S ~]$kubectl logs echo-job-829t5
hello world
```

有些读者可能会觉得，经过了 Job、Pod 对容器的两次封装，虽然从概念上更清晰，但并没有带来什么实际的好处，和直接进行容器也差不了多少。

其实 Kubernetes 的这套 YAML 描述对象的框架提供了非常多的灵活性，可以在 Job 级别、Pod 级别添加任意的字段来定制业务，而这种优势是简单的容器技术无法相比的。

下面列出控制离线作业的一些重要字段，其他更详细的信息可以参考 Job 文档。

- activeDeadlineSeconds，设置 Pod 运行的超时时间。
- backoffLimit，设置 Pod 的失败重试次数。
- completions，Job 完成需要运行多少个 Pod，默认是 1 个。
- parallelism，与 completions 相关，表示允许并发运行的 Pod 数量，避免过多地占用资源。

要注意这 4 个字段并不在“template”字段下，而是在“spec”字段下，所以它们属于 Job 级别，可以用来控制模板里的 Pod 对象。

可以再创建一个 Job 对象，名字是“sleep-job”。它随机休眠一段时间再退出，模拟运行时间较长的作业（如 MapReduce）。Job 的参数设置为 15 s 超时，最多重试 2 次，需要运行完 4 个 Pod，但同一时刻最多并发运行 2 个 Pod：

```
apiVersion: batch/v1
kind: Job
metadata:
  name: sleep-job

spec:
  activeDeadlineSeconds: 15
  backoffLimit: 2
```

```
completions: 4
parallelism: 2

template:
  spec:
    restartPolicy: OnFailure
    containers:
    - image: busybox
      name: echo-job
      imagePullPolicy: IfNotPresent
      command:
        - sh
        - -c
        - sleep $(($RANDOM % 10 + 1)) && echo done
```

使用“kubectl apply”创建 Job 之后，可以使用“kubectl get pod -w”来实时观察 Pod 的状态，查看 Pod 不断被排队、创建、运行的过程：

```
[K8S ~]$kubectl apply -f sleep-job.yml
job.batch/sleep-job created

[K8S ~]$kubectl get pod -w
NAME              READY   STATUS
sleep-job-6qdfb   0/1     Completed
sleep-job-j7tr6   1/1     Running
sleep-job-j7tr6   0/1     Completed
sleep-job-jh78n   1/1     Running
sleep-job-jh78n   0/1     Completed
sleep-job-zqxd7   0/1     Pending
sleep-job-zqxd7   0/1     Completed
```

4 个 Pod 运行完毕后，再用“kubectl get”查看 Job 和 Pod 的状态：

```
[K8S ~]$kubectl get job
NAME        COMPLETIONS   DURATION   AGE
sleep-job   4/4           21s        21s

[K8S ~]$kubectl get pod
NAME              READY   STATUS      RESTARTS   AGE
sleep-job-6qdfb   0/1     Completed   0          17s
sleep-job-j7tr6   0/1     Completed   0          24s
sleep-job-jh78n   0/1     Completed   0          15s
sleep-job-zqxd7   0/1     Completed   0          24s
```

可以看到，Job 的完成数量是 4，而 4 个 Pod 也都是完成状态，符合预期。①

① 为了方便获取计算结果，Job 在运行结束后不会被立即删除。为避免过多的已完成 Job 消耗系统资源，可以使用字段“ttlSecondsAfterFinished”设置 Job 运行结束后的保留时间。

显然，声明式的 Job 对象让离线业务的描述变得非常直观，简单的几个字段就可以很好地控制作业的并行度和完成数量，Kubernetes 把这些都自动实现了，不需要人工监控干预。

4.4.5 用 kubectl 操作 CronJob

学习了 Job 对象之后，再学习 CronJob 对象比较容易，可以直接使用命令“kubectl create”来创建 CronJob 的 YAML 模板文件。

```
export out="--dry-run=client -o yaml"              # 定义 Shell 变量
kubectl create cj echo-cj --image=busybox --schedule="" $out
```

需要注意两点。第一，CronJob 的名字有些长，Kubernetes 提供了简写“cj”，可以使用命令“kubectl api-resources”看到这个简写；第二，CronJob 需要定时运行，所以还需要在命令行里指定参数“--schedule”。

编辑上面定义的这个 YAML 模板文件可以得到 CronJob 对象：

```
apiVersion: batch/v1
kind: CronJob
metadata:
  name: echo-cj

spec:
  schedule: '*/1 * * * *'
  jobTemplate:
    spec:
      template:
        spec:
          restartPolicy: OnFailure
          containers:
          - image: busybox
            name: echo-job
            imagePullPolicy: IfNotPresent
            command: ["/bin/echo"]
            args: ["hello", "world"]
```

这里需要重点关注“spec”字段，它里面有 3 个“spec”嵌套层次：

- 第一个“spec”是 CronJob 自己的对象声明；
- 第二个“spec”从属于“jobTemplate”，定义了一个 Job 对象；
- 第三个“spec”从属于“template”，定义了 Job 里运行的 Pod。

所以，CronJob 其实是组合了 Job 而生成的新对象，图 4-6 可以方便读者理解它的嵌套结构。

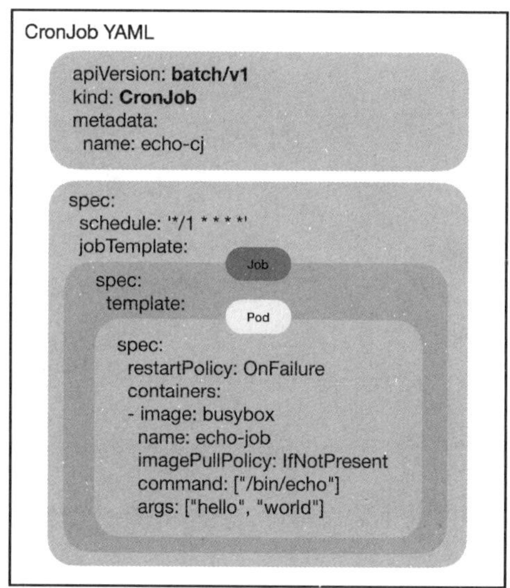

图 4-6 CronJob 对象的 YAML 描述

除了 Job 对象的“jobTemplate”字段，CronJob 对象的新字段是“schedule”，用来定义任务周期运行的规则。

它使用的是标准的 Cron 语法，指定分钟、小时、天、月、周，和 Linux 中的 crontab 相同。在这个 CronJob 对象中定义的是每分钟运行一次，Cron 语法的具体含义读者可以参考 Kubernetes 官网文档。[①]

除了名字不同，CronJob 和 Job 的用法几乎一样，使用“kubectl apply”创建 CronJob，使用“kubectl get cj”“kubectl get pod”分别查看 CronJob 和 Pod 的状态：[②]

```
[K8S ~]$kubectl apply -f cronjob.yml
cronjob.batch/echo-cj created

[K8S ~]$kubectl get cj
NAME      SCHEDULE      SUSPEND   ACTIVE   LAST SCHEDULE   AGE
echo-cj   */1 * * * *   False     0        3s              35s

[K8S ~]$kubectl get pod
NAME                     READY   STATUS      RESTARTS   AGE
echo-cj-28185203-nrdrq   0/1     Completed   0          6s
```

① 如果读者认为 Cron 时间设置语法不好理解，可以在 crontab.guru 网站中查看各表达式的含义。

② 出于节约资源的考虑，CronJob 不会无限地保留已经运行的 Job，默认只保留 3 个最近的执行结果，但可以通过“successfulJobsHistoryLimit”字段来修改配置。

4.4.6 小结

本节介绍了 Kubernetes 中资源对象设计的原则，它强调职责单一和组合优于继承，简单来说就是对象嵌套对象。

通过这种嵌套方式，Kubernetes 里的 API 对象形成了一个控制链：CronJob 使用定时规则控制 Job，Job 使用并发数量控制 Pod，Pod 再定义参数控制容器，容器再隔离控制进程，进程最终实现业务功能。这种层层递进的形式有点像设计模式里的装饰模式（decorator pattern），控制链中的每个环节各司其职，在 Kubernetes 的统一指挥下完成任务。

本节的内容要点如下。

- Pod 是 Kubernetes 的最小调度单元，为了保持它的独立性，不应该向它添加额外的功能。
- Kubernetes 为离线业务提供了 Job 和 CronJob 两种 API 对象，分别处理临时任务和定时任务。
- Job 的关键字段是"spec.template"，定义了运行业务的 Pod 模板，其他重要字段有"completions""parallelism"等。
- CronJob 的关键字段是"spec.jobTemplate"和"spec.schedule"，分别定义了 Job 模板和定时运行的规则。

4.5 配置信息 ConfigMap 和 Secret

4.3 节和 4.4 节介绍了 Kubernetes 里的 3 种 API 对象：Pod、Job 和 CronJob，虽然还没有讲到更高级的其他对象，但使用它们也可以在集群里编排运行一些实际的业务。

不过想让业务更顺利地运行，有一个问题不容忽视，那就是应用的配置管理。

通常来说应用程序会有一个配置文件，它把运行时需要的一些参数从代码中分离出来，让用户在实际运行的时候能更方便地调整优化，例如 Nginx 有 nginx.conf、Redis 有 redis.conf、MySQL 有 my.cnf 等。

第 2 章学习容器技术的时候讲过，可以选择两种管理配置文件的方式。第一种方式是编写 Dockerfile，用"COPY"把配置文件打包到镜像里；第二种方式是在运行时使用"docker cp"或者"docker run -v"，把本机的文件拷贝进容器。但这两种方式都存在缺陷。第一种方式相当于在镜像里固定了配置文件，不方便修改，不灵活；第二种方式则显得有点"笨拙"，不适合在集群中自动化运维管理。

Kubernetes 针对这个问题的解决方案，是使用 YAML 来定义 API 对象，再组合起来实现动态配置。

应用程序有很多类别的配置信息，从数据安全的角度可以分成如下两类：

- 明文配置，也就是不保密，可以任意查询修改，如服务端口、运行参数、文件路径等；
- 机密配置，由于涉及敏感信息，不能随便查看，如密码、密钥、证书等。

这两类配置信息本质上都是字符串，只是出于安全性，在存放和使用方面有些差异，所以 Kubernetes 定义了两个 API 对象，ConfigMap 用来管理明文配置，Secret 用来管理机密配置，来实现灵活地配置、定制应用。

4.5.1 什么是 ConfigMap

执行命令“kubectl create”可以创建一个 ConfigMap 的 YAML 模板文件。注意，ConfigMap 有简写名字“cm”，所以命令行里不必写出它的全称：

```
export out="--dry-run=client -o yaml"        # 定义 Shell 变量
kubectl create cm info $out
```

得到的模板文件大概如下：

```
apiVersion: v1
kind: ConfigMap
metadata:
  name: info
```

ConfigMap 的 YAML 文件和 Pod、Job 不一样，除了熟悉的“apiVersion”“kind”“metadata”，没有其他字段，特别是没有“spec”字段。这是因为 ConfigMap 存储的是配置数据，是静态的字符串而不是容器，所以不需要用“spec”字段来说明运行时的状态。

既然 ConfigMap 要存储数据，就需要用另一个含义更明确的字段“data”。

想要生成带有“data”字段的 YAML 模板文件，需要在“kubectl create”命令后面加上参数“--from-literal”，表示从字面值生成一些数据：①

```
kubectl create cm info --from-literal=k=v $out
```

注意，因为在 ConfigMap 里的数据都是键值对结构，所以“--from-literal”参数需要使用“k=v”的形式。

修改 YAML 模板文件，增加一些键值对，就得到一个比较完整的 ConfigMap 对象：

---

① 如果已经存在一些配置文件，可以使用参数“--from-file”从文件自动创建 ConfigMap 或 Secret 对象。

```
apiVersion: v1
kind: ConfigMap
metadata:
  name: info

data:
  count: '10'
  debug: 'on'
  path: '/etc/systemd'
  greeting: |
    say hello to kubernetes.
```

现在可以使用“kubectl apply”把这个 YAML 文件交给 Kubernetes，来创建 ConfigMap 对象：

```
kubectl apply -f cm.yml
```

创建成功后，仍然可以用“kubectl get”“kubectl describe”查看 ConfigMap 的状态：

```
[K8S ~]$kubectl get cm
NAME                DATA    AGE
info                4       13s

[K8S ~]$kubectl describe cm info
Name:         info

Data
====
count:
----
10
debug:
----
on
greeting:
----
say hello to kubernetes.
path:
----
/etc/systemd
```

可以看到，ConfigMap 的键值对信息已经存入了 etcd，后续可以被其他 API 对象使用。

4.5.2 什么是 Secret

Secret 对象与 ConfigMap 对象的结构和用法类似，不过在 Kubernetes 里 Secret 对象又细分出很多类，如以下 4 类：

- 访问私有镜像仓库的认证信息；
- 身份识别的凭证信息；
- HTTPS 通信的证书和私钥；
- 一般的机密信息（格式由用户自行解释）。

本书只使用一般的机密信息这类，创建 YAML 模板文件的命令是“kubectl create secret generic”，同样，也要使用参数“--from-literal”增加一些键值对值：

```
kubectl create secret generic user --from-literal=name=root $out
```

得到的 Secret 对象大概如下：

```
apiVersion: v1
kind: Secret
metadata:
  name: user

data:
  name: cm9vdA==
```

Secret 对象和 ConfigMap 非常相似，只是“kind”字段由“ConfigMap”变成了“Secret”，后面同样也是“data”字段，里面也是键值对数据。

不过，Secret 对象不能像 ConfigMap 对象那样直接保存明文，所以上述“name”字段的值是一串“乱码”，而不是在命令行里定义的“root”。

这串“乱码”就是 Secret 与 ConfigMap 的不同之处，不让用户直接看到原始数据，起到一定的保密作用。不过它的“加密”方式其实非常简单，只是进行了 Base64 编码，本算不上真正的加密，所以我们完全可以绕开 kubectl，用 Linux 的工具“base64”来对数据编码，然后写入 YAML 文件，例如：①

```
[K8S ~]$echo -n "123456" | base64
MTIzNDU2
```

要注意这条命令里的“echo”，必须加参数“-n”去掉字符串里隐含的换行符，否则 Base64 编码得到的字符串就是错误的。

重新编辑 Secret 的 YAML 文件，为它添加两条数据，添加方式既可以是使用参数“--from-literal”自动编码，也可以是手动编码：

```
apiVersion: v1
```

① Secret 对象默认只会以 Base64 编码的形式存储在 etcd 里，而 Base64 不是加密算法，所以它通常并不是真正的加密，不过也可以为 Kubernetes 启用加密功能，实现真正的数据安全。

```
kind: Secret
metadata:
  name: user

data:
  name: cm9vdA==  # root
  pwd: MTIzNDU2   # 123456
  db: bXlzcWw=    # mysql
```

Secret 的创建和查看对象操作与 ConfigMap 一样，使用“kubectl apply”“kubectl get”“kubectl describe”：

```
[K8S ~]$kubectl apply -f secret.yml
secret/user created

[K8S ~]$kubectl get secrets
NAME   TYPE     DATA   AGE
user   Opaque   3      59s

[K8S ~]$kubectl describe secret user
Name:         user
Type:  Opaque

Data
====
db:    5 bytes
name:  4 bytes
pwd:   6 bytes
```

这样一个存储敏感信息的 Secret 对象就创建好了，而且使用“kubectl describe”不能直接看到数据，只能看到数据的大小。

4.5.3 加载为环境变量

编写 YAML 文件创建好 ConfigMap 和 Secret 对象后，下面介绍如何在 Kubernetes 里使用它们。

因为 ConfigMap 和 Secret 只是一些存储在 etcd 里的字符串，所以如果想要在运行时加载这些数据，必须以某种方式注入 Pod，让应用程序来读取。Kubernetes 的处理方式和 Docker 一样，也是加载为环境变量和文件两种途径。

下面介绍比较简单的环境变量方式。4.3 节提到描述容器的字段“containers”里有一个“env”字段，它定义了 Pod 里容器能够看到的环境变量。

当时只使用了简单的“value”，把环境变量的值写死在了 YAML 文件里，实际上它还可以使用另一个“valueFrom”字段，从 ConfigMap 或者 Secret 对象里获取值，这样就实现了把配置信息以环境变量的形式注入 Pod，也就实现了配置与应用的解耦。

由于“valueFrom”字段在 YAML 文件里的嵌套层次比较深，建议初次使用这个字段要先看一下“kubectl explain”对它的说明：

```
kubectl explain pod.spec.containers.env.valueFrom
```

“valueFrom”字段指定了环境变量值的来源，可以是“configMapKeyRef”或者“secretKeyRef”，再进一步指定应用的 ConfigMap 和 Secret 的“name”和它里面的“key”，要当心的是这个“name”字段是 API 对象的名字，而不是键值对的名字。

下面就列出引用了 ConfigMap 和 Secret 对象的 Pod，为了方便读者关注，把“env”字段提到了前面：

```
apiVersion: v1
kind: Pod
metadata:
  name: env-pod

spec:
  containers:
  - env:
    - name: COUNT
      valueFrom:
        configMapKeyRef:
          name: info
          key: count
    - name: GREETING
      valueFrom:
        configMapKeyRef:
          name: info
          key: greeting
    - name: USERNAME
      valueFrom:
        secretKeyRef:
          name: user
          key: name
    - name: PASSWORD
      valueFrom:
        secretKeyRef:
          name: user
          key: pwd

    image: busybox
    name: busy
    imagePullPolicy: IfNotPresent
    command: ["/bin/sleep", "300"]
```

这个 Pod 的名字是“env-pod”，镜像是“busybox”，执行命令“sleep”休眠 300 s，可以在休眠时使用命令“kubectl exec”进入 Pod 观察环境变量。

需要重点关注的是“env”字段，里面定义了 4 个环境变量，“COUNT”“GREETING”“USERNAME”“PASSWORD”。①

对于明文配置数据，“COUNT”“GREETING”引用的是 ConfigMap 对象，所以使用字段“configMapKeyRef”，其中字段“name”是 ConfigMap 对象的名字，也就是之前创建的“info”，而字段“key”分别是“info”对象里的“count”和“greeting”。

同样的，对于机密配置数据，“USERNAME”“PASSWORD”引用的是 Secret 对象，要使用字段“secretKeyRef”，再用字段“name”指定 Secret 对象的名字“user”，用字段“key”应用它里面的“name”和“pwd”。

可见，ConfigMap 和 Secret 在 Pod 里的组合关系不像 Job 和 CronJob 那么简单、直接，图 4-7 表示了它们的引用关系。

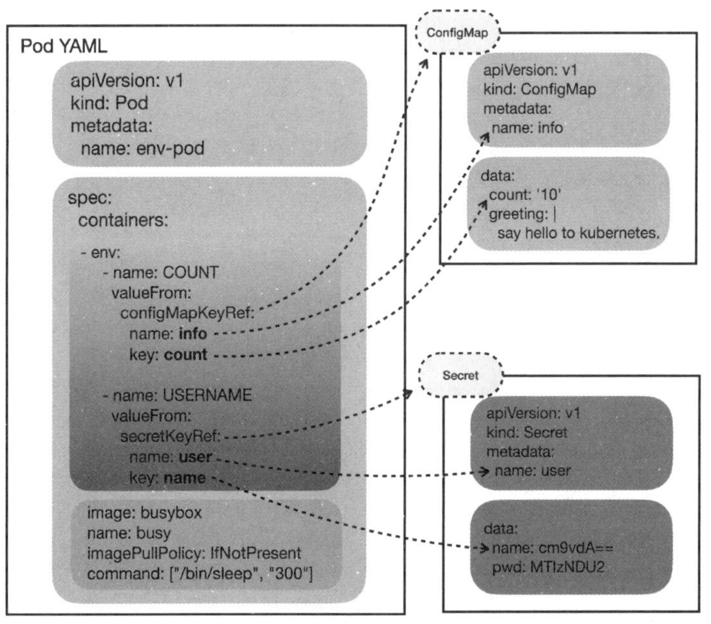

图 4-7 Pod 对象与 ConfigMap 和 Secret 的引用关系

可以看出 Pod 与 ConfigMap、Secret 是松耦合关系，它们不是直接嵌套包含，而是使用

① Linux 系统对环境变量的命名有限制，不能使用“-”“.”等特殊字符，所以在创建 ConfigMap 和 Secret 的时候需要注意，否则无法以环境变量的形式注入 Pod。

“KeyRef”字段间接引用对象，同一段配置信息可以在不同的对象间共享。

清楚了环境变量的注入方式之后，可以用“kubectl apply”创建 Pod，再用“kubectl exec”进入 Pod，验证环境变量是否生效：

```
[K8S ~]$kubectl exec -it env-pod -- sh

/ # echo $COUNT
10

/ # echo $GREETING
say hello to kubernetes.

/ # echo $USERNAME $PASSWORD
root 123456
```

可以看到，在 Pod 里执行“echo”命令确实输出了两个 YAML 文件里定义的配置信息，证明 Pod 对象成功组合了 ConfigMap 对象和 Secret 对象。

4.5.4 加载为文件

下面介绍将 ConfigMap 和 Secret 对象加载为文件的方式。

Kubernetes 为 Pod 定义了一个概念 Volume，可以翻译为存储卷。如果把 Pod 理解为一个虚拟机，那么 Volume 就相当于虚拟机里的磁盘。①

可以为 Pod 挂载（mount）多个存储卷，里面存放供 Pod 访问的数据，这种方式有点类似“docker run -v”，虽然用法复杂了一些，但功能也更强大了。

在 Pod 里挂载存储卷很容易，只需要在“spec”里增加一个“volumes”字段，再定义存储卷的名字和引用的 ConfigMap 和 Secret 对象就可以了。要注意的是存储卷属于 Pod，不属于容器，所以它和字段“containers”是同级别的，都属于“spec”。

如下 YAML 文件定义了两个 Volume，分别引用 ConfigMap 和 Secret 对象，名字是“cm-vol”和“sec-vol”：

```
spec:
  volumes:
  - name: cm-vol
    configMap:
      name: info
```

① “volume”这个词也许是来源于早期计算机存储使用的磁带设备都是成卷的，而“mount”操作自然就是把磁带给“挂载”上磁带机。

```
    - name: sec-vol
      secret:
        secretName: user
```

有了存储卷的定义之后，就可以使用“volumeMounts”字段在容器里挂载了。正如 volumeMounts 的字面含义，可以把定义好的存储卷挂载到容器的某个路径下，需要使用“mountPath”“name”字段明确指定挂载路径和存储卷的名字。①

```
containers:
- volumeMounts:
  - mountPath: /tmp/cm-items
    name: cm-vol
  - mountPath: /tmp/sec-items
    name: sec-vol
```

写好“volumes”和“volumeMounts”字段后，配置信息就可以加载为文件。图 4-8 表示它们的引用关系。

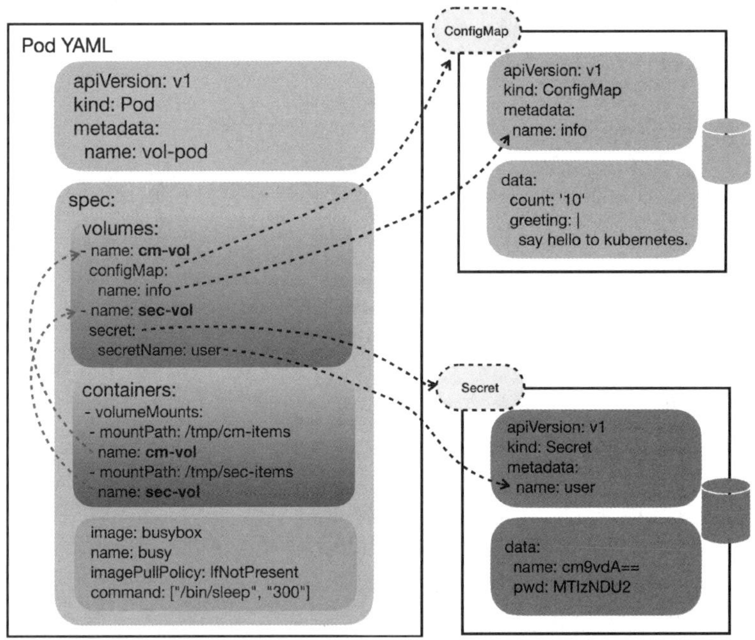

图 4-8　Pod 对象使用“volumes”和“volumeMounts”

可以看到，挂载存储卷的方式和加载为环境变量不太相同。环境变量直接引用了 ConfigMap 和 Secret 对象，而存储卷多加了一个环节，需要先用存储卷引用 ConfigMap 和 Secret 对象，

① 可以在“volumes.configMap.items”字段里用“key”“path”精确地指定 ConfigMap 里每个 Key-Value 加载的路径名，也就是给文件改名。

然后在容器里挂载存储卷。

这种方式的好处在于：以存储卷的概念统一抽象了所有的存储，不仅现在能支持 ConfigMap 和 Secret 对象，以后还能支持临时卷、持久卷、动态卷、快照卷等许多形式的存储，扩展性非常好（可参考 5.5 节）。

下面列出了 Pod 的完整 YAML 描述：

```
apiVersion: v1
kind: Pod
metadata:
  name: vol-pod

spec:
  volumes:
  - name: cm-vol
    configMap:
      name: info
  - name: sec-vol
    secret:
      secretName: user

  containers:
  - volumeMounts:
    - mountPath: /tmp/cm-items
      name: cm-vol
    - mountPath: /tmp/sec-items
      name: sec-vol

    image: busybox
    name: busy
    imagePullPolicy: IfNotPresent
    command: ["/bin/sleep", "300"]
```

执行命令“kubectl apply”创建 Pod 对象之后，还是使用“kubectl exec”进入 Pod，查看配置信息的加载形式：

```
[K8S ~]$kubectl exec -it vol-pod -- sh

/ # ls /tmp/cm-items/
count     debug     greeting  path

/ # cat /tmp/cm-items/greeting
say hello to kubernetes.

/ # cat /tmp/sec-items/pwd
123456
```

可以看到，ConfigMap 和 Secret 对象都变成了目录的形式，而键值对变成了一个个的文件，文件名是 Key、文件内容是 Value。

因为这种形式上的差异，以存储卷的方式来使用 ConfigMap 和 Secret 对象，就和加载为环境变量的方式不太一样。环境变量的用法简单，更适合存放简短的字符串，而存储卷更适合存放大数据量的配置文件，在 Pod 里加载成文件后可供应用直接读取使用。①

4.5.5 小结

本节介绍了在 Kubernetes 里管理配置信息的两种 API 对象：ConfigMap 和 Secret，它们分别用来保存明文信息和机密敏感信息。这两个对象存储在 etcd 里，在需要的时候可以注入 Pod 使用，其使用方式可根据具体场景灵活选择加载为环境变量或者文件。

本节的内容要点如下：

- ConfigMap 保存了一些键值对格式的字符串数据，使用的字段是“data”，而不是“spec”；
- Secret 与 ConfigMap 类似，也使用字段“data”保存字符串数据，但它要求数据必须是 Base64 编码，起到一定的加密效果；
- 在 Pod 的“env.valueFrom”字段中可以引用 ConfigMap 和 Secret 对象，把它们加载为应用可以访问的环境变量；
- 在 Pod 的“spec.volumes”字段中可以引用 ConfigMap 和 Secret 对象，把它们加载为存储卷，然后在“spec.containers.volumeMounts”字段中加载为文件的形式。

4.6 实战演练

本节会首先对第 4 章的内容做一个全面回顾，毕竟 Kubernetes 里有很多新名词、新术语、新架构，知识点多且杂。然后再综合运用这些知识，演示一个实战项目——搭建 WordPress 网站，不过这个实战项目不是在 Docker 里，而是在 Kubernetes(Minikube)集群里。

4.6.1 要点回顾

容器技术开启了云原生的大潮，但将成熟的容器技术运用到生产环境的应用部署时，却有些步履维艰。因为容器只是针对单个进程的隔离和封装，而实际的应用场景中需要许多的应用进程互相

① 受 etcd 的限制，ConfigMap 和 Secret 对象的大小不能超过 1 MB。

协同工作，其中的协作关系和需求非常复杂，在容器技术的层级很难掌控。

为了解决这个问题，容器编排就出现了。它可以说是传统运维工作在云原生世界的落地实践，本质上还是在集群里调度管理应用程序，只不过管理的主体由人变成了计算机，管理的目标由原生进程变成了容器和镜像。

而现在，容器编排领域的王者就是 Kubernetes。

Kubernetes 源自 Borg 系统，它凝聚了 Google 的内部经验和 CNCF 的社区智慧，战胜了竞争对手 Apache Mesos 和 Docker Swarm，成为容器编排领域的事实标准和云原生时代的基础操作系统。目前，学习云原生就必须掌握 Kubernetes。

控制面/数据面架构是 Kubernetes 具有自动化运维能力的关键，对学习掌握 Kubernetes 至关重要。这里再用图 4-9 所示的参考架构图简略说明 Kubernetes 的运行机制。

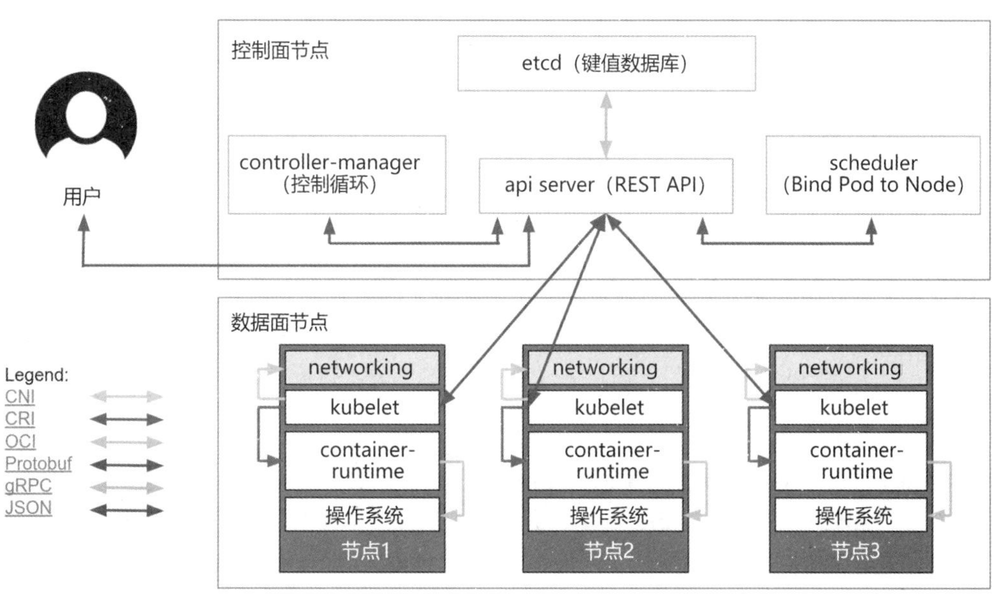

图 4-9 Kubernetes 架构

Kubernetes 把集群里的计算资源定义为节点，并将这些节点划分成控制面和数据面两类。

- 控制面节点负责管理集群和运维监控应用，核心组件是 apiserver、etcd、scheduler、controller-manager。
- 数据面节点受控制面节点的管控，核心组件是 kubelet、kube-proxy、container-runtime。

- Kubernetes 支持插件机制，能够灵活扩展各项功能，常用的插件有 DNS 和 Dashboard。

为了更好地管理集群和业务应用，Kubernetes 从现实世界中抽象出了许多概念，称为 API 对象，描述这些对象需要使用 YAML 语言。

YAML 是 JSON 的超集，但语法更简洁，表现能力更强，更重要的是它以声明式的方式来描述对象的状态，不涉及具体的操作细节，这样 Kubernetes 就能够依靠存储在 etcd 里集群的状态信息，不断地“调控”对象，直至实际状态与期望状态相同。这个过程就是 Kubernetes 的自动化运维管理。

Kubernetes 里有很多 API 对象，其中最核心的对象是 Pod，它捆绑了一组存在密切协作关系的容器，容器之间共享网络和存储，在集群里必须一起调度一起运行。通过 Pod 这个概念，Kubernetes 简化了对容器的管理工作，其他所有任务都是通过对 Pod 这个最小单位的再包装来实现的。

除了核心的 Pod 对象，基于单一职责和组合优于继承这两个基本原则，本章讲解了 4 个比较简单的 API 对象，分别是 Job、CronJob、ConfigMap 和 Secret。

- Job 和 CronJob 对应的是离线作业，它们逐层包装了 Pod，添加了作业控制和定时规则。
- ConfigMap 和 Secret 对应的是配置信息，需要以加载为环境变量或者文件的形式注入 Pod，然后进程才能在运行时使用。

和 Docker 类似，Kubernetes 也提供了一个客户端工具，名字叫“kubectl”。它直接与控制面节点的 apiserver 通信，把 YAML 文件发送给 RESTful 接口，从而触发 Kubernetes 的对象管理工作流程。

kubectl 的命令很多，可以用“api-resources”“explain”查看自带文档，可以用“get”“describe”“logs”查看对象状态，可以用“run”“apply”“exec”“delete”操作对象等。

使用 YAML 描述 API 对象也有固定的格式，必须包含的头字段是“apiVersion”“kind”“metadata”，分别表示对象的版本、种类和名字等元信息。实体对象（如 Pod、Job、CronJob）使用“spec”字段描述对象的期望状态，最基本的就是容器信息；非实体对象（如 ConfigMap、Secret）使用“data”字段，记录一些静态的字符串信息。

4.6.2 搭建 WordPress 网站

本节会在单机的 Minikube 集群里搭建一个 WordPress 网站，用的镜像是第 2 章里的 3 个应用：WordPress、MariaDB 和 Nginx，不过当时是直接以容器的形式来使用它们，现在要改成 Pod 的形式，让它们运行在 Kubernetes 里。

图 4-10 是这个系统的架构图，简单描述了它的内部逻辑关系。

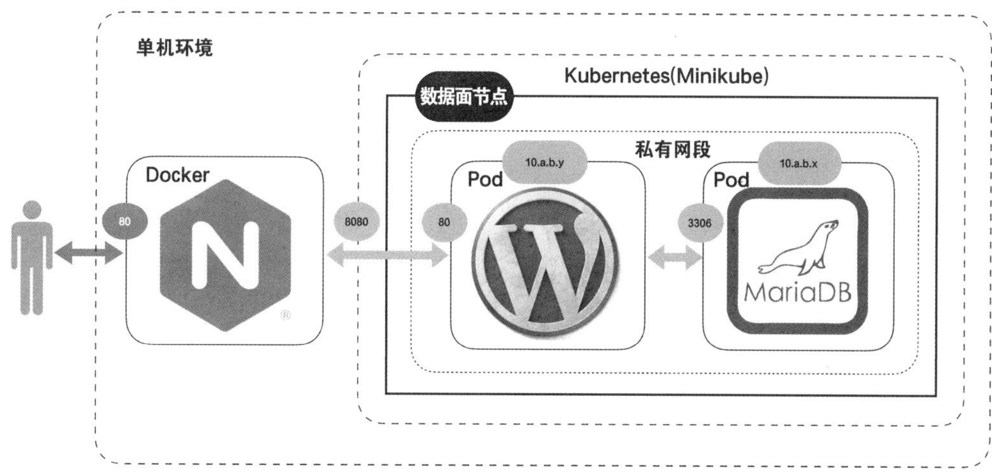

图 4-10 WordPress 网站架构（Minikube 环境）

网站的大体架构与图 2-10 相比没有变化，毕竟应用还是那 3 个，它们的调用依赖关系也没有变化。

Kubernetes 系统和 Docker 系统的关键区别在于对应用的封装和网络环境两点。

现在 WordPress、MariaDB 这两个应用被封装成了 Pod（由于它们都是在线业务，所以没有用到 Job/CronJob），运行所需的环境变量也都被改写为 ConfigMap，统一用声明式的方式来管理，比起 Shell 脚本更容易阅读和进行版本化管理。

另外，Kubernetes 集群在内部维护了一个专用网络，这个网络和外界隔离，要用特殊的端口转发方式来传递数据，还需要在集群之外用 Nginx 反向代理这个地址，这样才能实现内外通信。对比 Docker 的直接端口映射，这种方式略微麻烦了一些。

了解 WordPress 网站的基本架构之后，按照如下 4 步搭建这个网站系统。

（1）编排 MariaDB 对象，它的具体运行需求可以参考 2.7 节。

MariaDB 需要 4 个环境变量（IP 地址、数据库名、用户名、密码），在 Docker 里要在命令行里使用参数“-e”，而在 Kubernetes 里应该使用 ConfigMap，为此需要定义一个“maria-cm”对象：[①]

```
apiVersion: v1
kind: ConfigMap
```

① YAML 默认将纯数字的字面值转换为数字类型，而 ConfigMap/Secret 只接受字符串类型，所以需要为纯数字加上引号来转换为字符串。

```
metadata:
  name: maria-cm

data:
  DATABASE: 'db'
  USER: 'wp'
  PASSWORD: '123'
  ROOT_PASSWORD: '123'
```

然后定义 Pod 对象“maria-pod”，把配置信息注入 Pod，让 MariaDB 运行时从环境变量读取这些信息：[①]

```
apiVersion: v1
kind: Pod
metadata:
  name: maria-pod
  labels:
    app: wordpress
    role: database

spec:
  containers:
  - image: mariadb:10
    name: maria
    imagePullPolicy: IfNotPresent
    ports:
    - containerPort: 3306

    envFrom:
    - prefix: 'MARIADB_'
      configMapRef:
        name: maria-cm
```

这里使用了一个新字段“envFrom”。ConfigMap 里的信息比较多，如果用“env.valueFrom”逐个写非常麻烦且容易出错，而“envFrom”非常方便，可以一次性地把 ConfigMap 里的字段全部导入 Pod，并且能够指定变量名的前缀（即这里的“MARIADB_”）。

使用“kubectl apply”创建这个对象之后，可以用“kubectl get pod”查看它的状态，如果想要获取 IP 地址需要加上参数“-o wide”：

```
[K8S ~]$kubectl apply -f mariadb-pod.yml
configmap/maria-cm created
pod/maria-pod created

[K8S ~]$kubectl get pod -o wide
```

① 为了减少文件数量，本书在 GitHub 上的示例 YAML 文件里包含了多个 API 对象，每个对象之间用“---”分隔。

```
NAME        READY   STATUS    RESTARTS   IP            NODE
maria-pod    1/1    Running    0         10.244.0.x    Minikube
```

现在数据库就成功地在 Kubernetes 集群里运行起来了，IP 地址是“10.244.0.x”，注意这个地址和 Docker 的不同，是 Kubernetes(Minikube)里的私有网段。

（2）编排 WordPress 对象，先用 ConfigMap 定义它的环境变量：

```
apiVersion: v1
kind: ConfigMap
metadata:
  name: wp-cm

data:
  HOST: '10.244.0.x'          #注意这里
  USER: 'wp'
  PASSWORD: '123'
  NAME: 'db'
```

要注意的是“HOST”字段，它必须是 MariaDB Pod 的 IP 地址，如果写错了 IP 地址会导致 WordPress 无法正常连接数据库。

然后再编写 WordPress 的 YAML 文件，为了简化环境变量的设置同样使用了字段“envFrom”：

```
apiVersion: v1
kind: Pod
metadata:
  name: wp-pod
  labels:
    app: wordpress
    role: website

spec:
  containers:
  - image: wordpress:5
    name: wp-pod
    imagePullPolicy: IfNotPresent
    ports:
    - containerPort: 80

    envFrom:
    - prefix: 'WORDPRESS_DB_'
      configMapRef:
        name: wp-cm
```

接着用“kubectl apply”创建对象，用“kubectl get pod”查看它的状态：

```
[K8S ~]$kubectl apply -f wp-pod.yml
configmap/wp-cm created
```

```
pod/wp-pod created

[K8S ~]$kubectl get pod -o wide
NAME         READY   STATUS    RESTARTS   IP             NODE
maria-pod    1/1     Running   0          10.244.0.253   Minikube
wp-pod       1/1     Running   0          10.244.0.254   Minikube
```

（3）为 WordPress Pod 映射端口号，让它在集群外可见。

因为 Pod 是运行在 Kubernetes 内部的私有网段里，外界无法直接访问，想要对外暴露服务，需要执行一条专门的“kubectl port-forward”命令，它负责把本机的端口映射到目标对象的端口（类似 Docker 的参数“-p”），经常用于 Kubernetes 的临时调试和测试。

执行以下命令会把本地的“8080”端口映射到 WordPress Pod 的“80”端口，kubectl 会把这个端口的所有数据转发给集群内部的 Pod：[①]

```
kubectl port-forward wp-pod 8080:80 &
```

（4）创建反向代理的 Nginx，让 WordPress 网站对外提供服务。

这是因为 WordPress 网站使用了 URL 重定向，直接使用“8080”端口会导致跳转故障，所以为了让网站正常工作，我们应该在 Kubernetes 之外启动 Nginx 反向代理，保证外界看到的端口号仍然是“80”。

Nginx 的配置文件和 2.7 节基本一样，只是目标地址变成了“127.0.0.1:8080”，即“kubectl port-forward”命令创建的本地地址：

```
server {
  listen 80;
  default_type text/html;

  location / {
      proxy_http_version 1.1;
      proxy_set_header Host $host;
      proxy_pass http://127.0.0.1:8080;
  }
}
```

使用“docker run -v”命令加载 Nginx 的配置文件，以容器的方式启动这个 Nginx 代理：

```
docker run -d --rm \
    --net=host \
    -v /tmp/proxy.conf:/etc/nginx/conf.d/default.conf \
```

① 命令的末尾使用了一个“&”符号，让端口转发工作在后台进行，这样不会妨碍后续操作。如果想关闭端口转发，需要执行命令“fg”，把后台运行的任务转为前台运行，再使用“Ctrl + C”停止转发。

```
nginx:alpine
```

有了 Nginx 的反向代理之后，我们就可以打开浏览器，输入本机的 IP 地址“127.0.0.1”或者是虚拟机的 IP 地址；也可以在 Kubernetes 里执行命令“kubectl logs”查看 WordPress、MariaDB 等 Pod 的运行日志，来验证它们是否已经正确地响应了请求。

4.6.3 小结

和 2.7 节在 Docker 中搭建的网站相比，本节在 Kubernetes 集群里搭建了 WordPress 网站应用了容器编排技术，以声明式的 YAML 来描述应用的状态和它们之间的关系，而没有列出详细的操作步骤，这就降低了用户的心智负担——将调度、创建、监控等烦琐的工作都交给 Kubernetes 处理。

虽然我们朝着云原生的方向迈出了一大步，不过现在的容器编排还不够完善，还必须手动查找填写 Pod 的 IP 地址，缺少自动的服务发现机制，对外暴露服务还必须依赖集群外部力量（Docker 和 Nginx 等）。

所以，kubernetes 的学习之旅还将继续，第 5 章会介绍更多的 API 对象来解决这里遇到的问题。

第 5 章 Kubernetes业务应用API对象

第 2 章介绍了 Docker 和容器技术，第 3 章介绍了如何搭建 Kubernetes 环境，第 4 章介绍了 Kubernetes 的基本对象（Job、CronJob、ConfigMap 和 Secret）、原理和操作方法，现在读者应该对 Kubernetes 和容器编排有了一些初步认识。

本章将继续深入介绍 Kubernetes 的其他 API 对象，即那些 Docker 中不存在但对集群管理、云计算至关重要的概念。

5.1 永不宕机的 Deployment

Deployment 专门用来部署应用程序，能够让应用永不宕机，多用来发布无状态的应用，是 Kubernetes 里一个很常用的对象。

5.1.1 为什么要有 Deployment

Job 和 CronJob 对象可以管理生产环境中的离线业务，通过对 Pod 的包装，向 Pod 添加控制字段，实现了基于 Pod 运行临时任务和定时任务的功能。除了离线业务，另一大类业务——也就是在线业务，在 Kubernetes 里应该如何管理呢？

先来看 Pod 是否足够。因为在 YAML 里通过“containers”字段可以任意编排容器，而且还有一个默认值是“Always”的“restartPolicy”字段，可以监控 Pod 里容器的状态，一旦发生异常就会自动重启容器。

不过，“restartPolicy”字段只能保证容器正常工作，无法应对容器之外的 Pod 出错的情况。例如，使用“kubectl delete”误删了 Pod，或者 Pod 运行的节点发生了断电故障，那么 Pod 就会在集群里彻底消失，对容器的控制也就无从谈起了。

另外，在线业务远不是单纯启动一个 Pod 这么简单，还有多实例、高可用、版本更新等许多复杂的操作。例如最简单的多实例需求，为了提高系统的服务能力，应对突发的流量和压力，应用需要创建多个副本，还要能够即时监控状态。如果只使用 Pod 对象，就会回到手动管理，没有发挥好

Kubernetes 自动化运维的优势。

其实，解决办法很简单，因为 Kubernetes 已经提供了处理这种问题的思路，就是单一职责和组合优于继承。既然 Pod 管理不了自己，那么应该再创建一个新对象，由它来管理 Pod，采用和 Job、CronJob 一样的形式。

这个用来管理 Pod，实现在线业务应用的新 API 对象，就是 Deployment。

5.1.2 用 YAML 描述 Deployment

运行命令“kubectl api-resources”可以查看 Deployment 的基本信息：

```
[K8S ~]kubectl api-resources
NAME          SHORTNAMES   APIVERSION   NAMESPACED   KIND
deployments   deploy       apps/v1      true         Deployment
```

可以看到，Deployment 的简称是“deploy”，它的 apiVersion 是“apps/v1”，kind 是“Deployment”。①

根据第 4 章学习 Pod 和 Job 的经验，Deployment 的 YAML 文件头如下：

```
apiVersion: apps/v1
kind: Deployment
metadata:
  name: xxx-dep
```

当然，读者还可以执行命令“kubectl create”来创建 Deployment 的 YAML 模板文件，避免反复手动输入的麻烦。

创建 Deployment 模板文件的方式和 Job 也差不多，先指定类型是 Deployment（其简写是 deploy），然后指定它的名字，再用“--image”参数指定镜像名字。

如下命令创建了一个名叫“ngx-dep”的对象，使用的镜像是“nginx:alpine”：

```
export out="--dry-run=client -o yaml"
kubectl create deploy ngx-dep --image=nginx:alpine $out
```

得到的 Deployment 模板文件大概如下：

```
apiVersion: apps/v1
kind: Deployment
metadata:
```

① Deployment 的 apiVersion 是“apps/v1”，而 Job、CronJob 则是“batch/v1”，分属于不同的组，从这点也可以看出 Deployment 和 Job、CronJob 对象的适用场景和使用方法有很大区别。

```
    labels:
      app: ngx-dep
    name: ngx-dep

  spec:
    replicas: 2
    selector:
      matchLabels:
        app: ngx-dep

    template:
      metadata:
        labels:
          app: ngx-dep
      spec:
        containers:
        - image: nginx:alpine
          name: nginx
```

对比 Job、CronJob 对象的 YAML 文件，就会发现它们相同的是都有“spec”“template”字段，“template”字段里也是一个 Pod；它们的不同在于 Deployment 对象的“spec”字段多了“replicas”“selector”两个新字段，它们就是 Deployment 实现多实例、高可用等功能的关键所在。

5.1.3 Deployment 的关键字段

本节介绍 Deployment 的两个关键字段：“replicas”和“selector”。

“replicas”字段的含义是副本数量，即指定要在 Kubernetes 集群里运行多少个 Pod 实例。

有了这个字段，就相当于为 Kubernetes 明确了应用部署的期望状态，Deployment 对象就可以扮演运维监控人员的角色，自动在集群里调整 Pod 的数量。①

例如，Deployment 对象刚创建出来的时候，Pod 数量是 0，那么它就会根据 YAML 文件里的 Pod 模板，逐个创建出要求数量的 Pod。

接下来 Kubernetes 会持续地监控 Pod 的运行状态，如果有 Pod 发生意外消失了，数量不符合期望状态，它就会通过 apiserver、scheduler 等核心组件去选择新的节点，创建新的 Pod，直至数量与期望状态一致。

---

① Deployment 实际上并不直接管理 Pod，而是用了另外一个对象 ReplicaSet，ReplicaSet 才是维护 Pod 多个副本的真正控制器。

这里的工作流程很复杂，但对于外部用户来说，设置起来却非常简单，只需要一个“replicas”字段，不需要人工监控管理，整个过程完全自动化。

“selector”字段的作用是筛选出要被 Deployment 管理的 Pod 对象，下属字段“matchLabels”定义了 Pod 对象应该携带的 label，它必须与“template”里 Pod 定义的“labels”完全相同，否则 Deployment 就会找不到要控制的 Pod 对象，apiserver 也会显示 YAML 格式校验错误无法创建。[①]

“selector”字段初看起来好像有些多余，为了保证成功创建 Deployment，用户必须在 YAML 里写两次 label：一次是在“selector.matchLabels”，另一次是在“template.matadata”。如下 YAML 文件需要在这两个地方连续写“app: ngx-dep”：

```
...
spec:
  replicas: 2
  selector:
    matchLabels:
      app: ngx-dep

  template:
    metadata:
      labels:
        app: ngx-dep
    ...
```

显然，Deployment 不能像 Job 对象一样直接使用“template”字段定义好的 Pod。这是因为在线业务和离线业务的应用场景差异很大。离线业务中的 Pod 基本上是一次性的，只与这个业务有关，紧紧绑定在 Job 对象里，一般不会被其他对象使用。而在线业务就要复杂得多了，因为 Pod 永远在线，除了要在 Deployment 里部署运行，还可能被其他 API 对象引用来管理，如负责负载均衡的 Service 对象（5.3 节）。

所以 Deployment 和 Pod 实际上是一种松散的组合关系，Deployment 并不持有 Pod 对象，只是帮助 Pod 对象能够有足够的副本数量运行。如果像 Job 那样，把 Pod 在模板里写死，那么其他对象就无法管理这些 Pod。

Kubernetes 采用了这种添加标签的方式来描述 Deployment 和 Pod 的组合关系。通过在 API 对象的“metadata”字段加各种标签，就可以使用类似关系数据库里查询语句的方式，筛选出具有特定标识的对象。通过标签这种设计，Kubernetes 解除了 Deployment 和模板里 Pod 的

---

① 需要注意的是，Deployment 里“metadata”字段的“labels”与“spec”字段的“labels”虽然通常是一样的，但这两个“labels”字段没有任何关系，“spec”字段的“labels”只管理 Pod。

强绑定，把组合关系变成了弱引用。[1]

Deployment 对象的 YAML 里的字段如图 5-1 所示，图中用虚线特别标记了“matchLabels”和“labels”之间的关系，可以帮助读者理解 Deployment 与被它管理的 Pod 的组合关系。

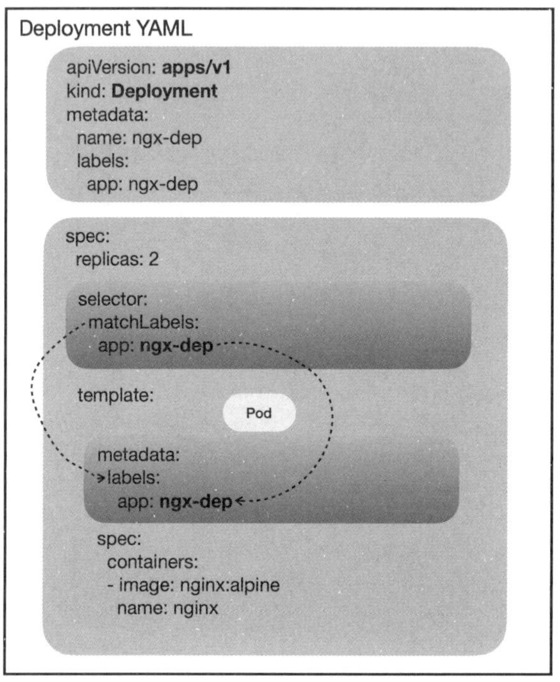

图 5-1 Deployment 对象的 YAML 描述

5.1.4 用 kubectl 操作 Deployment

在写好 Deployment 的 YAML 之后，可以用“kubectl apply”创建对象：

```
kubectl apply -f deploy.yml
```

要查看 Deployment 的状态，仍然使用“kubectl get”命令：

```
[K8S ~]$kubectl get deploy
NAME      READY   UP-TO-DATE   AVAILABLE       AGE
ngx-dep   2/2     2              2             10s
```

这里显示的信息都很重要。

---

① 其实 Job 和 CronJob 也是用“selector”字段来组合 Pod 对象，但一般不用显式写出，Kubernetes 会自动生成一个全局唯一的 label，实质上还是强绑定关系。

READY 表示运行的 Pod 数量，“/”前面的数字是当前数量，“/”后面的数字是期望数量，所以“2/2”表示期望有两个 Pod 运行，现在已经启动了两个 Pod。[①]

UP-TO-DATE 指的是当前已经更新到最新状态的 Pod 数量。如果要部署的 Pod 数量很多，或者 Pod 启动比较慢，Deployment 完全生效需要一个过程，UP-TO-DATE 就表示现在有多少个 Pod 已经完成了部署，达成了模板文件里设置的期望状态。

AVAILABLE 比 READY、UP-TO-DATE 更进一步，不仅要求 Pod 已经运行还必须是健康状态，能够正常对外提供服务，它才是用户最关心的 Deployment 指标。

AGE 很简单，表示 Deployment 从创建到现在经过的时间，也就是运行时间。

因为 Deployment 管理的是 Pod，最终应用的也是 Pod，所以还需要使用“kubectl get pod”命令来查看 Pod 的状态：

```
[K8S ~]$kubectl get pod
NAME                        READY   STATUS    RESTARTS
ngx-dep-9bf586b97-2bfmv     1/1     Running   0
ngx-dep-9bf586b97-5hm6m     1/1     Running   0
```

可以看到，被 Deployment 管理的 Pod 自动带上了名字，命名规则是 Deployment 对象的名字加两个随机字符串（其实是 Pod 模板的 Hash 值）。

现在对象创建成功，Deployment 和 Pod 的状态也都没问题，可以正常服务，下面要验证 Deployment 部署的应用是否真的可以做到永不宕机。

先用“kubectl delete”删除一个 Pod，模拟 Pod 发生故障的情景：

```
kubectl delete pod ngx-dep-9bf586b97-5hm6m
```

再查看 Pod 的状态：

```
kubectl get pod
```

可以发现被删除的 Pod 确实消失了，但 Kubernetes 在 Deployment 的管理之下，很快又创建出了一个新的 Pod，保证了应用实例的数量始终等于 YAML 文件里定义的数量。

这就证明，Deployment 确实实现了它预定的目标，能够让应用永不宕机。

在 Deployment 部署成功之后，我们还可以随时调整 Pod 的数量，实现所谓的应用伸缩。在 Kubernetes 出现之前，这项工作对于运维来说是一件非常困难的事情，而现在因 Deployment

① 在较早版本的 Kubernetes 中使用“kubectl get deploy”还会显示“DESIRED”“CURRENT”两列，现在这两列已经被合并成了“READY”。

而变得轻而易举。

“kubectl scale”是专门用于实现扩容和缩容的命令，只要用参数“--replicas”指定需要的副本数量，Kubernetes 就会自动增加或者删除 Pod，使最终的 Pod 数量达到期望状态。

例如下面的这条命令，就把 Nginx 应用扩容到了 5 个：

```
[K8S ~]$kubectl scale --replicas=5 deploy ngx-dep
deployment.apps/ngx-dep scaled

[K8S ~]$kubectl get pod
NAME                        READY   STATUS    RESTARTS   AGE
ngx-dep-9bf586b97-2bfmv     1/1     Running   0          4m50s
ngx-dep-9bf586b97-5hm6m     1/1     Running   0          4m50s
ngx-dep-9bf586b97-dz6pf     1/1     Running   0          4s
ngx-dep-9bf586b97-l7dzv     1/1     Running   0          4s
ngx-dep-9bf586b97-xfgpm     1/1     Running   0          4s
```

但要注意，“kubectl scale”是命令式操作，扩容和缩容只是临时的措施，如果应用需要长时间保持确定数量的 Pod，较好的方式是编辑 Deployment 的 YAML 文件，更改“replicas”字段，再以声明式的“kubectl apply”修改对象的状态。

因为 Deployment 使用了“selector”字段，下面再简单讲解 Kubernetes 里“labels”字段的使用方法。

之前通过“labels”字段为对象添加了各种标签，在使用“kubectl get”等命令的时候，加上参数“-l”，使用“==”“!=”“in”“notin”等表达式，就能够很容易地用标签筛选、过滤出要查找的对象，效果和 Deployment 里的“selector”字段是一样的。①

下面是两个例子，第一个例子中的命令筛选出“app”标签是“nginx”的所有 Pod，第二个例子中的命令筛选出“app”标签是“ngx”“nginx”“ngx-dep”的所有 Pod：

```
kubectl get pod -l app=nginx
kubectl get pod -l 'app in (ngx, nginx, ngx-dep)'
```

5.1.5 小结

本节介绍了 Kubernetes 里的一个重要的对象：Deployment，它表示在线业务，和 Job、CronJob 的结构类似，也包装了 Pod 对象，通过添加额外的控制功能实现了应用永不宕机，读者也可以再对比 4.4 节加深对它的理解。

---

① 标签名由前缀和名称组成。前缀必须符合域名规范，最多 253 字符；名称允许包含字母、数字、“-”“_”“.”，最多 63 字符。

本节的内容要点如下：

- Pod 只能管理容器，不能管理自身，所以就出现了用来管理 Pod 的 Deployment。
- Deployment 里有 3 个关键字段，“template”定义了要运行的 Pod 模板；“replicas”字段定义了 Pod 的期望数量，Kubernetes 会自动维护 Pod 数量到期望数量；“selector”字段定义了基于“labels”筛选 Pod 的规则，它必须与 template 里 Pod 的“labels”一致。
- 创建 Deployment 使用命令“kubectl apply”，应用的扩容、缩容使用命令“kubectl scale”。

掌握了 Deployment 这个 API 对象后，即使只运行一个 Pod，我们也要以 Deployment 的方式来创建它，虽然它的“replicas”字段值是 1，但 Deployment 会保证应用永远在线。

作为 Kubernetes 里最常用的对象之一，Deployment 还具有滚动更新、版本回退、自动伸缩等高级功能，这些将在第 6 章里详细介绍。

5.2 忠实可靠的看门狗 DaemonSet

Deployment 代表了在线业务，能够管理多个 Pod 副本，让应用永远在线，还能够任意扩容、缩容，但并没有完全解决部署应用程序的所有难题。与简单的离线业务相比，在线业务的应用场景太复杂，Deployment 的功能特性只能满足部分场景的需求。

本节介绍另一类管理在线业务的 API 对象：DaemonSet，它会在 Kubernetes 集群的每个节点上运行一个 Pod，就好像 Linux 系统里的守护进程（daemon）。①

5.2.1 为什么要有 DaemonSet

Deployment 能够创建任意多个 Pod 实例，并且维护这些 Pod 的正常运行，保证应用始终处于可用状态。但 Deployment 并不关心这些 Pod 在集群的哪些节点上运行，在它看来，Pod 的运行环境与功能无关，只要 Pod 的数量足够应用程序就应该正常工作。

这个假设对于大多数业务来说是没问题的，例如 Nginx、WordPress、MySQL，它们不需要知道集群、节点的细节信息，只要配置好环境变量和存储卷，在哪里运行都是一样的。

不过有一些业务比较特殊，它们不完全独立于系统运行，而是与主机存在绑定关系，必须依附于节点才能产生价值。例如下面这些业务：

① Linux 系统里比较出名的守护进程是 systemd，它是系统里的 1 号进程，管理其他所有的进程。

- 网络应用，必须每个节点运行一个 Pod，否则节点无法加入 Kubernetes 网络；
- 监控应用，必须每个节点运行一个 Pod 用来监控节点的状态，实时上报信息；
- 日志应用，必须每个节点运行一个 Pod，才能够搜集容器运行时产生的日志数据；
- 安全应用，必须每个节点运行一个 Pod 来执行安全审计、入侵检查、漏洞扫描等工作。

这些业务不适合用 Deployment 来部署，因为 Deployment 管理的 Pod 数量是固定的，而且可能会在集群里漂移，但实际的需求却是要在集群里的每个节点上运行 Pod，所以 Kubernetes 定义了新的 API 对象 DaemonSet。虽然 DaemonSet 在形式上和 Deployment 类似，都是管理 Pod，但它们的调度策略不同。DaemonSet 的目标是在集群的每个节点上运行且仅运行一个 Pod，就好像是为节点配置一只看门狗，忠实地守护着节点，这就是 DaemonSet 名字的由来。①

5.2.2 用 YAML 描述 DaemonSet

DaemonSet 和 Deployment 都属于在线业务，所以都是“apps”组，使用命令“kubectl api-resources”可以看到它的简称是“ds”，YAML 文件头信息如下：

```
apiVersion: apps/v1
kind: DaemonSet
metadata:
  name: xxx-ds
```

但 Kubernetes 不提供自动创建 DaemonSet YAML 模板文件的功能，即不能使用命令“kubectl create”直接创建 DaemonSet 对象，如果用“kubectl explain”逐个查看字段再写 YAML 实在是太麻烦。

不过，我们可以在 Kubernetes 官网上复制任意一份 DaemonSet 的 YAML 示例，去掉多余部分做成一份 YAML 模板文件：

```
apiVersion: apps/v1
kind: DaemonSet
metadata:
  name: redis-ds
  labels:
    app: redis-ds

spec:
  selector:
    matchLabels:
      name: redis-ds
```

① 第 3 章安装的网络插件 Flannel 就是一个 DaemonSet，它位于名字空间“kube-flannel”，可以使用“kubectl get ds -n kube-flannel”命令查看。

```
  template:
    metadata:
      labels:
        name: redis-ds
    spec:
      containers:
      - image: redis:7-alpine
        name: redis
        ports:
        - containerPort: 6379
```

这个 DaemonSet 对象的名字是“redis-ds”，镜像是“redis:7-alpine”，使用了流行的非关系数据库 Redis。

对比这个 YAML 文件和 5.1 节里的 Deployment 的 YAML 文件，就会发现：前面的“kind”“metadata”是每个对象独有的信息，自然不同；“spec”部分，DaemonSet 也有“selector”字段匹配“template”里 Pod 的“labels”标签，和 Deployment 对象几乎一模一样。

再仔细观察，DaemonSet 在“spec”里没有“replicas”字段，这是它与 Deployment 的一个关键不同点，意味着它不会在集群里创建多个 Pod 副本，而是在每个节点上只创建一个 Pod 实例。

也就是说，DaemonSet 仅仅是在 Pod 的部署调度策略上和 Deployment 不同，所以某种程度上也可以把 DaemonSet 看作 Deployment 的一个特例。图 5-2 展示了 DaemonSet 对象的 YAML。

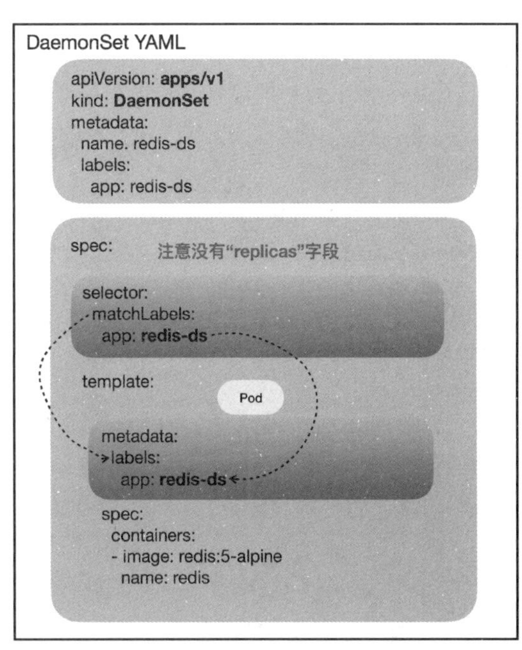

图 5-2　DaemonSet 对象的 YAML 描述

了解到 DaemonSet 与 Deployment 的区别就可以用变通的方法来创建 DaemonSet 的 YAML 模板文件了，只需要用“kubectl create”先创建一个 Deployment 对象，然后把“kind”改成“DaemonSet”，再删除“spec.replicas”就行了，如下是一个例子：

```
export out="--dry-run=client -o yaml"

# change "kind" to DaemonSet
kubectl create deploy redis-ds --image=redis:7-alpine $out \
    | sed 's/Deployment/DaemonSet/g' \
```

```
    | sed '/replicas/d'
```

5.2.3 用 kubectl 操作 DaemonSet

在 kubeadm 集群里执行命令“kubectl apply”，把 YAML 文件发送给 Kubernetes，就可以创建 DaemonSet 对象，再执行命令“kubectl get”查看对象的状态：

```
[K8S ~]$kubectl apply -f ds.yml
daemonset.apps/redis-ds created

[K8S ~]$kubectl get pod -o wide
NAME             READY   STATUS    IP            NODE
redis-ds-d6wjj   1/1     Running   10.10.1.9     k8s-worker
```

虽然没有指定 DaemonSet 里运行的 Pod 数量，但它会自行查找集群里的节点，并在节点里创建 Pod。因为 kubeadm 实验环境里有一个控制面节点和一个数据面节点，而控制面节点默认不运行应用程序，所以 DaemonSet 只生成了一个 Pod，运行在了数据面节点上。

按照 DaemonSet 的设计，应该在每个节点上都运行一个 Pod 实例，但控制面节点却被排除在外了。显然，DaemonSet 没有尽到“看门”的职责，其设计与 Kubernetes 集群的工作机制发生了冲突。

5.2.4 污点和容忍度

为了应对 Pod 在某些节点上的调度和驱逐问题，Kubernetes 定义了两个概念：污点（taint）和容忍度（toleration）。①

污点是 Kubernetes 节点的一个属性，它的作用是给节点添加标签，但为了不与已有的“labels”字段混淆，所以使用了“Taints”字段。和污点相对的，就是 Pod 的容忍度，顾名思义，就是 Pod 能否容忍污点。

在集群里，污点和容忍度配合使用，Pod 会根据自己对污点的容忍度来选择合适的节点，决定可能被调度到哪些节点上。

Kubernetes 在创建集群的时候会自动给节点设置一些污点，方便 Pod 的调度和部署。使用“kubectl describe node”命令能够查看控制面节点和数据面节点的状态：

```
[K8S ~]$kubectl describe node k8s-master
Name:               k8s-master
Roles:              control-plane
...
```

① 与污点、容忍度相关的另一个概念是节点亲和性（nodeAffinity），作用是更偏好选择哪种节点，用法略复杂。

```
Taints:   node-role.kubernetes.io/control-plane:NoSchedule
...

[K8S ~]kubectl describe node k8s-worker

Name:     worker
Roles:    <none>
...
Taints:   <none>
...
```

可以看到，控制面节点默认有一个污点“node-role.kubernetes.io/ control-plane”，它的效果是“NoSchedule”，也就是说这个污点会拒绝 Pod 调度到本节点上运行，而数据面节点的“Taints”字段则是空的。①

这正是控制面节点和数据面节点在 Pod 调度策略上的区别，通常 Pod 不能容忍任何污点，所以无法调度到加上了污点属性的控制面节点上。

明白了污点和容忍度的概念，我们就知道该如何让 DaemonSet 在控制面节点（或者其他节点）上运行了，方法有以下两种。

第一种方法是去除控制面节点上的污点。操作节点的污点属性需要使用命令“kubectl taint”，并指定节点名、污点名和污点效果，如果是去掉污点要额外加上一个“-（减号）”。

例如去掉控制面节点的“NoSchedule”效果，命令如下：

```
kubectl taint node k8s-master \
 node-role.kubernetes.io/control-plane:NoSchedule-
```

因为 DaemonSet 一直在监控集群节点的状态，命令执行后控制面节点已经没有了污点，所以它立刻就会发现变化并在控制面节点上创建一个守护 Pod。

但这种方法修改的是节点的状态，影响面比较大，可能会导致很多 Pod 被调度到这个节点上运行，所以第二种方法是保留节点的污点，为需要的 Pod 添加容忍度，只允许某些 Pod 被调度到个别节点上，实现精准调度。具体方法是，为 Pod 添加字段“tolerations”，让它能够容忍某些污点，可以被调度到有某些污点的节点上。

“tolerations”是一个数组，可以包含多个被容忍的污点，需要写清楚污点的名字、效果。比较特别的是要通过“operator”字段指定如何匹配污点，一般情况下使用“Exists”，即存在这个名字和效果的污点。

---

① 在 Kubernetes 1.24 之前，污点“node-role.kubernetes.io/control-plane”的名字是“node-role.kubernetes.io/master”。

如果想让 DaemonSet 里的 Pod 能够在控制面节点上运行，就要设置这样的“tolerations”，容忍节点的“node-role.kubernetes.io/control-plane:NoSchedule”污点：

```
tolerations:
- key: node-role.kubernetes.io/control-plane
  effect: NoSchedule
  operator: Exists
```

可以先运行“kubectl taint”命令为控制面节点添加污点：

```
kubectl taint node k8s-master \
    node-role.kubernetes.io/control-plane:NoSchedule
```

再运行命令“kubectl apply -f ds.yml”重新部署设置了容忍度的 DaemonSet，就会看到 DaemonSet 仍然有两个 Pod，分别运行在控制面节点和数据面节点上，与第一种方法的效果相同。

需要特别说明的是，容忍度并不是 DaemonSet 独有的概念，而是 Pod 的属性，所以我们也可以在 Job、CronJob、Deployment 对象中为 Pod 加上“tolerations”，从而更灵活地调度应用。

理解了污点和容忍度的工作原理之后，读者可自行阅读 Kubernetes 官方文档，了解污点的各种效果。

5.2.5 静态 Pod

DaemonSet 是在 Kubernetes 里运行节点专属 Pod 的常用方式，但不是唯一方式，Kubernetes 还支持静态 Pod 的应用部署手段。

静态 Pod 非常特殊，它不受 Kubernetes 系统的管控，不与 apiserver、scheduler 通信，所以是静态的。①

但既然它是 Pod，也必然会运行在容器运行时上，也会有 YAML 文件来描述它，而唯一能够管理它的 Kubernetes 组件也只能是在每个节点上运行的 kubelet。

静态 Pod 的 YAML 文件默认存放在节点的“/etc/kubernetes/manifests”目录下，这个目录是 Kubernetes 的专用目录。

下面就是 kubeadm 集群控制面节点的目录：

```
[K8S-CP ~]$l /etc/kubernetes/manifests
-rw------- 1 root root 2.4K etcd.yaml
```

① 虽然静态 Pod 在 Kubernetes 里已经存在了很长时间，但因为它游离在系统之外，不方便管理，所以将来有被废弃的可能。

```
-rw------- 1 root root 3.9K kube-apiserver.yaml
-rw------- 1 root root 3.4K kube-controller-manager.yaml
-rw------- 1 root root 1.5K kube-scheduler.yaml
```

可以看到，Kubernetes 的 4 个核心组件 apiserver、etcd、scheduler 和 controller-manager 都是以静态 Pod 的形式存在的，这也是为什么它们能够先于 Kubernetes 集群启动的原因。

如果有一些特殊需求无法通过 DaemonSet 满足，则可以考虑使用静态 Pod，编写一个 YAML 文件放到“/etc/Kubernetes/manifests”目录下，节点的 kubelet 会定期检查目录里的文件，发现变化就会调用容器运行时创建或者删除静态 Pod。

5.2.6 小结

本节介绍了在 Kubernetes 中部署应用程序的另一种方式：DaemonSet。它与 Deployment 类似，其区别只在于 Pod 的调度策略，DaemonSet 适用于在系统里运行节点的守护进程。

本节的内容要点如下：

- DaemonSet 的目标是为集群里的每个节点部署唯一的 Pod，常用于监控、日志等业务；
- DaemonSet 的 YAML 描述与 Deployment 非常接近，只是没有“replicas”字段；
- 污点和容忍度是与 DaemonSet 相关的两个重要概念，分别从属于节点和 Pod，共同决定了 Pod 的调度策略；
- 静态 Pod 也可以实现和 DaemonSet 同样的效果，但它不受 Kubernetes 系统控制，必须在节点上手动部署，应当慎用。

5.3 微服务必需的 Service

Deployment 和 DaemonSet 管理的都是在线业务，只是以不同的策略部署应用，其中 Deployment 可以创建任意多个实例，DaemonSet 为每个节点创建一个实例。

这两个 API 对象可以部署多种形式的应用，而在云原生时代，微服务无疑是主流。为了更好地支持微服务及服务网格这样的应用架构，Kubernetes 定义了一个对象：Service，它是集群内部的负载均衡机制，用来解决关键的服务发现问题。

本节就来讲解为什么要有 Service，如何使用 YAML 描述 Service，以及如何在 Kubernetes 里用好 Service。

5.3.1 为什么要有 Service

有了 Deployment 和 DaemonSet，在集群里发布应用程序的工作变得轻松了很多。借助

Kubernetes 强大的自动化运维能力，应用上线的频率可以由以前的月、周级别提高到天、小时级别，而且服务质量更高。

不过，在快速迭代应用程序版本的同时，服务发现的问题也逐渐显现出来了。

在 Kubernetes 集群里 Pod 的生命周期比较短，虽然 Deployment 和 DaemonSet 可以维持 Pod 的总数量稳定，但在运行过程中难免会有 Pod 销毁又重建，这就会导致 Pod 集合处于持续的变化之中。

这种动态稳定对于微服务架构来说是致命的。试想，后台 Pod 的 IP 地址变来变去，客户端该如何访问？如果处理不好这个问题，Deployment 和 DaemonSet 把 Pod 调度得再好也没有价值。

其实，这个问题也并不难解决，业内早就有针对这种不稳定的后端服务的解决方案，那就是负载均衡，典型的应用有 LVS、Nginx 等。它们通过在前端与后端之间加入一个中间层来屏蔽后端的变化，为前端提供稳定的服务。①

Kubernetes 按照这个思路，定义了新的 API 对象：Service。Service 的工作原理和 LVS、Nginx 差不多，Kubernetes 会为 Service 分配一个静态 IP 地址，Service 再去自动管理、维护动态变化的 Pod 集合，当客户端访问 Service 时，Service 根据某种策略，把流量转发给某个 Pod。

图 5-3 所示为 Service 的工作原理（来自 Kubernetes 官方文档）。

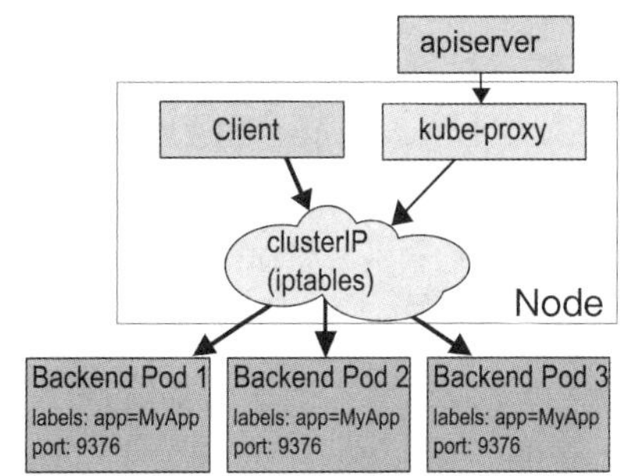

图 5-3　Service 的工作原理（基于 iptables）

可以看到，Service 使用了 iptables 技术，每个节点上的 kube-proxy 组件自动维护 iptables 规则，不再需要关心 Pod 的具体地址，只要访问 Service 的静态 IP 地址，Service 就会根据 iptables 规则转发请求给由它管理的多个 Pod，是典型的负载均衡架构。②

不过 Service 并不是只能使用 iptables 来实现负载均衡，还有另外两种实现技术：性能更差的 userspace 和性能更好的 IPVS，但这些都属于底层细节，读者不需要刻意关注。

5.3.2　用 YAML 描述 Service

下面为 Service 编写 YAML 描述文件。

---

① LVS（Linux Virtual Server）即 Linux 虚拟服务器，是由章文嵩发起的一个开源项目，已经被集成进 Linux 内核。

② iptables 基于 Linux 内核的 netfilter 模块，用来处理网络数据包，实现修改、过滤、地址转换等功能。

可以使用命令“kubectl api-resources”查看 Service 的基本信息，它的简称是 svc，apiVersion 是 v1。注意，这表示它与 Pod 一样，都属于 Kubernetes 的核心对象，不关联业务应用，与 Job、Deployment 不同。

Service 的 YAML 文件头如下：

```
apiVersion: v1
kind: Service
metadata:
  name: xxx-svc
```

使用命令“kubectl create”，可以让 Kubernetes 自动创建 Service 的 YAML 模板文件，但使用另一条命令“kubectl expose”更好，因为“expose”更能清晰地表达 Service“暴露服务地址”的意思。

因为在 Kubernetes 里提供服务的是 Pod，而 Pod 又可以通过 Deployment、DaemonSet 对象来部署，所以“kubectl expose”支持为多种对象（如 Pod、Deployment、DaemonSet 等）创建服务。

使用“kubectl expose”命令时还需要通过参数“--port”和“--target-port”来分别指定映射端口和目标端口，而 Service 的 IP 地址和后端 Pod 的 IP 地址会由 Kubernetes 自动生成。这两个参数的用法和 Docker 的命令行参数“-p”相似，只是略微麻烦一点。①

例如，为 5.1 节的 ngx-dep 对象生成 Service 对象，命令如下：

```
export out="--dry-run=client -o yaml"
kubectl expose deploy ngx-dep --port=80 --target-port=80 $out
```

生成的 Service YAML 模板文件如下：

```
apiVersion: v1
kind: Service
metadata:
  name: ngx-svc

spec:
  selector:
    app: ngx-dep

  ports:
  - port: 80
    targetPort: 80
    protocol: TCP
```

① 如果 Service 对象的映射端口和目标端口相同，例如都是 80，那么在使用命令“kubectl expose”的时候也可以省略“--target-port”参数只用“--port”参数，这样在创建 YAML 模板文件的时候更方便。

Service 的定义非常简单，在“spec”里只有 selector 和 ports 两个关键字段。

“selector”和 Deployment、DaemonSet 对象的“selector”字段的作用一样，用来筛选要代理的那些 Pod。因为指定要代理 Deployment，所以 Kubernetes 自动添加了“ngx-dep”标签，选择这个 Deployment 对象部署的所有 Pod。①

从这里也可以看到，Kubernetes 的标签机制虽然简单却非常强大，可以帮助 Service 对象很轻松地关联上 Deployment 对象的 Pod。

“ports”比较好理解，其中的 3 个字段“port”“targetPort”和“protocol”分别表示映射端口、目标端口和使用的协议，在这里映射端口和目标端口都是 80，使用的协议是 TCP。

当然这里也可以把“port”改成 8080 等其他端口，这样外部服务看到的就是 Service 给出的端口，而不会知道 Pod 的真正服务端口。

图 5-4 所示为 Service 对象与它引用的 Pod 的关系，需要重点关注的是“selector”“targetPort”与 Pod 的关联。

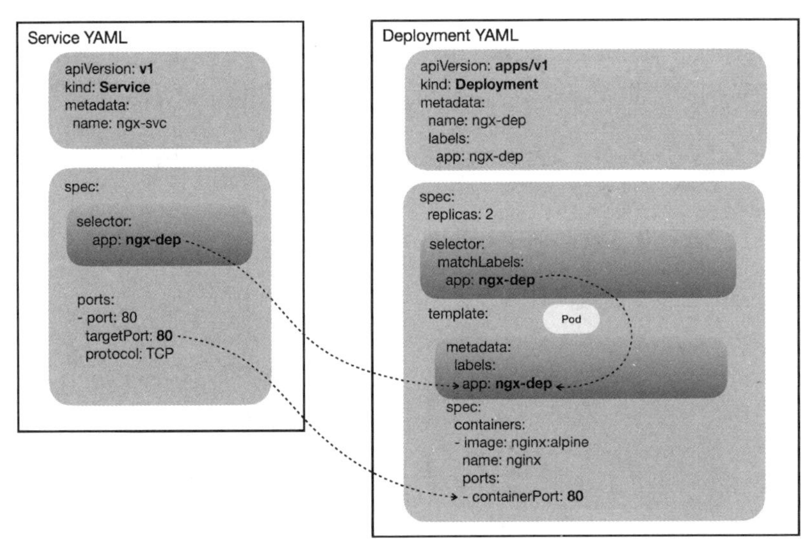

图 5-4　Service 对象与它引用的 Pod 的关系

5.3.3　用 kubectl 操作 Service

在使用 YAML 文件创建 Service 对象之前，需要先对 5.1 节的 Deployment 做一些修改（本

① 实际上 Service 并不直接管理 Pod，而是使用代表 IP 地址的 Endpoint 对象来管理 Pod，但一般不会直接使用 Endpoint（除非是检查错误）。

节修改将用到 4.5 节的知识），方便观察 Service 的效果。

首先创建一个 ConfigMap，定义一个 Nginx 的配置片段，输出服务器的地址、主机名、请求的 URI 等基本信息：

```
apiVersion: v1
kind: ConfigMap
metadata:
  name: ngx-conf

data:
  default.conf: |
    server {
      listen 80;
      location / {
        default_type text/plain;
        return 200
          'srv : $server_addr:$server_port\n
           host: $hostname\nuri : $request_method $host $request_uri\n
           date: $time_iso8601\n';
      }
    }
```

然后在 Deployment 的“template.volumes”里定义存储卷，再用“volumeMounts”将配置文件加载进 Nginx 容器：

```
apiVersion: apps/v1
kind: Deployment
metadata:
  name: ngx-dep

spec:
  replicas: 2
  selector:
    matchLabels:
      app: ngx-dep

  template:
    metadata:
      labels:
        app: ngx-dep
    spec:
      volumes:
      - name: ngx-conf-vol
        configMap:
          name: ngx-conf

      containers:
```

```
      - image: nginx:alpine
        name: nginx
        ports:
        - containerPort: 80

        volumeMounts:
        - mountPath: /etc/nginx/conf.d
          name: ngx-conf-vol
```

部署这个 Deployment 对象之后就可以创建 Service 对象，用到的命令是“kubectl apply”。创建之后，运行命令“kubectl get”可以查看它的状态：

```
[K8S ~]$kubectl apply -f svc.yml
service/ngx-svc created

[K8S ~]$kubectl get svc
NAME        TYPE       CLUSTER-IP      EXTERNAL-IP   PORT(S)
ngx-svc     NodePort    10.99.157.102   <none>         80:32111/TCP
```

可以看到，Kubernetes 为 Service 对象自动分配了一个独立于 Pod 地址段的 IP 地址“10.99.157.102”。Service 对象的 IP 地址还有一个特点，它是一个虚拟 IP，只能用来转发流量。

运行“kubectl describe”命令可以查看 Service 代理的后端 Pod，运行“kubectl get pod”命令可以查看 Pod 列表：

```
[K8S ~]$kubectl describe svc ngx-svc
Name:                     ngx-svc
Namespace:                 default
Selector:                  app=ngx-dep
Type:                      ClusterIP
IP Families:                IPv4
IP:                        10.99.157.102
IPs:                       10.99.157.102
Port:                      <unset>  80/TCP
TargetPort:                 80/TCP
Endpoints:                  10.10.0.11:80,10.10.1.10:80

[K8S ~]$kubectl get pod -o wide
NAME                      READY   STATUS    AGE   IP
ngx-dep-9bf586b97-7mqbg   1/1      Running   13m   10.10.0.11
ngx-dep-9bf586b97-tt9lw   1/1      Running   13m   10.10.1.10
```

可以看到，Service 对象管理了两个“Endpoints”，分别是“10.10.0.11:80”和“10.10.1.10:80”，与 Deployment 里的 Pod 一致，用一个静态 IP 地址代理了两个 Pod 的动态 IP 地址。

测试 Service 的负载均衡效果很简单，因为 Service、Pod 的 IP 地址都是 Kubernetes

集群的内部网段，可以使用命令“kubectl exec”进入 Pod 内部（或者 ssh 登录集群节点），再用 curl 等工具访问 Service：

```
[K8S ~]$kubectl exec -it ngx-dep-9bf586b97-7mqbg -- sh

/ # curl 10.99.157.102
srv : 10.10.0.11:80
host: ngx-dep-9bf586b97-7mqbg

/ # curl 10.99.157.102
srv : 10.10.1.10:80
host: ngx-dep-9bf586b97-tt9lw
```

在 Pod 里，使用 curl 访问 Service 的 IP 地址（“10.99.157.102”），就会看到它把数据转发给后端的 Pod，输出信息会显示具体哪个 Pod 响应了请求，表明 Service 确实完成了对 Pod 的负载均衡任务。

如果尝试使用“ping”来测试 Service 的 IP 地址，会发现根本 ping 不通。因为 Service 的 IP 地址是虚拟 IP，只用于转发流量，ping 无法得到回应数据包，所以失败。

```
/ # ping 10.99.157.102
PING 10.99.157.102 (10.99.157.102): 56 data bytes
^C
--- 10.99.157.102 ping statistics ---
5 packets transmitted, 0 packets received, 100% packet loss
```

由于 Pod 被 Deployment 对象管理，任意一个 Pod 被删除时，该 Pod 销毁后会有一个新 Pod 被自动重建，而 Service 又会通过 controller-manager 实时监控 Pod 的变化情况，因此会立即更新它代理的 IP 地址，实现自动化的服务发现。

5.3.4 以域名的方式访问 Service

Service 对象的 IP 地址是静态的，对微服务来说确实很重要，不过数字形式的 IP 地址用起来还是不太方便。这时候 Kubernetes 的域名系统（domain name system，DNS）插件就派上了用场，它可以为 Service 创建易写易记的域名，让 Service 更易用。

学习 DNS 域名之前要先了解一个新概念：名字空间（namespace）。①

需要注意的是，名字空间与用于资源隔离的 Linux namespace 技术完全不同，不要弄混。Kubernetes 的名字空间用来在集群里实现对 API 对象的隔离和分组。

① namespace 的中文翻译有多种，例如“名字空间”“命名空间”“名称空间”，目前没有完全统一，本书统一使用“名字空间”。

namespace 的简写是“ns”，可以使用命令“kubectl get ns”来查看当前集群里的所有名字空间，即 API 对象的分组：

```
[K8S ~]$kubectl get ns
NAME              STATUS   AGE
default           Active   3d
kube-flannel      Active   24h
kube-node-lease   Active   3d
kube-public       Active   3d
kube-system       Active   3d
```

Kubernetes 有一个默认的名字空间“default”，如果不显式指定，API 对象都会在“default”里。而其他名字空间各有用途，例如“kube-system”包含了 apiserver、etcd 等核心组件的 Pod。

因为 DNS 是一种组织成层次结构的计算机和网络服务命名系统，为了避免太多的域名导致冲突，Kubernetes 把名字空间作为域名的一部分，以减少重复的可能性。

Service 对象域名的完整形式是“对象.名字空间.svc.cluster.local”，通常可以简写为“对象.名字空间”，甚至是“对象名”（默认使用对象所在的名字空间，这个案例中使用的是“default”）。[①]

试验 DNS 域名的用法很简单，先运行命令“kubectl exec”进入 Pod，然后通过 curl 访问“ngx-svc”“ngx-svc.default”等域名：

```
[K8S ~]$kubectl exec -it ngx-dep-9bf586b97-7mqbg -- sh

/ # curl ngx-svc
srv : 10.10.0.11:80
host: ngx-dep-9bf586b97-7mqbg
uri : GET ngx-svc /

/ # curl ngx-svc.default
srv : 10.10.0.11:80
host: ngx-dep-9bf586b97-7mqbg
uri : GET ngx-svc.default /

/ # curl ngx-svc.default.svc
srv : 10.10.1.10:80
host: ngx-dep-9bf586b97-tt9lw
uri : GET ngx-svc.default.svc /
```

① Kubernetes 为每个 Pod 也分配了域名，形式是“IP 地址.名字空间.pod.cluster.local”，但需要把 IP 地址里的“.”改成“-”，例如地址“10.10.0.11”对应的域名是“10-10-0-11.default.pod”。

现在无需关心 Service 对象的 IP 地址，只要知道它的名字就可以用 DNS 的方式访问后端服务。比起 Docker，这无疑是一个巨大的进步；对比其他微服务框架（如 Dubbo、Spring Cloud 等），由于服务发现机制被集成在了基础设施里，因此应用的开发更加便捷。

5.3.5 在集群外暴露 Service

Service 是一种负载均衡技术，它不仅能够管理 Kubernetes 集群内部的服务，还能够向集群外部暴露服务。

Service 对象有一个关键字段“type”，表示 Service 是哪种类型的负载均衡。前面的用法是对集群内部 Pod 的负载均衡，“type”字段的值是默认的“ClusterIP”，Service 的静态 IP 地址只能在集群内访问。

除了“ClusterIP”，Service 还支持“ExternalName”“LoadBalancer”“NodePort”，其中“ExternalName”和“LoadBalancer”一般由云服务商提供，本书实验环境用的是“NodePort”。下面重点讲解“NodePort”这种方式。

如果在使用命令“kubectl expose”的时候加上参数“--type=NodePort”，或者在 YAML 文件里添加字段“type:NodePort”，那么 Service 不仅会对后端的 Pod 做负载均衡，还会在集群中的每个节点上创建一个独立的端口来对外提供服务，这正是“NodePort”这个名字的由来。

首先修改 Service 的 YAML 文件，添加字段“type:NodePort”：

```
apiVersion: v1
...
spec:
  ...
  type: NodePort
```

然后创建对象，并查看它的状态：

```
[K8S ~]$kubectl get svc
NAME        TYPE        CLUSTER-IP       PORT(S)
ngx-svc     NodePort    10.99.157.102    80:32111/TCP
```

可以看到“TYPE”的值是“NodePort”，而“PORT(S)”列的端口信息，除了集群内部使用的“80”端口，还多出了一个“32111”端口，这就是 Kubernetes 在节点上为 Service 随机创建的专用映射端口。

因为这个端口属于节点，外部能够直接访问，所以现在外部用户无需登录集群节点或者进入 Pod 内部，可以直接在集群外使用任意一个节点的 IP 地址访问 Service 和它代理的后端服务。

图 5-5 描述了 NodePort 与 Service、Deployment 的对应关系，可以更好地理解 NodePort 的工作原理。

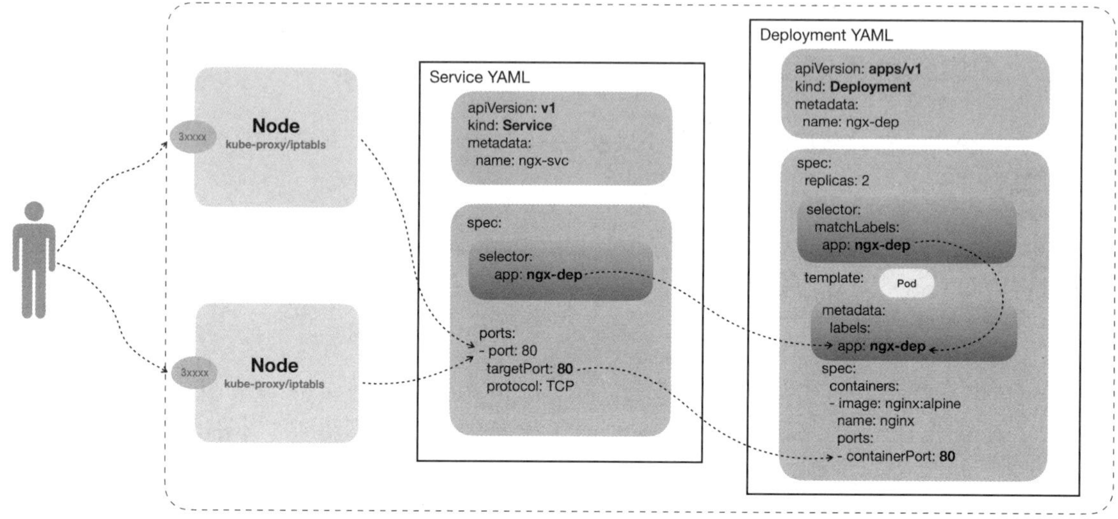

图 5-5　NodePort 与 Service、Deployment 的对应关系

NodePort 类型的 Service 很方便，但也有如下缺点。

- 它的端口数量有限。为了避免端口冲突，Kubernetes 默认只在“30000～32767”这个范围内随机分配端口号。只有不到 3000 个端口，而且都不是标准端口号，对具有大量业务应用的系统来说根本不够用。①
- 它会在每个节点上都创建端口，再使用 kube-proxy 路由到真正的后端 Service，这对于有很多计算节点的大集群来说增加了网络通信成本。
- 它要求向外界暴露节点的 IP 地址，从安全角度考虑还需要在集群外再搭建一个反向代理，增加了方案的复杂度。

NodePort 虽然有这些缺点，但仍然是 Kubernetes 对外提供服务的一种简单易行的方式，目前还没有更好的方式。

5.3.6　小结

Service 对象实现了负载均衡和服务发现，是 Kubernetes 应对微服务、服务网格等现代流行应用架构的解决方案。

① 可以通过配置 apiserver 修改 NodePort 的默认端口范围，但会增加节点上端口冲突的风险。

本节的内容要点如下。

- Pod 的生命周期很短，会不停地销毁、创建，所以需要用 Service 来实现负载均衡。Service 对象由 Kubernetes 分配固定的 IP 地址，能够屏蔽后端的 Pod 变化。
- 与 Deployment、DaemonSet 相同，Service 对象使用“selector”字段，选择要代理的后端 Pod，是松耦合关系。
- 基于 DNS 插件，客户端能够以域名的方式访问 Service，比使用静态 IP 地址的方式更方便。
- 名字空间是 Kubernetes 用来隔离对象的一种方式，实现了逻辑上的对象分组，Service 的域名里就包含了名字空间。
- Service 的默认类型是“ClusterIP”，只能在集群内部访问，如果改成“NodePort”，就会在集群节点上开启一个随机端口号，让外界用户也能够方便地访问内部服务。

5.4 管理集群出入流量的 Ingress

Service 对象是 Kubernetes 内置的负载均衡机制，它使用静态 IP 地址代理动态变化的 Pod，支持以域名的方式访问和服务发现，是微服务架构必需的基础设施。

但 Service 也只是基础设施，它对网络流量的管理方案还是太简单，与复杂的现代应用架构的需求还有很大的差距，所以 Kubernetes 在 Service 之上又提出了一个新概念：Ingress。

比起 Service，Ingress 更接近实际业务，对它的开发、应用和讨论在 kubernetes 社区里非常多，本节介绍 Ingress，以及 Ingress Controller、Ingress Class 等对象。

5.4.1 为什么要有 Ingress

Service 对象本质上是一个由 kube-proxy 控制的四层负载均衡，负责在 TCP/IP 协议栈上转发流量。但四层的负载均衡功能有限，只能依据 IP 地址和端口号做一些简单的判断和组合，而现在的绝大多数应用都是运行在七层的 HTTP 和 HTTPS 协议上，有更多的高级路由条件，例如主机名、URI、请求头、证书等，而这些在 TCP/IP 网络栈里根本看不见。①

另外，Service 比较适合代理集群内部的服务，只能使用 NodePort 或者 LoadBalancer 等方式，把服务暴露到集群外部，而这些方式缺乏足够的灵活性，难以管控。

---

① 所谓的“四层”“七层”指的是 OSI 七层网络参考模型里的第四层传输层和第七层应用层，简单来说，“四层”就是 TCP/IP 协议，“七层”就是 HTTP、HTTPS 等应用协议。

为了解决这个问题，Kubernetes 沿用 Service 的思路，引入了一个新的 API 对象做七层负载均衡。不过除了七层负载均衡，这个对象还应该承担更多的职责，也就是作为流量的总入口，统管进、出集群的流量，扇入、扇出流量，让集群的外部用户能够安全、顺畅、便捷地访问内部服务。这个 API 对象被命名为 Ingress，意思是集群内外边界上的入口。①

5.4.2　为什么要有 Ingress Controller

与 Service 相比，Ingress 同样会代理后端的 Pod，也有路由规则来定义流量如何分配、转发，只不过这些规则使用的是 HTTP、HTTPS 协议（而不是 IP 地址和端口号）。

Service 本身没有服务能力，只是一些 iptables 规则，真正配置、应用这些规则的是节点里的 kube-proxy 组件。同样的，Ingress 也只是一些 HTTP、HTTPS 路由规则的集合，相当于一份静态的描述文件，真正在集群里实施运行这些规则，还需要另一个对象 Ingress Controller，它的作用相当于 Service 的 kube-proxy，能够读取、应用 Ingress 规则，处理、调度流量。

因为 Ingress Controller 要做的事情太多，与上层业务联系密切，所以 Kubernetes 没有实现 Ingress Controller，而是把它的实现交给了社区，只要遵守 Ingress 规则任何人都可以开发 Ingress Controller。

由于 Ingress Controller 把守了集群流量的关键入口，掌握了它就拥有了控制集群应用的话语权，因此众多公司纷纷精心实现自己的 Ingress Controller，意图在 Kubernetes 流量进出管理这个领域占有一席之地。

这些实现中比较著名的是反向代理和负载均衡软件 Nginx。从 Ingress Controller 的描述中可以看到，HTTP 层面的流量管理、安全控制等功能其实就是经典的反向代理，而 Nginx 是其中在稳定性、性能等方面都领先的产品，所以理所当然地成了应用广泛的 Ingress Controller。

不过，因为 Nginx 是开源的，任何人都可以基于源码进行二次开发，所以有很多变种，例如社区的 Kubernetes Ingress Controller、Nginx 公司自己的 Nginx Ingress Controller，基于 OpenResty 的 Kong Ingress Controller 等。

图 5-6 比较清楚地展示了 Ingress Controller 在 Kubernetes 集群里的地位（来自 Nginx 官网）。

---

① Ingress 出现得非常早，在 2015 年就有了 beta 版本，当时还是在“extensions”组里，但因为功能复杂，定义也不断变化，直到 2020 年的 Kubernetes 1.19 才被正式发布（GA）。

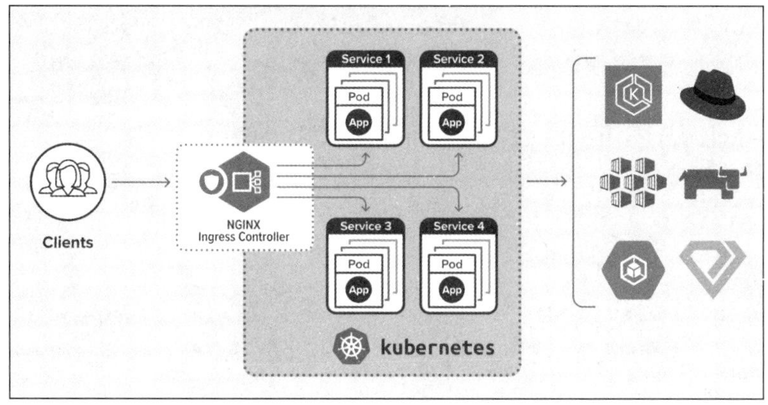

图 5-6 Ingress Controller 在 Kubernetes 集群里的地位

5.4.3 为什么要有 Ingress Class

Ingress 和 Ingress Controller 还不能完美地管理进出集群的流量。

最初，一个 Kubernetes 集群里有一个 Ingress Controller，再配上不同的 Ingress 规则，应该就可以解决请求的路由和分发问题了。不过随着 Ingress 在实践中的大量应用，很多用户发现这种用法会带来如下一些问题：

- 项目组想引入不同的 Ingress Controller，但 Kubernetes 不允许这样做；
- Ingress 的规则太多，无法全部交给一个 Ingress Controller 处理；
- 多个 Ingress 对象没有很好的逻辑分组方式，管理和维护成本很高；
- 集群里有不同的租户，他们对 Ingress 的需求差异很大甚至有冲突，无法部署在同一个 Ingress Controller 上。

所以，Kubernetes 又提出了一个新概念 Ingress Class，它位于 Ingress 和 Ingress Controller 之间，作为流量规则和 Ingress Controller 的“协调人”，解除 Ingress 和 Ingress Controller 的强绑定关系。

现在，Kubernetes 用户可以通过管理 Ingress Class 来定义不同的业务逻辑分组，简化 Ingress 规则的复杂度。例如，可以用 Ingress Class A 处理博客流量、Ingress Class B 处理短视频流量、Ingress Class C 处理购物流量，如图 5-7 所示。

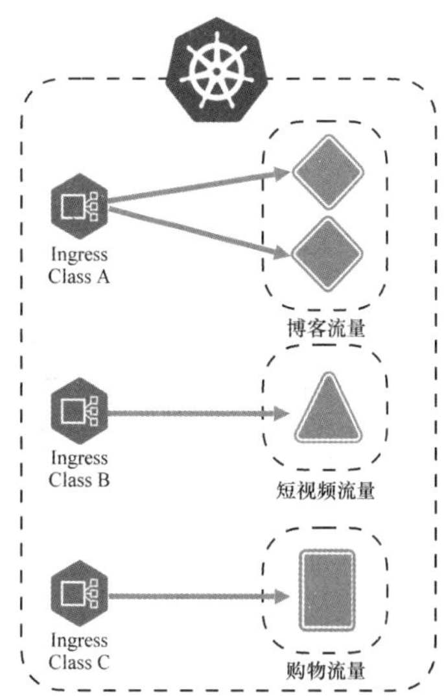

图 5-7 Ingress Class 应用示意

这些 Ingress 和 Ingress Controller 彼此独立，不会发生冲突，上面列举的 Ingress 在实践应用中的问题也就随着引入 Ingress Class 而解决了。

5.4.4 用 YAML 描述 Ingress 和 Ingress Class

理解了 Ingress、Ingress Controller 和 Ingress Class 后，下面为它们编写 YAML 文件。

和 Deployment、Service 对象一样，可以用命令“kubectl api-resources”查看 Ingress、Ingress Controller 和 Ingress Class 的基本信息，输出如下：

```
[K8S ~]$kubectl api-resources
NAME              SHORTNAMES   APIVERSION               KIND
ingressclasses                 networking.k8s.io/v1     IngressClass
ingresses          ing         networking.k8s.io/v1     Ingress
```

可以看到，Ingress 和 Ingress Class 的“apiVersion”都是“networking.k8s.io/v1”，而且 Ingress 的简写是“ing”，但没有显示 Ingress Controller 对象。

这是因为和其他两个对象不同，Ingress Controller 不是描述文件，而是一个要实际干活、处理流量的应用程序，而在 Kubernetes 里管理应用程序的对象是 Deployment 和 DaemonSet。

创建 Ingress 对象也可以使用“kubectl create”来创建 YAML 模板文件，和创建 Service 对象类似，需要以下两个附加参数：

- --class，指定 Ingress 从属的 Ingress Class 对象；
- --rule，指定路由规则，基本形式是“URI=Service”，也就是说访问 HTTP 路径就转发到对应的 Service 对象，再由 Service 对象转发给后端的 Pod。

执行命令“kubectl create”后，Ingress 的 YAML 文件如下：[①]

```
[K8S ~]$kubectl create ing ngx-ing \
              --rule="ngx.test/=ngx-svc:80" --class=ngx-ink $out

apiVersion: networking.k8s.io/v1
kind: Ingress
metadata:
  name: ngx-ing

spec:
```

① 在 kubernetes 1.18 之前，Ingress 会在“metadata.annotations”里引用 Ingress Class 对象，“spec”字段里还可能有“serviceName”“servicePort”等字段，Kubernetes 1.18 已经废弃了这些，不建议再使用。

```
  ingressClassName: ngx-ink
  rules:
  - host: ngx.test
    http:
      paths:
      - backend:
          service:
            name: ngx-svc
            port:
              number: 80
        path: /
        pathType: Exact
```

在这个 YAML 文件里有两个关键字段："ingressClassName" 和 "rules"，分别对应了命令行参数 "--class" 和 "--rule"。

"ingressClassName" 是 Ingress Class 的名字。"rules" 的嵌套层次很深、格式比较复杂。仔细看可以发现它将路由规则拆分为 host 和 http path 两部分，其中在 path 里又指定了路径的匹配方式，可以是精确匹配（Exact）或者前缀匹配（Prefix），再用 backend 来指定转发的目标 Service 对象。

但 Ingress YAML 文件的描述不如 "kubectl create" 命令行里的 "--rule" 参数直观易懂，而且 YAML 里的字段太多也很容易弄错，因此建议避免直接手写 YAML 定义，更好的方式是让 kubectl 自动生成规则再略作修改。

与 Ingress 关联的 Ingress Class 本身并没有什么实际的功能，只是起到联系 Ingress 和 Ingress Controller 的作用，所以它的定义非常简单，在 "spec" 字段里只有一个必需的字段 "controller"，表示要使用哪个 Ingress Controller，必须查阅每个 Ingress Controller 的说明文档才能知道其具体的名字。

例如，如果要用 Nginx 开发的 Ingress Controller，就要在 YAML 文件中使用名字 "nginx.org/ingress-controller"；而如果要使用 Kong 开发的 Kong Ingress Controller，就要在 YAML 文件中使用名字 "ingress-controllers.konghq.com/kong"。以使用 Nginx 开发的 Ingress Controller 为例，"spec" 字段如下：

```
apiVersion: networking.k8s.io/v1
kind: IngressClass
metadata:
  name: ngx-ink

spec:
  controller: nginx.org/ingress-controller        # Nginx Ingress Controller
```

Ingress、Service 和 Ingress Class 的关系如图 5-8 所示。

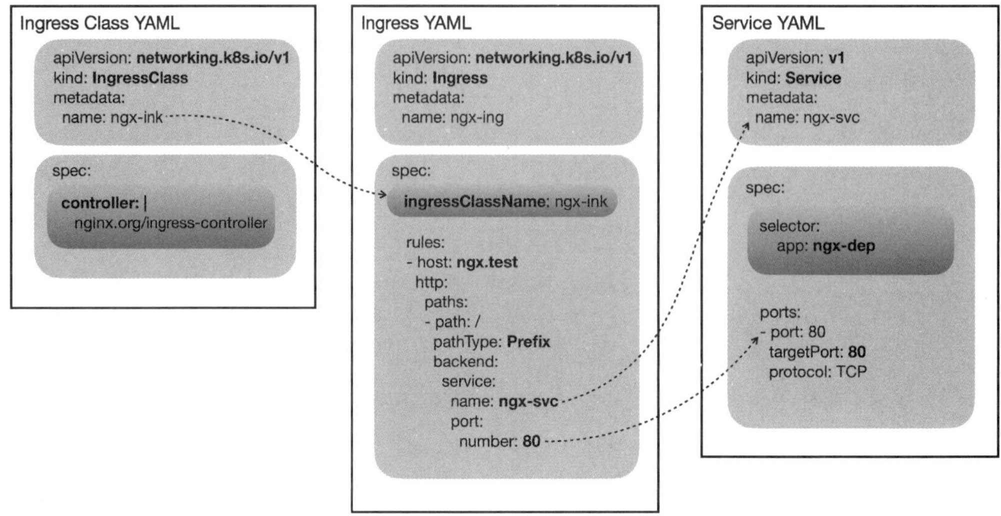

图 5-8　Ingress、Service 和 Ingress Class 的关系

5.4.5　用 kubectl 操作 Ingress 和 Ingress Class

Ingress Class 的定义很简单，可以把它与 Ingress 的定义合并进一个 YAML 文件。运行“kubectl apply”命令一次性创建 Ingress 和 Ingress Class 两个对象：

```
kubectl apply -f ingress.yml
```

再运行“kubectl get”命令查看这两个对象的状态：

```
[K8S ~]$kubectl get ingressclass
NAME      CONTROLLER
ngx-ink   nginx.org/ingress-controller

[K8S ~]$kubectl get ing
NAME      CLASS     HOSTS       ADDRESS   PORTS
ngx-ing   ngx-ink    ngx.test             80
```

运行“kubectl describe”命令可以显示 Ingress 的详细信息：

```
[K8S ~]$kubectl describe ing ngx-ing
Name:             ngx-ing
Address:
Ingress Class:     ngx-ink
Default backend: <default>
Rules:
  Host        Path  Backends
  ----        ----  --------
  ngx.test
```

```
            /    ngx-svc:80 (10.10.0.12:80,10.10.1.11:80)
Annotations:  nginx.org/lb-method: round_robin
```

可以看到，Ingress 对象的路由规则 Host/Path 就是在它的 YAML 文件里设置的域名“ngx.test”，且关联了 5.3 节创建的 Service 对象，以及 Service 管理的两个 Pod。[①]

5.4.6 使用 Nginx Ingress Controller

准备好了 Ingress 和 Ingress Class，本节部署真正处理路由规则的 Ingress Controller。[②]

在 GitHub 上找到 Nginx Ingress Controller 项目，它以 Pod 的形式运行在 Kubernetes 里，所以同时支持 Deployment 和 DaemonSet 两种部署方式。这里选择的部署方式是 Deployment，相关的 YAML 文件也复制到了本书的 GitHub 项目。

Nginx Ingress Controller 对象包含的多个 YAML 存放在“deployments/common”“deployments/rbac”里，需要执行以下“kubectl apply”命令：

```
kubectl apply -f common/ns-and-sa.yaml
kubectl apply -f rbac
kubectl apply -f common
kubectl apply -f common/crds
```

这些 YAML 为 Ingress Controller 创建了独立的名字空间“nginx-ingress”、相应的账号和权限（访问 apiserver 获取 Service、Endpoint 信息），以及 ConfigMap 和 Secret，用来配置 HTTP/HTTPS 服务。

部署 Ingress Controller 不需要完全从头编写 Deployment 的 YAML 文件，因为 Nginx 提供了示例 YAML，只需要在创建之前做如下改动以适配自己的应用：

- “metadata”字段的 name 要改成应用的名字，如 ngx-kic-dep；
- “spec.selector”和“template.metadata.labels”字段也要修改为应用的名字，如 ngx-kic-dep；
- 可以改用 containers.image 的 apline 版本，加快下载速度，如 nginx/nginx-ingress:3.2-alpine；
- “args”字段要加上“-ingress-class=ngx-ink”，也就是 5.4.4 节创建的 Ingress Class 的名字，这是让 Ingress Controller 处理 Ingress 的关键。

修改之后，Nginx Ingress Controller 的 YAML 文件如下：

① 在找不到路由时，Ingress 的“Default backend”被用来提供一个默认的后端服务，但不设置也不会有什么问题，所以大多数时候都可以忽略它。

② Ingress Controller 的名字比较长，可以缩写为 IC 或者 KIC。

```
apiVersion: apps/v1
kind: Deployment
metadata:
  name: ngx-kic-dep
  namespace: nginx-ingress

spec:
  replicas: 1
  selector:
    matchLabels:
      app: ngx-kic-dep

  template:
    metadata:
      labels:
        app: ngx-kic-dep
    ...
    spec:
      containers:
      - image: nginx/nginx-ingress:3.2-alpine
        ...
        args:
          - -ingress-class=ngx-ink
```

有了 Ingress Controller，Ingress Controller、Ingress Class、Ingress 和 Service 对象的关联就更复杂了，图 5-9 表示了它们是如何通过对象名字联系起来的。①

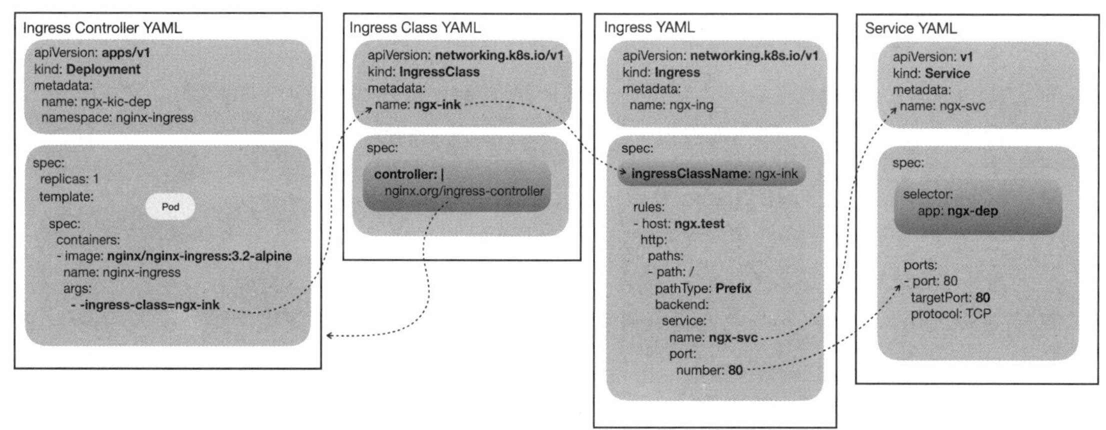

图 5-9　Ingress、Service、Ingress Class 和 Ingress Controller 的关系

确认 Ingress Controller 的 YAML 修改完毕，可以用“kubectl apply”创建对象。

① 为了提高路由效率、降低网络成本，Ingress Controller 通常不会走 Service 流量转发，而是通过访问 apiserver 直接获得 Service 代理的 Pod 地址，从而绕过 Service 的 iptables 规则。

Nginx Ingress Controller 默认位于名字空间“nginx-ingress”中，查看其状态需要用“-n”参数显式指定（否则只能查看“default”名字空间里的 Pod 的状态）：

```
[K8S ~]$kubectl get deploy -n nginx-ingress
NAME          READY   UP-TO-DATE   AVAILABLE
ngx-kic-dep   1/1     1            1

[K8S ~]$kubectl get pod -n nginx-ingress
NAME                           READY     STATUS
ngx-kic-dep-5b9475f74d-s72rp   1/1       Running
```

虽然 Ingress Controller 运行起来了，但还缺一道工序。Ingress Controller 本身也是一个 Pod，想要向外提供服务至少还要再为它定义一个 Service 对象，使用 NodePort 或者 LoadBalancer 暴露端口，才能真正把集群的内外流量打通。

这里用 4.6 节提到的“kubectl port-forward”，直接把本地的端口映射到 Kubernetes 集群的某个 Pod 里。下面做简单的测试验证。

把本地的 8080 端口映射到 Ingress Controller Pod 的 80 端口：

```
kubectl port-forward -n nginx-ingress \
   ngx-kic-dep-5b9475f74d-s72rp 8080:80 &
```

在 curl 发测试请求的时候需要注意，因为 Ingress 的路由规则是 HTTP 协议，不能直接用 IP 地址的方式访问，必须用域名。可以使用以下 3 种方式：

- 修改“/etc/hosts”，手工添加对测试域名“ngx.test”的解析；
- 使用“--resolve”参数，指定 curl 对域名的解析规则，例如把“ngx.test”强制解析到“127.0.0.1”（即“kubectl port-forward”转发的本地地址）；
- 使用 HTTP 的“Host”头字段，明确指定测试域名“ngx.test”。

```
[K8S ~]$curl --resolve ngx.test:8080:127.0.0.1 http://ngx.test:8080
srv : 10.10.1.11:80
host: ngx-dep-9bf586b97-6g27k
uri : GET ngx.test /

[K8S ~]$curl --resolve ngx.test:8080:127.0.0.1 http://ngx.test:8080
srv : 10.10.0.12:80
host: ngx-dep-9bf586b97-tlqb9
uri : GET ngx.test /

[K8S ~]$curl 127.1:8080 -H 'Host: ngx.test'
srv : 10.10.1.11:80
host: ngx-dep-9bf586b97-6g27k
uri : GET ngx.test /
```

把访问结果对比 5.3 节的 Service 对象，会发现最终效果一样，都把请求转发到了集群内部的 Pod，但 Ingress 的路由规则不再是 IP 地址，而是 HTTP 协议里的域名。

5.4.7 使用 Kong Ingress Controller

Nginx Ingress Controller 非常流行，但由于 Nginx 自身的限制，在 Ingress、Service 等对象更新时它必须修改静态的配置文件，并重启进程（reload），这在变动频繁的微服务系统里会引发一些问题。

而 Kong Ingress Controller 在 Nginx Ingress Controller 的基础上，基于 OpenResty 和内嵌的 LuaJIT 环境，实现了完全动态的路由变更，消除了重启的成本、运行更加平稳，而且还有很多额外的增强功能，非常适合那些对 Kubernetes 集群流量有更高、更细致管理需求的用户。①

本书使用的是 Kong Ingress Controller 2.10，读者可以从 GitHub 上直接获取它的源码。

Kong Ingress Controller 安装所需的 YAML 文件都存放在解压缩后的“deploy”目录下，提供“有数据库”和“无数据库”等多种部署方式，本书选择的是“无数据库”方式，只需要一个“all-in-one-dbless.yaml”就可以完成部署工作，也就是执行命令：

```
kubectl apply -f all-in-one-dbless.yaml
```

安装完成之后，Kong Ingress Controller 会创建一个新的名字空间“kong”，里面有默认的 Ingress Controller，以及对应的 Service：

```
[K8S ~]$kubectl get pod -n kong
NAME                          READY   STATUS
ingress-kong-7985c86bcd-jlnzd  1/1     Running
proxy-kong-547bf4c85-qbjrd     1/1     Running
proxy-kong-547bf4c85-w9258     1/1     Running

[K8S ~]$kubectl get svc -n kong
NAME                    TYPE           CLUSTER-IP      PORT(S)
kong-admin               ClusterIP      None             8444/TCP
kong-proxy               LoadBalancer   10.106.4.90       80:32301/TCP
```

要注意，运行命令“kubectl get pod”可以显示有 3 个 Pod 在运行，其中 1 个 Pod 是“ingress-kong”，还有 2 个 Pod 是“proxy-kong”。

这是 Kong Ingress Controller 与 Nginx Ingress Controller 在实现架构方面的一

① Kong 由于是目前最成功的 OpenResty/Lua 项目之一，因此很自然地汇集了一批优秀的开发者，其中就包括 htop 和 LuaRocks 的作者 Hisham Muhammad，还有 awesome-resty 的作者 Aapo Talvensaari。

个明显不同点。

Kong Ingress Controller 使用了多个 Pod，分别运行管理进程 Controller 和代理进程 Proxy，两者之间使用管理接口“kong-admin”通信。而 Nginx Ingress Controller 则因为要修改静态的 Nginx 配置文件，所以管理进程和代理进程必须在一个容器里。[①]

两种方式并没有绝对的优劣之分，但 Kong Ingress Controller 分离的好处是 Pod 彼此独立，可以各自升级维护，对运维更友好。

注意转发流量的服务“kong-proxy”被定义为“LoadBalancer”类型，显然是为了在生产环境里对外暴露服务，不过在本书的实验环境（无论是 Minikube 还是 kubeadm）中只能使用 NodePort 的形式，可以看到 80 端口被映射到了节点的 32301。[②]

使用 curl 命令访问服务 kong-proxy 的 NodePort（使用集群里任意节点的 IP 地址），可以验证 Kong Ingress Controller 是否工作正常：

```
[K8S ~]$curl 192.168.26.210:32301 -i
HTTP/1.1 404 Not Found
Content-Type: application/json; charset=utf-8
Connection: keep-alive
Content-Length: 52
X-Kong-Response-Latency: 0
Server: kong/3.3.1

{
  "message":"no Route matched with those values"
}
```

curl 获取的响应结果显示，Kong Ingress Controller 2.10 内部使用的 Kong 版本是 3.3.1，因为现在没有为它配置任何 Ingress 资源，所以返回了状态码 404，这是正常的。

还可以用“kubectl exec”命令进入 Pod，查看它的内部信息：

```
[K8S ~]$kubectl exec -it -n kong proxy-kong-547bf4c85-qbjrd -- sh

$ kong version
3.3.1

$ kong health
nginx.......running
```

① Kong Ingress Controller 2.9 之前是在一个 Pod 里同时运行两个容器：管理进程 Controller 和代理进程 Proxy，两个容器之间使用环回（Loopback）地址通信，以这种方式部署可以使用“all-in-one-dbless-legacy.yaml”。

② Kong Ingress Controller 还会创建一个服务“kong-validation-webhook”，它仅在集群内部用来校验 Kubernetes 资源，一般不用特别关注。

```
Kong is healthy at /usr/local/kong
```

为了更好地掌握 Kong Ingress Controller 的用法，不使用默认的 Ingress Controller，而是利用 Ingress Class 创建一个全新的实例，创建流程如下。

（1）定义 Ingress Class，“spec.controller”字段的值是 Kong Ingress Controller 的名字“ingress-controllers.konghq.com/kong”，API 对象名字是“kong-ink”：

```
apiVersion: networking.k8s.io/v1
kind: IngressClass
metadata:
  name: kong-ink

spec:
  controller: ingress-controllers.konghq.com/kong
```

（2）定义 Ingress 对象，用“kubectl create”生成 YAML 模板文件，使用“--rule”指定路由规则、使用“--class”指定 Ingress Class：

```
kubectl create ing kong-ing \
       --rule="kong.test/=ngx-svc:80" --class=kong-ink $out
```

生成的 Ingress 对象如下，可以看到域名是“kong.test”，流量会转发到后端的 ngx-svc 服务：

```
apiVersion: networking.k8s.io/v1
kind: Ingress
metadata:
  name: kong-ing

spec:
  ingressClassName: kong-ink

  rules:
  - host: kong.test
    http:
      paths:
      - path: /
        pathType: Prefix
        backend:
          service:
            name: ngx-svc
            port:
              number: 80
```

（3）从“all-in-one-dbless.yaml”这个文件中分离出 Ingress Controller 的定义。其实也很简单，只要充分运用 5.1 节和 5.3 节的知识，查找 Deployment 对象，把它及相关的

Service 代码复制一份，并另存为“kong-kic.yml”。对比发现复制的代码和默认的 Kong Ingress Controller 完全相同

（4）参考帮助文档对“kong-kic.yml”做如下一些修改：[①]

- Deployment、Service 对象的 name 都要重命名，如重命名为 ingress-kong-dep、proxy-kong-dep、kong-admin-svc、kong-proxy-svc。
- “spec.selector”和“template.metadata.labels”字段也要对应修改为应用的名字，一般来说和 Deployment 的名字一样，也就是 ingress-kong-dep、proxy-kong-dep。
- “ingress-kong”要用环境变量“CONTROLLER_INGRESS_CLASS”指定新的 Ingress Class 名字为“kong-ink”，同时用“CONTROLLER_KONG_ADMIN_SVC”“CONTROLLER_PUBLISH_SERVICE”指定 Service 的新名字为“kong/kong-admin-svc”“kong/kong-proxy-svc”。
- 可以根据需要将“ingress-kong”里的镜像改成任意支持的版本，如较旧的版本 Kong:3.0 或者较新的版本 Kong:3.5。
- 可以将“kong-proxy”Service 对象的类型改成 NodePort，方便后续测试。

读者可以在本书配套 GitHub 项目里直接找到改好的 YAML 文件。

这些资源都创建好后，“kubectl get”的输出如下，注意 Service 对象的 NodePort 端口是 30105：

```
[K8S ~]$kubectl get ing
NAME       CLASS      HOSTS       ADDRESS           PORTS
kong-ing   kong-ink   kong.test   10.110.115.250    80

[K8S ~]$kubectl get pod -n kong
NAME                                READY   STATUS
ingress-kong-dep-78c48dd6c8-bmpfw    1/1     Running
proxy-kong-dep-5d6cf4c7f7-bs8rn      1/1     Running
proxy-kong-dep-5d6cf4c7f7-vp29r      1/1     Running

[K8S ~]$kubectl get svc -n kong
NAME             TYPE        CLUSTER-IP        PORT(S)
kong-admin-svc   ClusterIP   None              8444/TCP
kong-proxy-svc   NodePort    10.110.115.250    80:30105/TCP
```

和 5.4.6 节一样，使用 curl 命令测试时应该用“--resolve”或者“-H”参数指定 Ingress 定义的域名“kong.test”，否则 Kong Ingress Controller 会找不到路由：

① Kong Ingress Controller 里的 Pod 大量使用了环境变量来调整应用的行为，proxy-kong 中比较有用的一个环境变量是“KONG_ROUTER_FLAVOR”，可以用来切换内置路由器引擎。

```
[K8S ~]$curl 192.168.26.210:30105 -H 'Host: kong.test' -v
> GET / HTTP/1.1
> Host: kong.test
> User-Agent: curl/7.80.0
> Accept: */*
>
< HTTP/1.1 200 OK
< Server: nginx/1.25.1
< X-Kong-Upstream-Latency: 1
< X-Kong-Proxy-Latency: 1
< Via: kong/3.5.0
<
srv : 10.10.0.12:80
host: ngx-dep-9bf586b97-tlqb9
uri : GET kong.test /
```

可以看到，Kong Ingress Controller 正确应用了 Ingress 路由规则，返回了后端 Nginx 应用的响应数据，而且通过响应头“Via”还可以发现现在用的是 Kong 3.5.0。

5.4.8 扩展 Kong Ingress Controller

只使用 Kubernetes 标准的 Ingress 来管理流量，无法发挥 Kong Ingress Controller 的真正实力，它还有很多实用的增强功能，但需要用到 Kubernetes 的另一个特性 annotation。

annotation 是 Kubernetes 为资源对象提供的一个方便扩展功能的手段，可以在不修改 Ingress 定义的前提下，让 Kong Ingress Controller 更好地利用内部的 Kong 来管理流量。

annotation 的含义是注解、注释，它对应的字段是“annotations”，其形式和“labels”一样是键值对，其目的也和“labels”一样是给 API 对象附加一些额外信息，但其用途和“labels”区别很大。

- “annotations”添加的信息一般是给 Kubernetes 内部的各种对象使用的，有点像扩展属性。
- “labels”主要面对的是 Kubernetes 外部的用户，用来筛选、过滤对象。

如果用一个简单的比喻，那么“annotations”就是包装盒里的产品说明书，而“labels”是包装盒外的标签贴纸。

借助“annotations”字段，Kubernetes 既不用破坏对象的结构，也不用新增字段，就能够给 API 对象添加任意的附加信息，这就是面向对象设计中经典的“开闭原则”，让对象更具扩展性和灵活性。

目前 Kong Ingress Controller 支持在 Ingress 和 Service 这两个对象上添加 annotation，

相关的详细文档可以参考官网。下面介绍两个常用的 annotation。

（1）Konghq.com/host-aliases，可以为 Ingress 规则添加额外的域名。

Ingress 的域名允许使用通配符“*”，如“*.abc.com”，但问题在于“*”只能是前缀而不能是后缀，也就是说无法使用“abc.*”这样的域名，使得在管理多个域名时有些麻烦。

而有了“konghq.com/host-aliases”这个 annotation 就可以绕过这个限制，让 Ingress 轻松匹配不同后缀的域名。例如修改 Ingress 定义，在“metadata”字段里添加一个 annotation，可以让它除了支持“kong.test”还能够支持“kong.dev”“kong.ops”等域名：

```
apiVersion: networking.k8s.io/v1
kind: Ingress
metadata:
  name: kong-ing
  annotations:
    konghq.com/host-aliases: "kong.dev, kong.ops"  #注意这里
spec:
  ...
```

使用“kubectl apply”更新 Ingress，再用 curl 测试，就会发现 Ingress 已经支持了这几个新域名：

```
[K8S ~]$curl 192.168.26.210:30105 -H 'Host: kong.dev'
srv : 10.10.1.11:80
host: ngx-dep-9bf586b97-6g27k
uri : GET kong.dev /

[K8S ~]$curl 192.168.26.210:30105 -H 'Host: kong.ops'
srv : 10.10.0.12:80
host: ngx-dep-9bf586b97-tlqb9
uri : GET kong.ops /
```

（2）konghq.com/plugins，可以启用 Kong Ingress Controller 内置的各种插件。

插件是 Kong Ingress Controller 的特色功能，能够附加在流量转发的过程中，实现各种数据处理。并且这个插件机制是开放的，既可以使用官方插件，也可以使用第三方插件，还可以使用 Lua、Go、Rust 等语言编写符合自己特定需求的插件。

Kong 公司维护了一个经过认证的插件中心，包括了认证、安全、流控、分析、日志等领域的 100 多个插件，下面介绍两个常用的插件：Response Transformer 和 Rate Limiting。①

① “Kong”这个命名源自公司最初的名字“Mashape”，后来的一些项目也以大型动物命名，如“Pongo”“Gojira”“Kuma”等。

Response Transformer 插件实现了对响应数据的修改，能够添加、替换、删除响应头或者响应体；Rate Limiting 插件实现了限速功能，能够以时、分、秒等单位任意限制客户端访问的次数。

定义插件需要使用 Kubernetes 的 CRD（CustomResourceDefinition）资源，名字是"KongPlugin"，同样可以用"kubectl api-resources""kubectl explain"等命令来查看"apiVersion""kind"等信息。下面是这两个插件对象的定义示例：[①]

```
apiVersion: configuration.konghq.com/v1
kind: KongPlugin
metadata:
  name: kong-add-resp-header-plugin

plugin: response-transformer
config:
  add:
    headers:
    - Resp-New-Header:kong-kic

---

apiVersion: configuration.konghq.com/v1
kind: KongPlugin
metadata:
  name: kong-rate-limiting-plugin

plugin: rate-limiting
config:
  minute: 2
```

因为是自定义资源，所以 KongPlugin 对象和标准的 Kubernetes 对象不一样，不使用"spec"字段，而是用"plugin"字段来指定插件名，用"config"字段来指定插件的配置参数。

以上定义是让 Response Transformer 插件添加一个新的响应头字段，让 Rate Limiting 插件限制客户端每分钟只能发送两个请求。

定义好这两个插件之后，就可以在 Ingress 对象里用"annotations"来启用插件功能：

```
apiVersion: networking.k8s.io/v1
kind: Ingress
metadata:
  name: kong-ing
  annotations:
    konghq.com/plugins: |
```

① 除了 KongPlugin，Kong Ingress Controller 还有其他 CRD 资源，如 KongIngress、KongConsumer 等。

```
        kong-add-resp-header-plugin,
        kong-rate-limiting-plugin
```

用“kubectl apply”更新 Ingress 后再发送 curl 请求：

```
[K8S ~]$curl 192.168.26.210:30105 -H 'Host: kong.test' -i
HTTP/1.1 200 OK
X-RateLimit-Remaining-Minute: 1
RateLimit-Limit: 2
RateLimit-Remaining: 1
RateLimit-Reset: 32
X-RateLimit-Limit-Minute: 2
Resp-New-Header: kong-kic
X-Kong-Upstream-Latency: 3
X-Kong-Proxy-Latency: 2
Via: kong/3.3.1

srv : 10.10.1.11:80
host: ngx-dep-9bf586b97-6g27k
uri : GET kong.test /
```

可以看到，响应头里多出了几个字段，其中“RateLimit-Limit”“RateLimit-Remaining”“RateLimit-Reset”字段是限速信息，而“Resp-New-Header”是新添加的响应头字段。

连续多次执行 curl 命令，就能够看到限速插件的效果：

```
[K8S ~]$curl 192.168.26.210:31503 -H 'Host: kong.test' -i
HTTP/1.1 429 Too Many Requests
X-RateLimit-Limit-Minute: 2
RateLimit-Remaining: 0
RateLimit-Reset: 54
Retry-After: 54
RateLimit-Limit: 2
X-RateLimit-Remaining-Minute: 0

{
  "message":"API rate limit exceeded"
}
```

Kong Ingress Controller 返回 429 错误，说明访问受限；“Retry-After”字段表示多少秒后才能重新发送请求。

5.4.9 小结

本节介绍了 Kubernetes 的七层反向代理和负载均衡对象，包括 Ingress、Ingress Controller、Ingress Class，它们联合起来管理了进、出集群的流量，是集群入口的总管。

本节的内容要点如下：

- Service 是四层负载均衡，能力有限，所以出现了 Ingress，它基于 HTTP、HTTPS 协议定义路由规则；
- Ingress 只是规则的集合，并不具备流量管理能力，需要 Ingress Controller 应用 Ingress 规则才能真正发挥作用；
- Ingress Class 解耦了 Ingress 和 Ingress Controller，应当使用 Ingress Class 来管理 Ingress 资源；
- Nginx Ingress Controller 是一个流行的 Ingress Controller，它基于经典反向代理软件 Nginx；
- Kong Ingress Controller 是另一个流行的 Ingress Controller，底层内核仍然是 Nginx，但基于 OpenResty 和 LuaJIT，实现了对路由的完全动态管理，不需要重启进程；
- Kong Ingress Controller 支持标准的 Ingress 资源，并使用 annotation 和 CRD 提供更多扩展增强功能，可以灵活地加载或者拆卸，实现复杂的流量管理策略。

目前的 Kubernetes 流量管理功能主要集中在 Ingress Controller 上，但它已经远不只管理入口流量了，还能管理出口流量，也就是“egress”，甚至还可以管理集群内部服务之间的流量。

此外，Ingress Controller 还有很多其他功能，例如 TLS 终止、网络应用防火墙、限流限速、流量拆分、身份认证、访问控制等，完全可以认为是一个全功能的反向代理或者网关，感兴趣读者可以自行查找这方面的资料。①

5.5　数据持久化 PersistentVolume

4.5 节介绍过存储卷的概念，它使用字段“volumes”和“volumeMounts”，相当于给 Pod 挂载了一个“虚拟盘”，能够把配置信息以文件的形式注入 Pod 供进程使用。

由于 ConfigMap 和 Secret 对象的限制，那时的存储卷只能存放较少的数据，离真正的“虚拟盘”还差得比较远。

本节会深入介绍存储卷的高级用法，学习 Kubernetes 管理存储资源的 API 对象 PersistentVolume、PersistentVolumeClaim 和 StorageClass，然后使用本地磁盘创建

---

① Ingress 的路由规则不灵活、能力较弱，所以 Ingress Controller 基本上都有各自的功能扩展，例如 Nginx 增加了自定义资源对象 VirtualServer、TransportServer 等。

实际可用的存储卷。

5.5.1 什么是 PersistentVolume

Deployment、DaemonSet 虽然可以很好地管理 Pod，但存在一个很严重的缺陷：没有持久化功能。

因为 Pod 里的容器是由镜像产生的，而镜像文件本身是只读的，进程要读写磁盘只能用一个临时的存储空间，一旦 Pod 销毁，临时的存储空间会被立即回收，其中的数据也就丢失了，导致无法永久存储数据。

为了保证 Pod 销毁后重建时数据依然存在，就需要找到一个解决方案，让 Pod 用上真正的“虚拟盘”。

其实，Kubernetes 的存储卷已经对数据存储给出了一个很好的抽象，它只是定义了一个存储卷，而这个存储卷是什么类型、有多大容量、怎么存储，都可以根据需求来自定义。Pod 不需要关心那些专业、复杂的细节，只要设置好“volumeMounts”，就可以把存储卷加载进容器里使用。

所以，顺着存储卷的概念，Kubernetes 延伸出了 PersistentVolume（简称 PV）对象，专门用来表示持久存储设备，但隐藏了存储的底层实现，我们只需要知道它能安全、可靠地保管数据就可以了。

作为存储的抽象，PV 实际上是一些存储设备、文件系统（如 Ceph、GlusterFS、NFS 等），甚至是本地磁盘，因此管理它们已经超出了 Kubernetes 的能力范围。所以，存储设备一般会由系统管理员单独维护，然后再在 Kubernetes 里创建对应的 PV。

要注意的是，PV 属于集群的系统资源，是和 Node 平级的一个对象，Pod 对它没有管理权，只有使用权。

5.5.2 什么是 PersistentVolumeClaim 和 StorageClass

有了 PV，但还不能够直接在 Pod 里挂载使用。因为不同存储设备的差异很大：有的读写速度快，有的读写速度慢；有的可以共享读写，有的只能独占读写；有的容量小只有几百 MB，有的容量大到 TB、PB 级别……

这么多种存储设备，只用一个 PV 对象来管理不符合单一职责的原则，并且让 Pod 直接去选择 PV 也很不灵活。于是 Kubernetes 又增加了两个新对象，PersistentVolumeClaim 和 StorageClass，用到的还是“中间层”的思想，把存储卷的分配管理过程再次细化。

PersistentVolumeClaim（简称 PVC），从名字上看比较好理解，就是用来向 Kubernetes

申请存储资源。PVC 是给 Pod 使用的对象，它相当于 Pod 的代理，代表 Pod 向系统申请 PV。一旦资源申请成功，Kubernetes 就会把 PV 和 PVC 关联在一起，这个动作叫作绑定（bind）。但是，系统里的存储资源非常多，如果要 PVC 直接遍历查找合适的 PV 也很麻烦，所以用到了 StorageClass。

StorageClass 的作用类似 5.4 节的 IngressClass，它抽象了特定类型的存储系统（如 Ceph、NFS 等），在 PVC 和 PV 之间充当"协调人"的角色，帮助 PVC 找到合适的 PV，如图 5-10 所示。也就是说，PVC 可以简化 Pod 挂载"虚拟盘"的过程，让 Pod 看不到 PV 的实现细节。

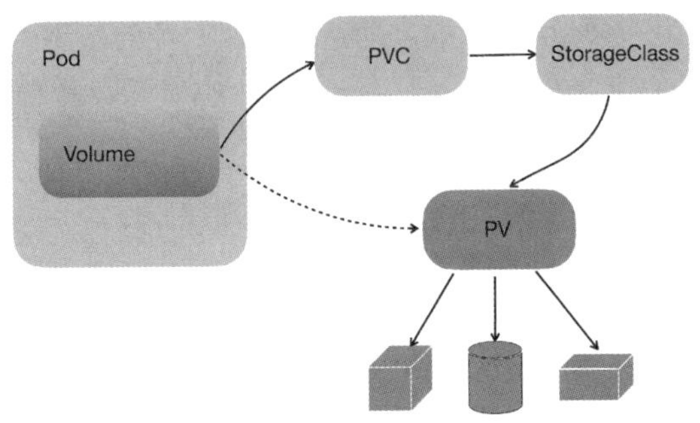

图 5-10 PV、PVC、StorageClass 与 Pod 的关系

与 CPU、内存相比，大多数人对存储系统的认识还比较少，所以 Kubernetes 里的 PV、PVC 和 StorageClass 这 3 个新概念也不是特别好掌握。下面用生活中的例子做个类比，假设想要 10 张 A4 纸，就要给前台打电话讲清楚需求：

- "打电话"这个动作，就相当于 PVC 向 Kubernetes（前台）申请存储资源；
- 前台有各种品牌的办公用纸，大小、规格也不一样，这些品牌就相当于 StorageClass；
- 前台根据需要，挑选了一个品牌，再从库房里拿出一包 A4 纸，可能不止 10 张，但也能够满足要求，就在登记表上新增了一条记录，写上在某天申领了办公用品，这个过程就相当于 PVC 到 PV 的绑定；
- 最后拿到手里的 A4 纸，就是 PV。

5.5.3 用 YAML 描述 PersistentVolume

PV 有很多种类型，下面介绍本机存储 HostPath，它和 Docker 里挂载本地目录的"-v"参数类似，可以用它来学习 PV 的初级用法。①

简单起见，本书使用名为"/tmp/host-10m-pv"的目录，表示一个只有 10 MB 容量的存储设备，它将作为本地存储卷挂载到 Pod 里。

有了存储卷就可以使用 YAML 来描述这个 PV 对象。不过很遗憾，我们不能用"kubectl create"直接创建 PV 对象，只能用"kubectl api-resources""kubectl explain"查

① Kubernetes 还有一种特殊形式的存储卷叫 emptyDir，它的生命周期与 Pod 相同、比容器长，但不是持久存储，可以用作暂存或者缓存。

看 PV 的字段说明，手动编写 PV 的 YAML 描述文件。[①]

下面给出一个 PV YAML 示例，可以把它作为模板文件，创建自己的 PV：

```
apiVersion: v1
kind: PersistentVolume
metadata:
  name: host-10m-pv

spec:
  storageClassName: host-test
  accessModes:
  - ReadWriteOnce
  capacity:
    storage: 10Mi
  hostPath:
    path: /tmp/host-10m-pv/
```

PV 对象的文件头部分很简单，和前面讲到的 API 对象的文件头类似。下面重点看它的“spec”字段，其中的每个字段都很重要，描述了存储的详细信息。

（1）“storageClassName”就是对存储类型的抽象 StorageClass。这个 PV 由我们手动管理，名字可以自由定义，这里定义的是“host-test”，也可以把它改为“manual”“hand-work”等类似的名字。

（2）“accessModes”定义了存储设备的访问模式，简单来说就是虚拟盘的读写权限。和 Linux 的文件访问模式差不多，目前 Kubernetes 支持如下 3 种模式。

- ReadOnlyMany：存储卷只读不可写，可以被任意节点上的 Pod 多次挂载。
- ReadWriteOnce：存储卷可读可写，但只能被一个节点上的 Pod 挂载。
- ReadWriteMany：存储卷可读可写，可以被任意节点上的 Pod 多次挂载。

要注意，这 3 种访问模式限制的对象是节点而不是 Pod，因为存储是系统级别的概念，不属于 Pod 里的进程。[②]显然，本地目录只能在本机使用，所以这个 PV 使用了“ReadWriteOnce”的访问模式。

（3）“capacity”表示存储设备的容量，这里设置为 10 MB。

再次提醒，Kubernetes 定义存储容量使用的是国际标准，以 1000 为基数，而日常习惯使用的 KB、MB、GB 的基数是 1024，要写成 Ki、Mi、Gi，一定不要写错，否则单位不一致会导致实

---

① 较早版本的 Kubernetes 不能自动创建存储卷的本地目录，需要系统管理员在每个节点上手动创建，比较麻烦。

② 如果存储系统符合 CSI（Container Storage Interface）规范，那么“accessModes”里还可以使用“ReadWriteOncePod”属性，只允许单个 Pod 读写，控制的粒度更精细。

际容量对不上。[①]

（4）“hostPath”指定了存储卷的本地路径，也就是在节点上创建的目录。

用以上 4 个字段把 PV 的类型、访问模式、容量、存储位置都描述清楚，一个存储设备就创建好了。

5.5.4 用 YAML 描述 PersistentVolumeClaim

有了 PV，就表示集群里有持久化存储可供 Pod 使用，需要再定义 PVC 对象，向 Kubernetes 申请存储资源。

下面这份 YAML 文件描述了一个 PVC，要求使用一个 5 MB 的存储设备，访问模式是“ReadWriteOnce”：

```
apiVersion: v1
kind: PersistentVolumeClaim
metadata:
  name: host-5m-pvc

spec:
  storageClassName: host-test
  accessModes:
    - ReadWriteOnce
  resources:
    requests:
      storage: 5Mi
```

PVC 与 PV 的 YAML 文件很像，但 PVC 不表示实际的存储，而是一个“申请”或者“声明”，“spec”字段描述的是对存储的期望状态。

所以 PVC 的“storageClassName”“accessModes”字段和 PV 一样，但没有“capacity”字段，而是要用“resources.request”字段表示希望有多大的容量。

这样，Kubernetes 就会根据 PVC 的描述，去找能够匹配 StorageClass 和容量的 PV，然后把 PV 和 PVC 绑定在一起，实现存储的分配，这个过程 5.5.2 节给前台打电话申请 A4 纸的过程差不多。

5.5.5 在 Pod 里使用 PersistentVolume

准备好 PV 和 PVC，就可以让 Pod 实现持久化存储了。

---

① KB、MB、GB 与 KiB、MiB、GiB 的混用由来已久，大概是由早期 Windows 误用引起的，而 Mac 一直使用的是 1000 作为基数的 MB、GB，各种磁盘厂商的标称容量也用的是 MB、GB。

首先用“kubectl apply”创建 PV 对象，然后用“kubectl get”查看它的状态：

```
[K8S ~]$kubectl get pv
NAME          CAPACITY   ACCESS MODES   STATUS      CLAIM   STORAGECLASS
host-10m-pv    10Mi       RWO            Available          host-test
```

可以看到，这个 PV 的容量是 10 MB，访问模式是 RWO（ReadWriteOnce 的简写），StorageClass 是我们自己定义的“host-test”，状态是“Available”，也就是处于可用状态，可以随时分配给 Pod 使用。

接下来创建 PVC 对象申请存储资源，再用“kubectl get”查看 PV 和 PVC 对象的状态：

```
[K8S ~]$kubectl get pv
NAME          CAPACITY   ACCESS MODES   STATUS   CLAIM
host-10m-pv    10Mi       RWO           Bound    default/host-5m-pvc

[K8S ~]$kubectl get pvc
NAME          STATUS   VOLUME        CAPACITY   ACCESS MODES
host-5m-pvc    Bound   host-10m-pv    10Mi        RWO
```

一旦 PVC 对象创建成功，Kubernetes 就会立即通过 StorageClass、resources 等条件在集群里查找符合要求的 PV 对象，如果找到合适的存储对象就会把它和 PVC 对象绑定在一起。

PVC 对象申请存储容量的是 5 MB，但现在系统里只有一个 10 MB 的 PV，没有更合适的对象，所以 Kubernetes 只能分配这个 PV。

这两个对象的状态都是“Bound”，也就是说存储资源申请成功，PVC 对象的实际容量就是 PV 对象的容量 10 MB，而不是最初申请的容量 5 MB。

如果把 PVC 的申请容量改大一些（如 100 MB），那么 PVC 对象就会一直处于“Pending”状态，这意味着 Kubernetes 在系统里没有找到符合要求的存储资源，无法分配，只能等存在满足要求的 PV 对象时才能完成绑定。

有了持久化存储，现在就可以为 Pod 挂载存储卷，用法和 4.5.4 节类似，先在“spec.volumes”里定义存储卷，然后通过“containers.volumeMounts”挂载进容器。

不过因为这里用的是 PVC 对象，所以要在“volumes”里用字段“persistentVolumeClaim”指定 PVC 的名字。

下面就是 Pod 的 YAML 文件，把存储卷挂载到了 Nginx 容器的“/tmp”目录下：

```
apiVersion: v1
kind: Pod
metadata:
  name: host-pvc-pod
```

```
spec:
  volumes:
  - name: host-pvc-vol
    persistentVolumeClaim:
      claimName: host-5m-pvc

  containers:
    - name: ngx-pvc-pod
      image: nginx:alpine
      ports:
      - containerPort: 80
      volumeMounts:
      - name: host-pvc-vol
        mountPath: /tmp
```

图 5-11 所示为 Pod 和 PVC、PV 的关系（省略了字段 accessModes），展示了它们是如何联系起来的。

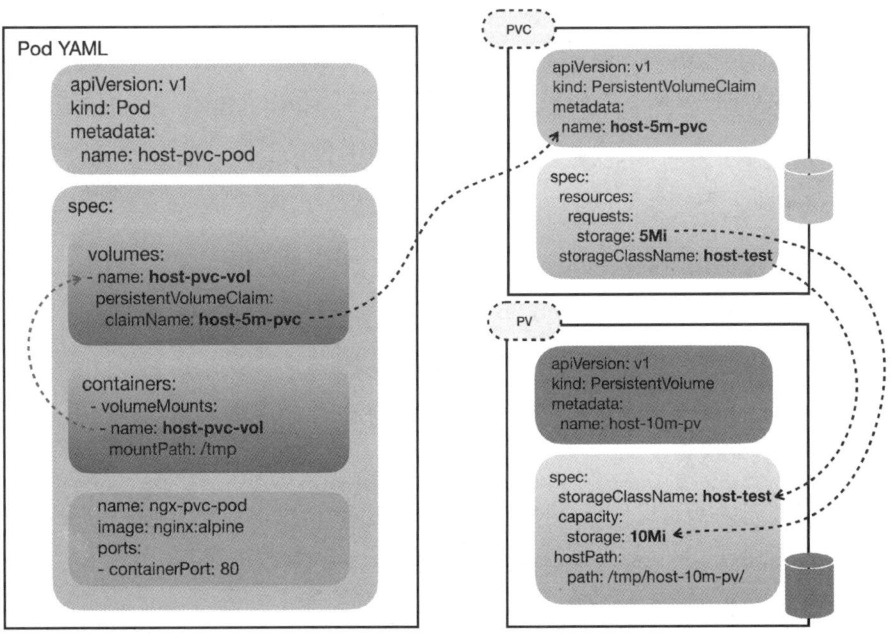

图 5-11 Pod YAML 与 PV、PVC 的关系

创建 Pod 后，可以用“kubectl exec”进入容器执行一些命令，验证 PV 是否挂载成功：

```
[K8S ~]$kubectl exec -it host-pvc-pod -- sh
/ # echo 'aaa' >  /tmp/a.txt
/ # exit
```

容器在“/tmp”目录下生成了一个名为“a.txt”的文件，根据 PV 对象的定义，它应该落在 Pod 所在节点的磁盘上，登录数据面节点就可以检查：

```
[K8S-DP ~]$cat /tmp/host-10m-pv/a.txt
aaa
```

可以看到，数据面节点的本地目录下确实有一个“a.txt”的文件，再对比时间就可以确认是刚才在 Pod 里生成的文件。

因为 Pod 产生的数据已经通过 PV 对象存储在了磁盘上，所以 Pod 删除后再重建，挂载存储卷时依然会使用这个目录、数据保持不变，也就实现了持久化存储。

不过还有一点小问题，因为这个 PV 对象是 HostPath 类型，只在本节点存储，如果 Pod 重建时被调度到了其他节点，那么即使加载了本地目录，也不会是之前的存储位置，持久化功能也就失效了。

所以，HostPath 类型的 PV 对象一般只能用来做测试，或者用于 DaemonSet 这样与节点关系比较密切的应用。

5.5.6　在 Pod 里使用静态网络存储

PersistentVolumeClaim 和 StorageClass 联合起来可以为 Pod 挂载一块虚拟盘，让 Pod 在其中任意读写数据。不过 HostPath 类型的存储卷只能在本机使用，而 Kubernetes 里的 Pod 经常会在集群里漂移，所以这种方式不够实用。

要想让存储卷真正能被 Pod 任意挂载就需要变更存储方式，不能限定在本地磁盘，而是要改成网络存储，这样 Pod 无论在哪里运行，只要知道 IP 地址或者域名，就可以通过网络通信访问存储卷。

网络存储是一个非常热门的应用领域，有很多知名产品（如 AWS、Azure、Ceph、SeaweedFS 等），Kubernetes 还专门定义了 CSI 规范。不过这些存储类型的安装、使用都比较复杂，在实验环境里部署的难度比较高。

因此本书选择了相对简单的 NFS（参考附录 D），以它为例讲解如何在 Kubernetes 里使用网络存储，以及静态存储卷和动态存储卷的概念。

首先手动分配一个存储卷，指定“storageClassName”是“nfs”，而“accessModes”可以设置为“ReadWriteMany”——这是由 NFS 的特性决定的，它支持多个节点同时访问一个共享目录。

因为这个存储卷是 NFS 类型，所以还需要在 YAML 文件里添加“nfs”字段，指定 NFS 服务器的 IP 地址和共享目录名。这里在 NFS 服务器的存储目录下创建了一个新目录“1g-pv”，表示分配了 1 GB 的可用存储空间，相应的，PV 里的“capacity”字段也要设置成同样的数值，即“1Gi”。

整理好这些字段后，就得到了使用 NFS 系统网络存储的 YAML 文件：

```
apiVersion: v1
kind: PersistentVolume
metadata:
  name: nfs-1g-pv

spec:
  storageClassName: nfs
  accessModes:
    - ReadWriteMany
  capacity:
    storage: 1Gi

  nfs:
    path: /tmp/nfs/1g-pv
    server: 192.168.26.208
```

现在可以运行命令“kubectl apply”创建 PV 对象，再运行“kubectl get pv”命令查看它的状态：

```
[K8S ~]$kubectl get pv
NAME        CAPACITY   ACCESS MODES   STATUS     STORAGECLASS
nfs-1g-pv    1Gi        RWX             Available    nfs
```

需要注意，“spec.nfs”的 IP 地址一定要正确，路径一定要存在（由管理员事先创建好），否则 Pod 按照 PV 对象的描述会无法挂载 NFS 共享目录，无法正常运行。

有了 PV 对象就可以定义申请存储资源的 PVC 对象，它和 PV 的 YAML 文件差不多，但不涉及 NFS 存储的细节，只需要用“resources.request”字段来表示希望要有多大的容量，这里写为 1 GB，和 PV 的容量相同：

```
apiVersion: v1
kind: PersistentVolumeClaim
metadata:
  name: nfs-static-pvc

spec:
  storageClassName: nfs
  accessModes:
    - ReadWriteMany

  resources:
    requests:
      storage: 1Gi
```

创建 PVC 对象之后，Kubernetes 会根据 PVC 对象的描述，找到最合适的 PV 对象，把它们绑定在一起，也就是分配存储资源成功：

```
[K8S ~]$kubectl get pv
NAME      CAPACITY   ACCESS MODES   STATUS   STORAGECLASS
nfs-1g-pv 1Gi    RWX          Bound    nfs

[K8S ~]$kubectl get pvc
NAME             STATUS   VOLUME      CAPACITY   STORAGECLASS
nfs-static-pvc    Bound   nfs-1g-pv   1Gi    nfs
```

下面再创建一个 Pod，把 PVC 对象挂载成一个存储卷，具体做法和 5.5.5 节一样，用“persistentVolumeClaim”指定 PVC 对象的名字：

```
apiVersion: v1
kind: Pod
metadata:
  name: nfs-static-pod

spec:
  volumes:
  - name: nfs-pvc-vol
    persistentVolumeClaim:
      claimName: nfs-static-pvc

  containers:
    - name: nfs-pvc-test
      image: nginx:alpine
      ports:
      - containerPort: 80

      volumeMounts:
        - name: nfs-pvc-vol
          mountPath: /tmp
```

Pod 和 PVC、PV、NFS 存储的关系如图 5-12 所示，读者可以对比一下 HostPath 类型的 PV 的用法，查看有哪些不同。

因为在 PV、PVC 里指定了“storageClassName”是“nfs”，节点上也安装了 NFS 客户端，所以 Kubernetes 会自动执行 NFS 挂载动作，把 NFS 的共享目录“/tmp/nfs/1g-pv”挂载到 Pod 的“/tmp”，完全不需要手动管理。

用“kubectl apply”创建 Pod 之后，用“kubectl exec”进入 Pod，再试着操作 NFS 共享目录测试一下：

```
[K8S ~]$kubectl exec -it nfs-static-pod -- sh
/ # echo '1234' > /tmp/n.txt
/ # exit
```

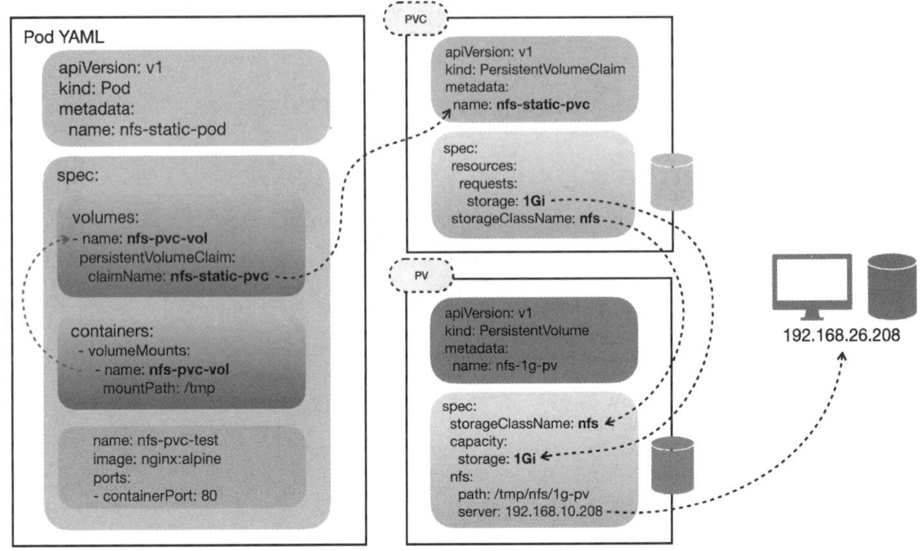

图 5-12　Pod 与 PV、PVC、NFS 的关系

退出 Pod，查看 NFS 服务器的“/tmp/nfs/1g-pv”目录，会发现 Pod 创建的文件确实写入了共享目录。而且，因为 NFS 是一个网络服务，不受 Pod 调度位置的影响，所以只要网络通畅，这个 PV 对象一直可用，也就真正实现了数据的持久化存储。

5.5.7　在 Pod 里使用动态网络存储

虽然有了 NFS 这样的网络存储系统，但 Kubernetes 里的数据持久化问题只能说是部分解决，还没有完全解决。

“部分解决”是因为集群里的 Pod 可以任意访问网络存储系统，Pod 销毁后数据仍然存在，新创建的 Pod 可以再次挂载，然后读取之前写入的数据，整个过程完全是自动化的。“没有完全解决”，是因为 PV 对象还是需要人工管理，必须由系统管理员手动维护各种存储设备，再根据应用需求逐个创建 PV 对象，而且 PV 对象的大小也很难精确控制，容易出现空间不足或者空间浪费的情况。

在本书的实验环境里，只有很少的 PV 对象需求，管理员可以很快分配存储卷，但在一个大集群里，每天可能会有几百、几千个应用需要 PV 对象，如果仍然手动管理、分配存储，管理员很可能会焦头烂额，导致管理、分配存储的工作大量积压。

Kubernetes 为此提出了动态存储卷的概念，它可以用 StorageClass 绑定一个 Provisioner 对象，而这个 Provisioner 对象就是一个能够自动管理存储、创建 PV 对象的应用，从而消除了原来系统管理员的手动工作，让创建 PV 对象的工作也实现了自动化。

目前，在 Kubernetes 里每类存储设备都有相应的 Provisioner 对象，对于 NFS 来说，它的 Provisioner 对象就是 NFS subdir external provisioner。

比起静态存储卷，动态存储卷的用法简单了很多。因为有了 Provisioner 对象，用户就不再需要手动定义 PV 对象了，只需要在 PVC 对象里指定 StorageClass 对象，再关联到 Provisioner 对象。

NFS 默认的 StorageClass 定义如下：

```
apiVersion: storage.k8s.io/v1
kind: StorageClass
metadata:
  name: nfs-client

provisioner: k8s-sigs.io/nfs-subdir-external-provisioner
parameters:
  archiveOnDelete: "false"
```

YAML 文件的一个关键字段是"provisioner"，指定了应该使用哪个 Provisioner 对象。另一个关键字段"parameters"是调节 Provisioner 运行的参数，需要参考文档来确定其具体值，这里"archiveOnDelete: "false""就是自动回收存储空间。①

理解了 StorageClass 的 YAML 文件之后，也可以不使用默认的 StorageClass，而是根据自己的需求定制具有不同存储特性的 StorageClass，例如添加字段"onDelete: "retain""暂时保留分配的存储，之后再手动删除：②

```
apiVersion: storage.k8s.io/v1
kind: StorageClass
metadata:
  name: nfs-client-retained

provisioner: k8s-sigs.io/nfs-subdir-external-provisioner
parameters:
  onDelete: "retain"
```

下面定义一个 PVC 对象，向系统申请 10 MB 的存储空间，使用的 StorageClass 是默认的"nfs-client"：

```
apiVersion: v1
kind: PersistentVolumeClaim
```

① NFS Provisioner 的名字其实是由它的 YAML 文件的环境变量"PROVISIONER_NAME"指定的，如果觉得名字太长也可以改名，但必须同步修改关联的 StorageClass。

② StorageClass 里的"OnDelete""archiveOnDelete"源自 PV 对象的存储回收策略，指定 PV 对象被销毁时数据是保留（Retain）还是删除（Delete）。

```
metadata:
  name: nfs-dyn-10m-pvc

spec:
  storageClassName: nfs-client
  accessModes:
    - ReadWriteMany

  resources:
    requests:
      storage: 10Mi
```

定义好 PVC 对象，在 Pod 里用“volumes”和“volumeMounts”挂载 PVC 对象，然后 Kubernetes 就会自动找到 NFS Provisioner，在 NFS 的共享目录上创建合适的 PV 对象：

```
apiVersion: v1
kind: Pod
metadata:
  name: nfs-dyn-pod

spec:
  volumes:
  - name: nfs-dyn-10m-vol
    persistentVolumeClaim:
      claimName: nfs-dyn-10m-pvc

  containers:
    - name: nfs-dyn-test
      image: nginx:alpine
      ports:
      - containerPort: 80

      volumeMounts:
        - name: nfs-dyn-10m-vol
          mountPath: /tmp
```

使用“kubectl apply”创建 PVC 和 Pod 之后，再查看集群里的 PV 和 PVC 的状态：

```
[K8S ~]$kubectl get pv
NAME       CAPACITY   ACCESS MODES    STATUS    STORAGECLASS
pvc-20a5    10Mi      RWX             Bound     nfs-client

[K8S ~]$kubectl get pvc
NAME              STATUS    VOLUME      CAPACITY    STORAGECLASS
nfs-dyn-10m-pvc   Bound     pvc-20a5    10Mi        nfs-client
```

可见，虽然没有直接定义 PV 对象，但 NFS Provisioner 会自动创建一个 PV 对象，大小刚好是 PVC 对象申请的 10 MB。

如果这个时候再去 NFS 服务器上查看共享目录，也会发现多出了一个目录，名字与这个自动创建的 PV 一样，但加上了名字空间和 PVC 的前缀。

Pod 与 PVC、StorageClass、Provisioner 的关系如图 5-13 所示，可以清楚地看出这些对象的关联关系，以及 Pod 是如何找到存储设备的。

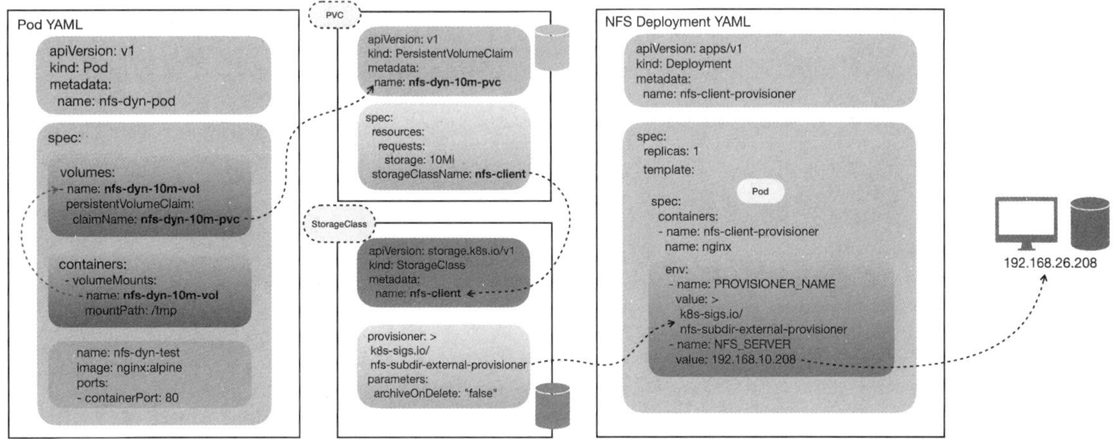

图 5-13 Pod 与 PVC、StorageClass、Provisioner、NFS 的关系

5.5.8 小结

本节介绍了 Kubernetes 持久化存储的解决方案，一共包含 3 个 API 对象，分别是 PersistentVolume、PersistentVolumeClaim、StorageClass。它们管理的是集群的存储资源，简单来说就是磁盘，Pod 必须通过它们才能够实现数据持久化。

本节的内容要点如下：

- PersistentVolume 简称 PV，是 Kubernetes 对存储设备的抽象，由系统管理员维护，需要清楚描述存储设备的类型、访问模式、容量等信息；
- PersistentVolumeClaim 简称 PVC，代表 Pod 向系统申请存储资源，它声明对存储资源的要求，Kubernetes 会查找最合适的 PV 然后绑定；
- StorageClass 抽象特定类型的存储系统，归类分组 PV 对象，用来简化 PV 和 PVC 的绑定过程；
- HostPath 是一种简单的 PV，数据存储在节点本地，速度快但不能跟随 Pod 迁移；
- 可以编写 PV 手动定义 NFS 静态存储卷，要指定 NFS 服务器的 IP 地址和共享目录名；
- 使用 NFS 动态存储卷必须部署相应的 Provisioner，在 YAML 文件里正确配置 NFS 服务器；

- 动态存储卷不需要手动定义 PV，而是要定义 StorageClass，由关联的 Provisioner 自动创建 PV 并完成绑定。

5.6 有状态的应用 StatefulSet

Deployment 和 DaemonSet 两种 API 对象是在 Kubernetes 集群里部署应用的重要工具，不过它们有一个缺点：只能管理无状态的应用（Stateless Application），不能管理有状态的应用（Stateful Application）。

有状态的应用的处理比较复杂，要考虑很多问题，但是这些问题其实可以通过组合 Deployment、Service、PersistentVolume 等对象来解决。

本节就来讲解有状态的应用，并介绍 Kubernetes 的新对象——StatefulSet。①

5.6.1 什么是有状态的应用

先从 PersistentVolume 谈起，它使 Kubernetes 具有了持久化存储的功能，能够让应用把数据存放在本地或者远程的磁盘上。

有了持久化存储，应用就可以把一些运行时的关键数据落盘，如果 Pod 发生意外崩溃，也只不过像是按下暂停键，等重启后挂载 Volume，再加载原数据就能够恢复之前的“状态”继续运行。这里有一个关键词——“状态”，应用保存的数据，实际上就是它某个时刻的运行状态。

从这个角度来说，理论上任何应用都是有状态的。

只是有的应用的状态信息不是很重要，即使不恢复状态也能够正常运行，这就是常说的无状态的应用。无状态的应用典型的例子就是 Nginx 这样的 Web 服务器，它只处理 HTTP 请求，本身不生产数据（日志除外），不需要特意保存状态，无论以什么状态重启都能很好地对外提供服务。

但还有一些应用的运行状态信息很重要，如果因为重启丢失了状态是绝对无法接受的，这样的应用就是有状态的应用。

有状态的应用的例子有很多，例如 Redis、MySQL 这样的数据库，它们的状态就是在内存或者磁盘上产生的数据，是应用的核心价值所在，如果不能够把这些数据及时保存再恢复，那会是灾难性的后果。

理解了这一点，可以结合目前学到的知识思考一下：Deployment 加上 PersistentVolume，

① StatefulSet 在早期曾经被命名为 PetSet，意思是应用需要像宠物一样精心照顾；相应地，被 Deployment、DaemonSet 管理的应用就是 Cattle。

在 Kubernetes 里是不是可以轻松管理有状态的应用了呢？

的确，用 Deployment 来保证高可用，用 PersistentVolume 来存储数据，确实可以部分达到管理有状态的应用的目的（读者可以自己试着编写这样的 YAML 文件）。

但是 Kubernetes 认为"状态"不仅仅是数据持久化，在集群化、分布式的场景里，还有多实例的依赖关系、启动顺序和网络标识等问题需要解决，而这些问题恰恰是 Deployment 力所不及的。

只使用 Deployment，多个实例之间是无关的，启动的顺序不固定，Pod 的名字、IP 地址、域名也完全是随机的，这正是无状态的应用的特点。

但对于有状态的应用，多个实例之间还可能存在某种依赖关系，例如 master 和 slave、active 和 passive，需要依次启动才能保证应用正常运行，外界的客户端也可能要使用固定的网络标识来访问实例，而且还必须保证这些信息在 Pod 重启后不变。

所以，Kubernetes 在 Deployment 的基础上定义了一个新的 API 对象 StatefulSet，专门用来管理有状态的应用。

5.6.2 用 YAML 描述 StatefulSet

用"kubectl api-resources"查看 StatefulSet 的基本信息，可以知道它的简称是"sts"，YAML 文件头信息如下：

```
apiVersion: apps/v1
kind: StatefulSet
metadata:
  name: xxx-sts
```

和 DaemonSet 对象类似，StatefulSet 也可以看作 Deployment 的一个特例，也不能直接用"kubectl create"创建 YAML 模板文件，但它的对象描述和 Deployment 差不多，适当修改 Deployment 的 YAML 文件 Deployment 对象就变成了 StatefulSet 对象。

下面是一个使用 Redis 的 StatefulSet 的 YAML 文件：

```
apiVersion: apps/v1
kind: StatefulSet
metadata:
  name: redis-sts

spec:
  serviceName: redis-svc
  replicas: 2
```

```
  selector:
    matchLabels:
      app: redis-sts

  template:
    metadata:
      labels:
        app: redis-sts
    spec:
      containers:
      - image: redis:7-alpine
        name: redis
        ports:
        - containerPort: 6379
```

可以看到，除了“kind”必须是“StatefulSet”，在“spec”里还多出了一个“serviceName”字段，其他组成部分和 Deployment 的 YAML 文件是一样的，如“replicas”“selector”“template”等。

“kind”和“spec”字段的不同之处就是 StatefulSet 与 Deployment 的关键区别。

5.6.3 用 kubectl 操作 StatefulSet

用“kubectl apply”创建 StatefulSet 对象，再用“kubectl get”查看它的信息：

```
[K8S ~]$kubectl get sts
NAME        READY   AGE
redis-sts   2/2     23s

[K8S ~]$kubectl get pod
NAME          READY   STATUS    RESTARTS       AGE
redis-sts-0   1/1     Running   0              26s
redis-sts-1   1/1     Running   0              25s
```

StatefulSet 管理的 Pod 不再是随机的名字了，而是有了顺序编号（从 0 开始），分别被命名为“redis-sts-0”“redis-sts-1”，Kubernetes 也会按照这个顺序依次创建 Pod（0 号比 1 号 Pod 的 AGE 要长一点），这就解决了有状态的应用的第一个问题：启动顺序。

有了启动顺序，应用还需要确定互相的依赖关系。Kubernetes 给出的方法是使用 hostname，也就是每个 Pod 的主机名，用“kubectl exec”登录 Pod：

```
[K8S ~]$kubectl exec -it redis-sts-0 -- sh

/data # echo $HOSTNAME
redis-sts-0
```

```
/data # hostname
redis-sts-0
```

在 Pod 里查看环境变量“$HOSTNAME”或者是执行命令“hostname”，都可以得到这个 Pod 的名字“redis-sts-0”。有了唯一的名字，应用就可以自行决定依赖关系了，例如在这个 Redis 例子里，可以让先启动的 0 号 Pod 是主实例，后启动的 1 号 Pod 是从实例。

解决了启动顺序和依赖关系的问题，还剩下第三个问题：网络标识，这需要用到 Service 对象。

不过我们不能运行命令“kubectl expose”直接为 StatefulSet 生成 Service，只能手动编写 YAML 文件。在写 Service 对象的时候要注意，“metadata.name”必须和 StatefulSet 里的“serviceName”相同，“selector”里的标签也必须和 StatefulSet 里的一致：

```
apiVersion: v1
kind: Service
metadata:
  name: redis-svc

spec:
  selector:
    app: redis-sts

  ports:
  - port: 6379
    protocol: TCP
    targetPort: 6379
```

创建 Service 对象后再查看它的信息：

```
[K8S ~]$kubectl describe svc redis-svc
Name:              redis-svc
Namespace:          default
Selector:           app=redis-sts
Type:              ClusterIP
IP Family Policy:   SingleStack
IP Families:        IPv4
Port:               <unset>  6379/TCP
TargetPort:         6379/TCP
Endpoints:          10.10.0.16:6379,10.10.1.25:6379
```

可以看到，这个 Service 并没有什么特殊的地方，也是用标签选择器“app=redis-sts”找到 StatefulSet 管理的两个 Pod，然后找到它们的 IP 地址。

不过，StatefulSet 的奥秘就在它的域名上。

5.3 节介绍过 Service 的域名用法：Service 自己会有一个域名，格式是“对象名.名字空间”；每个 Pod 也会有一个域名，形式是“IP 地址.名字空间”。但因为 IP 地址不稳定，所以 Pod 的域名并不实用，一般会使用稳定的 Service 域名。

当 Service 对象应用于 StatefulSet 的时候，情况就不同了。Service 发现这些 Pod 不是一般的应用，而是有状态的应用，需要有稳定的网络标识，所以就会为 Pod 再多创建一个新域名，格式是“Pod 名.Service 名.名字空间.svc.cluster.local”。当然，这个域名可以简写成“Pod 名.Service 名”。

用“kubectl exec”进入 Pod 内部，用 ping 命令来验证：

```
[K8S ~]$kubectl exec -it redis-sts-0 -- sh

/data # ping redis-sts-0.redis-svc
PING redis-sts-0.redis-svc (10.10.1.25): 56 data bytes
64 bytes from 10.10.1.25: seq=0 ttl=64 time=0.107 ms
--- redis-sts-0.redis-svc ping statistics ---
2 packets transmitted, 2 packets received, 0% packet loss

/data # ping redis-sts-1.redis-svc
PING redis-sts-1.redis-svc (10.10.0.16): 56 data bytes
64 bytes from 10.10.0.16: seq=0 ttl=62 time=0.963 ms
--- redis-sts-1.redis-svc ping statistics ---
3 packets transmitted, 3 packets received, 0% packet loss
```

显然，在 StatefulSet 里的这两个 Pod 有了各自的域名，也就是稳定的网络标识。接下来，外部的客户端只要知道了 StatefulSet 对象，就可以用固定的编号去访问某个具体的实例了。虽然 Pod 的 IP 地址可能会变，但这个有编号的域名由 Service 对象维护，是稳定不变的。

到这里，通过结合使用 StatefulSet 和 Service，Kubernetes 解决了有状态的应用的依赖关系、启动顺序和网络标识这 3 个问题，剩下的多实例之间内部沟通、协调等事情就需要应用自己去处理了。

关于 Service 对象，有一点值得再讲解下。

Service 的初衷是负载均衡，应该由它在 Pod 前面转发流量，但是对 StatefulSet 来说，这项功能反而是不必要的，因为 Pod 已经有了稳定的域名，外界访问服务就不应该再通过 Service 这一层了。所以，从安全和节约系统资源的角度考虑，可以在 Service 里添加一个字段“clusterIP: None”，告诉 Kubernetes 不必再为这个对象分配 IP 地址。①

图 5-14 展示了 StatefulSet 与 Service 对象的关系，可以再理解一下这些字段之间的互相引用。

① 使用了“clusterIP: None”后，Service 对象就没有了集群 IP 地址，也被形象地称为“Headless Service”。

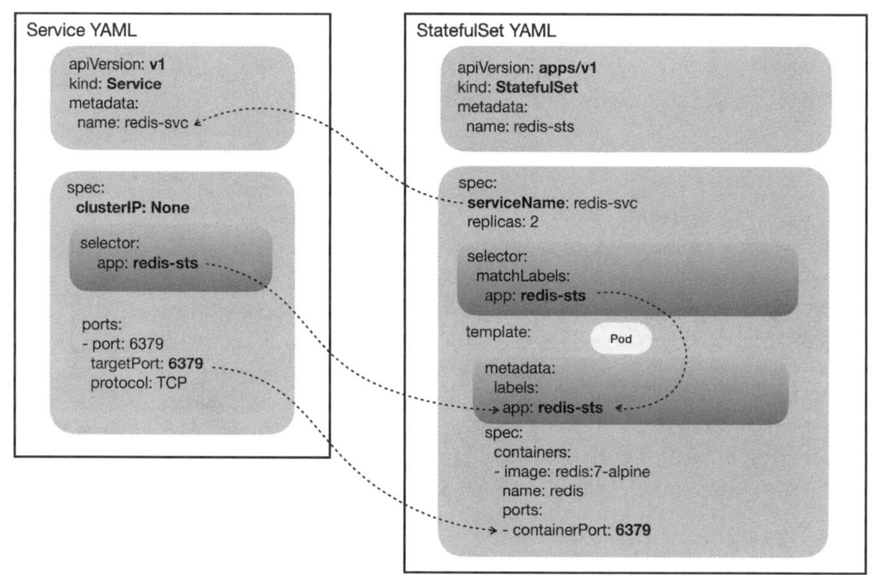

图 5-14 StatefulSet 与 Service 的关系

5.6.4 StatefulSet 的数据持久化

现在 StatefulSet 已经有了固定的名字、启动顺序和网络标识，只要再给它加上数据持久化功能，就可以实现对有状态的应用的管理了。

这里要用到 5.5 节介绍的 PersistentVolume 和 NFS 的知识，可以直接定义 StorageClass，然后编写 PVC，再给 Pod 挂载存储卷。

不过，为了强调持久化存储与 StatefulSet 的一对一绑定关系，Kubernetes 为 StatefulSet 专门定义了一个字段“volumeClaimTemplates”，直接把 PVC 定义嵌入 StatefulSet 的 YAML 文件。这样在保证创建 StatefulSet 的同时，会为每个 Pod 自动创建 PVC，让 StatefulSet 的可用性更高。

“volumeClaimTemplates”这个字段好像有点难以理解，其实可以把它和 Pod 的“template”、Job 的“jobTemplate”对比起来理解，它也是一个嵌套的对象组合结构，里面就是应用了 StorageClass 的普通 PVC 而已。

下面把 Redis StatefulSet 对象稍微改造一下，加上持久化存储功能：

```
apiVersion: apps/v1
kind: StatefulSet
metadata:
```

```
    name: redis-pv-sts

  spec:
    serviceName: redis-pv-svc

    volumeClaimTemplates:
    - metadata:
        name: redis-100m-pvc
    spec:
      storageClassName: nfs-client
      accessModes:
        - ReadWriteMany
      resources:
        requests:
          storage: 100Mi

    replicas: 2
    selector:
      matchLabels:
        app: redis-pv-sts

    template:
      metadata:
        labels:
          app: redis-pv-sts
      spec:
        containers:
        - image: redis:7-alpine
          name: redis
          ports:
          - containerPort: 6379

          volumeMounts:
          - name: redis-100m-pvc
            mountPath: /data
```

这个 YAML 文件内容比较多，可以按功能模块逐个去看。

StatefulSet 对象的名字是“redis-pv-sts”，表示它使用了 PV 对象。“volumeClaimTemplates”里定义了一个 PVC 对象，名字是“redis-100m-pvc”，申请了 100 MB 的 NFS 存储。在 Pod 模板里用“volumeMounts”引用了这个 PVC 对象，把网盘挂载到了“/data”目录，也就是 Redis 的数据目录。

图 5-15 所示为这个 StatefulSet 对象完整的关系图。

使用“kubectl apply”创建这些对象，一个带持久化功能的有状态的应用就运行起来了，再使用“kubectl get pvc”查看 StatefulSet 关联的存储卷状态：

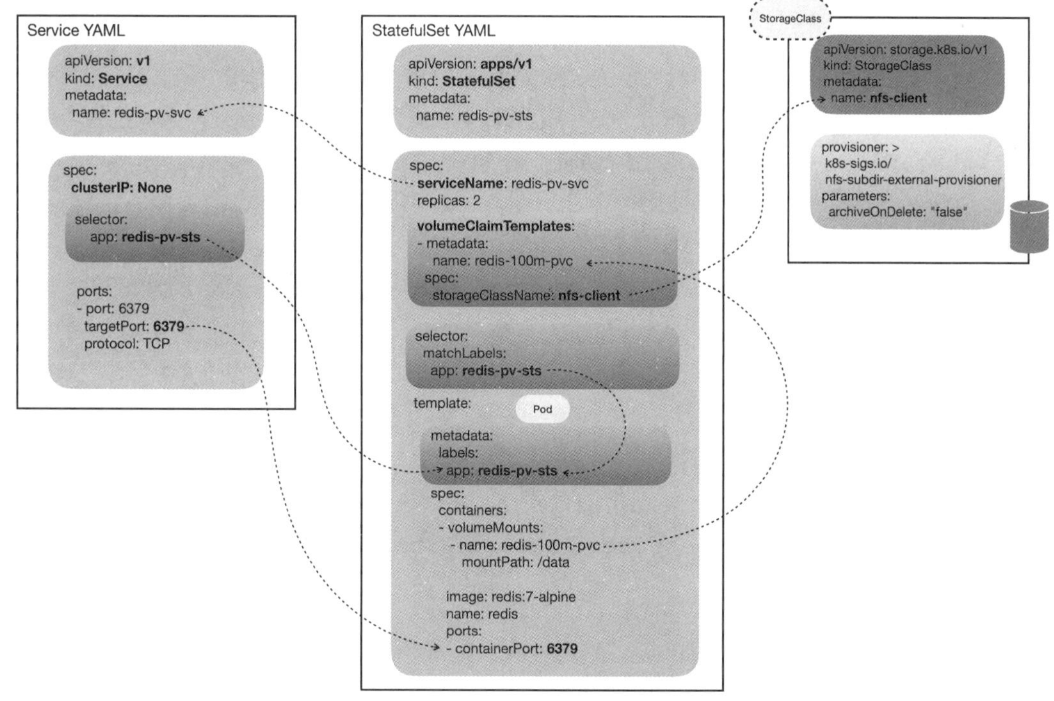

图 5-15　StatefulSet 与 Service、StorageClass 的关系

```
[K8S ~]$kubectl get pvc
NAME                              STATUS    VOLUME        CAPACITY
redis-100m-pvc-redis-pv-sts-0     Bound     pvc-...77720    100Mi
redis-100m-pvc-redis-pv-sts-1     Bound     pvc-...bbbbc    100Mi
```

这两个 PVC 的命名不是随机的，是由 PVC 名字加上 StatefulSet 的名字组合而成，即使 Pod 被销毁，因为它的名字不变，重建后还能够找到这个 PVC，再次绑定使用之前存储的数据。

而因为 Pod 把 NFS 网络存储挂载到了 Pod 的“/data”目录，Redis 会定期把数据落盘保存，所以新创建的 Pod 再次挂载目录时会从备份文件里读取数据，内存里的数据就恢复了。

5.6.5　小结

本节介绍了专门部署有状态的应用的 API 对象 StatefulSet，它与 Deployment 非常相似，区别是由它管理的 Pod 会有固定的名字、启动顺序和网络标识，这些特性对于在集群里实施有主从、主备等关系的应用非常重要。①

① 有状态的应用管理难度很高，即使定义了 StatefulSet 还是有很多问题要解决，所以后来又提出了 Operator 概念，它类似 Kubernetes 里的批处理脚本。

本节的内容要点如下：

- StatefulSet 的 YAML 描述比 Deployment 的多了一个关键字段“serviceName”；
- 要为 StatefulSet 里的 Pod 生成稳定的域名，需要定义 Service 对象，它的名字必须和 StatefulSet 的“serviceName”一致；
- 访问 StatefulSet 应该使用每个 Pod 的单独域名，形式是“Pod 名.服务名”，不应该使用 Service 的负载均衡功能；
- 在 StatefulSet 里可以用字段“volumeClaimTemplates”直接定义 PVC，让 Pod 实现数据持久化存储。

5.7 实战演练

本节会首先梳理本章的 Kubernetes 知识要点，然后进行实战演示：不用 Docker、也不用裸 Pod，而是用 Deployment、Service、Ingress、StatefulSet 等对象搭建 WordPress 网站。

5.7.1 要点回顾

Kubernetes 是云原生时代的操作系统，能够管理大量节点构成的集群，让计算资源“池化”，从而能够自动地调度运维各种形式的应用。

Deployment 是用来管理 Pod 的一种对象，它代表了运维工作中常见的一类在线业务，可以很容易地增加或者减少在集群中部署应用的多个实例的数量，从容应对流量压力。

Deployment 的定义里有两个关键字段：一个是“replicas”，指定了实例的数量；另一个是“selector”，它的作用是使用标签筛选出被 Deployment 管理的 Pod，这是一种非常灵活的关联机制，实现了 API 对象之间的松耦合。

DaemonSet 是另一种部署在线业务的方式，它和 Deployment 类似，但会在集群里的每个节点上运行一个 Pod 实例，类似 Linux 系统里的守护进程，适用于日志、监控等类型的应用。

DaemonSet 能够任意部署 Pod 的关键概念是污点和容忍度。节点上会有各种污点，而 Pod 可以使用容忍度来忽略污点，配合使用这两个概念就可以调整 Pod 在集群里的部署策略。

由 Deployment 和 DaemonSet 部署的 Pod 在集群中处于动态平衡的状态，总数量保持恒定、但也有临时销毁重建的可能，所以 IP 地址是变化的，这就为微服务等应用架构带来了麻烦。

Service 是对 Pod IP 地址的抽象，它拥有一个固定的 IP 地址，再使用 iptables 规则把流量负载均衡到后面的 Pod，节点上的 kube-proxy 组件会实时维护被代理的 Pod 状态，保证

Service 只会转发给健康的 Pod。

Service 还基于 DNS 插件支持域名，所以客户端不再需要关心 Pod 的具体情况，只要通过 Service 这个稳定的中间层，就能够访问 Pod 提供的服务。

Service 是四层的负载均衡，但现在绝大多数应用遵循的都是 HTTP、HTTPS 协议，要实现七层的负载均衡就要使用 Ingress 等对象。

- Ingress 定义了基于 HTTP 协议的路由规则，但要让规则生效，还需要 Ingress Controller 和 Ingress Class 的配合。
- Ingress Controller 是真正的集群入口，应用 Ingress 规则调度、分发流量。此外，它还能够扮演反向代理的角色，具有安全防护、TLS 卸载等功能。
- Ingress Class 是用来管理 Ingress 和 Ingress Controller 的对象，方便分组路由规则，降低维护成本。

不过 Ingress Controller 本身也是一个 Pod，要把服务暴露到集群外部还是要依靠 Service。Service 支持 NodePort、LoadBalancer 等类型的负载均衡，但 NodePort 的端口范围有限，LoadBalancer 又依赖于云服务厂商，都不够灵活。[①]

PersistentVolume 简称 PV，是 Kubernetes 对持久化存储的抽象，代表了 Local Disk、NFS、Ceph 等存储设备，和 CPU、内存一样，属于集群的公共资源。

不同存储设备之间的差异很大，为了更好地描述 PV 特征，就出现了 StorageClass，它的作用是分类存储设备，让集群用户可以更容易地选择 PV 对象。

PV 一般由系统管理员创建，如果要使用 PV 就要用 PersistentVolumeClaim（简称 PVC）去申请，Kubernetes 会根据列出的需求容量、访问模式等参数，查找最合适的 PV。

手动创建 PV 的工作量很大，麻烦且容易出错，所以有了动态存储卷的概念，即在 StorageClass 里绑定一个 Provisioner 对象，由它代替人工，根据 PVC 自动创建出符合要求的 PV。

有了 PV 和 PVC 就可以在 Pod 里用“persistentVolumeClaim”来引用 PVC，创建出可供容器使用的存储卷，然后在容器里用“volumeMounts”把它挂载到某个路径上，这样容器就可以读写 PV，实现数据的持久化存储了。

持久化存储的一个重要应用领域是保存应用的状态数据，StatefulSet 是管理有状态的应用的对象，可以认为它是管理无状态的应用对象 Deployment 的一个特例。

---

① 折中办法是用少量 NodePort 暴露 Ingress Controller，用 Ingress 路由到内部服务，外部再用反向代理或者 LoadBalancer 把流量引进来。

StatefulSet 对象的 YAML 描述和 Deployment 非常像，只是“spec”多了一个“serviceName”字段，但它部署应用的方式却与 Deployment 差别很大。

Deployment 创建的 Pod 是随机的名字，而 StatefulSet 会对 Pod 按顺序编号、创建，保证应用有一个确定的启动次序，以实现主从、主备等关系。

在使用 Service 为 StatefulSet 创建服务的时候，它也会为每个 Pod 单独创建域名，同样是顺序编号，保证 Pod 有稳定的网络标识，外部用户可以用这个域名来准确地访问某个具体的 Pod。

StatefulSet 还使用“volumeClaimTemplates”字段定义持久化存储，里面其实就是一个 PVC，每个 Pod 都可以用这个模板生成自己的 PVC 去申请 PV，实现存储卷与 Pod 的独立绑定。

通过启动顺序、稳定域名和存储模板这 3 个关键能力，StatefulSet 可以很好地处理 Redis、MariaDB 等有状态的应用。

5.7.2　使用 Deployment 搭建 WordPress 网站

下面使用 Deployment、Service、Ingress 等对象搭建 WordPress 网站，通过实践加深对本章知识点的理解，WordPress 网站架构如图 5-16 所示。

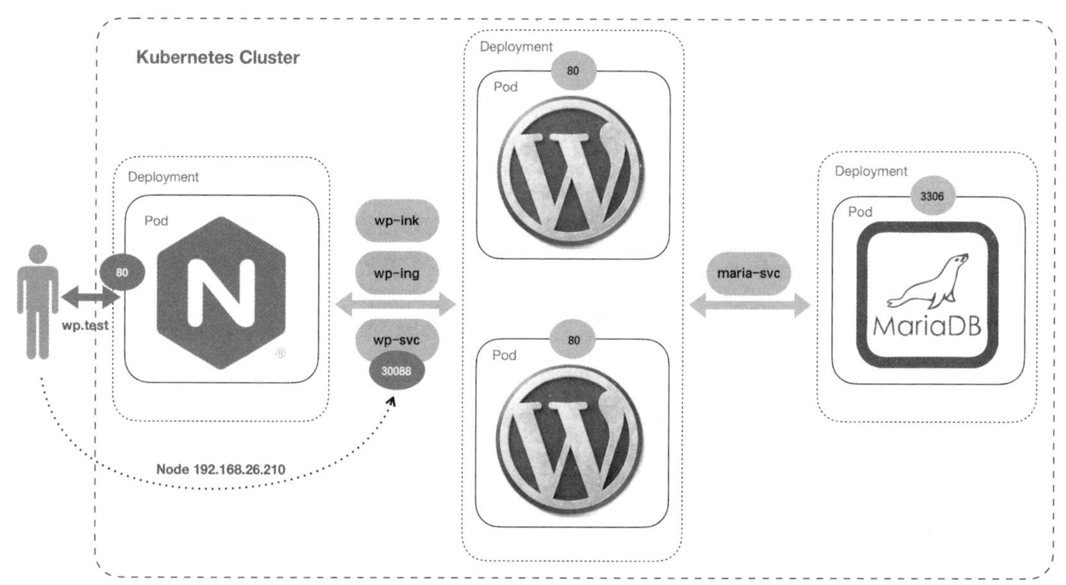

图 5-16　WordPress 网站架构（使用 Deployment、Service 和 Ingress 搭建）

这次的部署形式与第 2 章、第 4 章相比有一些差别，最重要的区别是已经完全舍弃了 Docker，所有的应用都在 Kubernetes 集群里运行，部署方式也不再使用 Pod，而是使用 Deployment，大幅提升了网站的稳定性。

在第 2 章和第 4 章部署的 WordPress 网站中，Nginx 的作用是反向代理，在 Kubernetes 里它升级成了具有相同功能的 Ingress Controller；WordPress 原来只有一个实例，现在变成了两个实例（也可以任意横向扩容），提高了可用性；而 MariaDB 因为要保证数据的一致性，暂时还是一个实例。

另外，Kubernetes 内置了服务发现机制 Service，我们无需再手动查看 Pod 的 IP 地址了，只要为它们定义 Service 对象，然后使用域名就可以访问 MariaDB 和 WordPress 这些服务。

网站对外提供服务使用了两种方式。一种方式是让 WordPress 的 Service 对象以 NodePort 的方式直接对外暴露端口 30088，以方便测试；另一种方式是给 Nginx Ingress Controller 添加“hostNetwork”属性，直接使用节点上的端口号，类似 Docker 的 host 网络模式，可以解决 NodePort 的端口范围有限的问题。

下面就按照这个基本架构来逐步搭建新版本的 WordPress 网站。

（1）为 WordPress 网站部署 MariaDB。

部署 MariaDB 的步骤和 4.6 节差不多。先用 ConfigMap 定义数据库的环境变量，包“DATABASE”“USER”“PASSWORD”“ROOT_PASSWORD”：

```
apiVersion: v1
kind: ConfigMap
metadata:
  name: maria-cm

data:
  DATABASE: 'db'
  USER: 'wp'
  PASSWORD: '123'
  ROOT_PASSWORD: '123'
```

然后把 MariaDB 的部署方式由 Pod 改成 Deployment，将“replicas”设置为 1，“template”里的 Pod 部分没有任何变化，还是要用“envFrom”把配置信息以环境变量的形式注入 Pod，相当于给 Pod 套了一个 Deployment 的“外壳”：

```
apiVersion: apps/v1
kind: Deployment
metadata:
  name: maria-dep

spec:
  replicas: 1
```

```
  selector:
    matchLabels:
      app: maria-dep

  template:
    metadata:
      labels:
        app: maria-dep
    spec:
      containers:
      - image: mariadb:10
        name: mariadb
        ports:
        - containerPort: 3306

        envFrom:
        - prefix: 'MARIADB_'
          configMapRef:
            name: maria-cm
```

最后为 MariaDB 定义一个 Service 对象，映射端口 3306。这样其他应用无需再关心 IP 地址，可以直接用 Service 对象的名字来访问数据库服务：

```
apiVersion: v1
kind: Service
metadata:
  name: maria-svc

spec:
  ports:
  - port: 3306
    protocol: TCP
    targetPort: 3306
  selector:
    app: maria-dep
```

因为 ConfigMap、Deployment 和 Service 这 3 个对象都是数据库相关的，所以可以在一个 YAML 文件里定义，对象之间用“---”分开，这样可以使用“kubectl apply”命令一次性创建好。

执行“kubectl apply”命令后，可以用“kubectl get”查看对象是否创建成功，是否运行正常：

```
[K8S ~]$kubectl apply -f wp-maria.yml
configmap/maria-cm created
deployment.apps/maria-dep created
service/maria-svc created
```

```
[K8S ~]$kubectl get deploy
NAME        READY   UP-TO-DATE   AVAILABLE
maria-dep   1/1     1            1

[K8S ~]$kubectl get pod
NAME                         READY   STATUS
maria-dep-5579bfd5b-864rr    1/1     Running

[K8S ~]$kubectl get svc -o wide
NAME         TYPE        CLUSTER-IP      EXTERNAL-IP    PORT(S)
maria-svc    ClusterIP   10.101.60.32    <none>         3306/TCP
```

（2）为 WordPress 网站部署 WordPress 应用。

因为已经创建了 MariaDB 的 Service 对象，所以在写 ConfigMap 配置的时候“HOST”就不应该是 IP 地址了，而应该是 DNS 域名，也就是 Service 的名字“maria-svc”，这点需要特别注意：

```
apiVersion: v1
kind: ConfigMap
metadata:
  name: wp-cm

data:
  HOST: 'maria-svc'
  USER: 'wp'
  PASSWORD: '123'
  NAME: 'db'
```

WordPress 的 Deployment 的 YAML 文件和 MariaDB 是一样的，给 Pod 套一个 Deployment 的“外壳”，并将“replicas”设置为 2，用字段“envFrom”配置环境变量：

```
apiVersion: apps/v1
kind: Deployment
metadata:
  name: wp-dep

spec:
  replicas: 2
  selector:
    matchLabels:
      app: wp-dep

  template:
    metadata:
      labels:
        app: wp-dep
    spec:
```

```
      containers:
      - image: wordpress:6
        name: wordpress
        ports:
        - containerPort: 80

        envFrom:
        - prefix: 'WORDPRESS_DB_'
          configMapRef:
            name: wp-cm
```

然后为 WordPress 创建 Service 对象，这里使用的是“NodePort”类型，并且手动指定了端口号 30088（端口号的范围必须为 30000～32767）：

```
apiVersion: v1
kind: Service
metadata:
  name: wp-svc

spec:
  ports:
  - name: http80
    port: 80
    protocol: TCP
    targetPort: 80
    nodePort: 30088

  selector:
    app: wp-dep
  type: NodePort
```

用“kubectl apply”部署 WordPress，并用“kubectl get”查看这些对象的状态：

```
[K8S ~]$kubectl apply -f wp-dep.yml
configmap/wp-cm created
deployment.apps/wp-dep created
service/wp-svc created

[K8S ~]$kubectl get deploy
NAME        READY   UP-TO-DATE   AVAILABLE
maria-dep    1/1    1            1
wp-dep       2/2    2            2

[K8S ~]$kubectl get pod
NAME                        READY   STATUS
maria-dep-5579bfd5b-864rr    1/1     Running
wp-dep-58c4cfb787-d9qtx      1/1     Running
wp-dep-58c4cfb787-p6x4f      1/1     Running
```

```
[K8S ~]$kubectl get svc -o wide
NAME         TYPE        CLUSTER-IP      EXTERNAL-IP   PORT(S)
maria-svc    ClusterIP    10.101.60.32    <none>         3306/TCP
wp-svc       NodePort     10.102.63.113   <none>         80:30088/TCP
```

WordPress 的 Service 对象是 NodePort 类型的，可以在集群的每个节点上访问 WordPress 服务。

例如一个节点的 IP 地址是“192.168.26.210”，那么在浏览器的地址栏里输入“http://192.168.26.210:30088”（“30088”是在 Service 里指定的节点端口号），就能够看到 WordPress 的安装界面。

（3）为 WordPress 网站部署 Nginx Ingress Controller。

现在 MariaDB、WordPress 应用已经部署成功了，第三步就是部署 Ingress Controller，这里使用的是 5.4.6 节介绍的 Nginx Ingress Controller。

首先定义 Ingress Class，并将名字定义为“wp-ink”：

```
apiVersion: networking.k8s.io/v1
kind: IngressClass
metadata:
  name: wp-ink

spec:
  controller: nginx.org/ingress-controller
```

然后运行“kubectl create”命令生成 Ingress 的 YAML 模板文件，指定域名为“wp.test”，后端 Service 是“wp-svc:80”，Ingress Class 的名字就是刚定义的“wp-ink”：

```
kubectl create ing wp-ing \
      --rule="wp.test/=wp-svc:80" --class=wp-ink $out
```

得到如下 Ingress YAML，注意路径类型用的还是前缀匹配“Prefix”：

```
apiVersion: networking.k8s.io/v1
kind: Ingress
metadata:
  name: wp-ing

spec:
  ingressClassName: wp-ink

  rules:
  - host: wp.test
    http:
      paths:
```

```
      - path: /
        pathType: Prefix
        backend:
          service:
            name: wp-svc
            port:
              number: 80
```

接下来部署关键的 Ingress Controller 对象，仍然可以从示例 YAML 修改而来，需要修改名字、标签，以及参数里的 Ingress Class。

这个 Ingress Controller 不使用 Service，而是给它的 Pod 加上一个特殊字段“hostNetwork”，让 Pod 能够使用宿主机的网络，相当于另一种形式的 NodePort：①

```
apiVersion: apps/v1
kind: Deployment
metadata:
  name: wp-kic-dep
  namespace: nginx-ingress

spec:
  replicas: 1
  selector:
    matchLabels:
      app: wp-kic-dep

  template:
    metadata:
      labels:
        app: wp-kic-dep

    spec:
      serviceAccountName: nginx-ingress

      # use host network
      hostNetwork: true

      containers:
      ...
```

准备好 Ingress 资源后创建这些对象，并查看它们的状态：

```
[K8S ~]$kubectl apply -f wp-ing.yml -f wp-kic.yml
ingressclass.networking.k8s.io/wp-ink created
ingress.networking.k8s.io/wp-ing created
```

---

① 与“hostNetwork”相关的另一个字段是“dnsPolicy”，把它设置成“ClusterFirstWithHostNet”，这样 Pod 既能够使用宿主机的网络，又能够使用集群的 DNS 域名服务。

```
deployment.apps/wp-kic-dep created
service/wp-kic-svc created

[K8S ~]$kubectl get ing
NAME      CLASS     HOSTS       ADDRESS    PORTS
wp-ing    wp-ink    wp.test                80

[K8S ~]$kubectl get pod -n nginx-ingress
NAME                          READY   STATUS
wp-kic-dep-67cf48fbd7-8qptr    1/1     Running
```

现在所有的应用都已经部署完毕，可以在集群外访问网站来验证结果。

要注意，Ingress 使用的是 HTTP 路由规则，用 IP 地址访问是无效的，所以在集群外的主机上必须能够识别 Ingress 定义的“wp.test”域名，也就是说要把域名“wp.test”解析到 Ingress Controller 所在的节点上。①

有了域名解析，在浏览器里就不必使用 IP 地址，直接用域名“wp.test”走 Ingress Controller 就能访问 WordPress 网站了。

5.7.3 使用 StatefulSet 优化 WordPress 网站的设计

本节在 5.7.2 节的基础上优化 WordPress 网站的设计，关键是让数据库 MariaDB 实现数据持久化。网站的整体架构如图 5-17 所示，Nginx、WordPress 部分保持不变，只需要修改 MariaDB 实例。

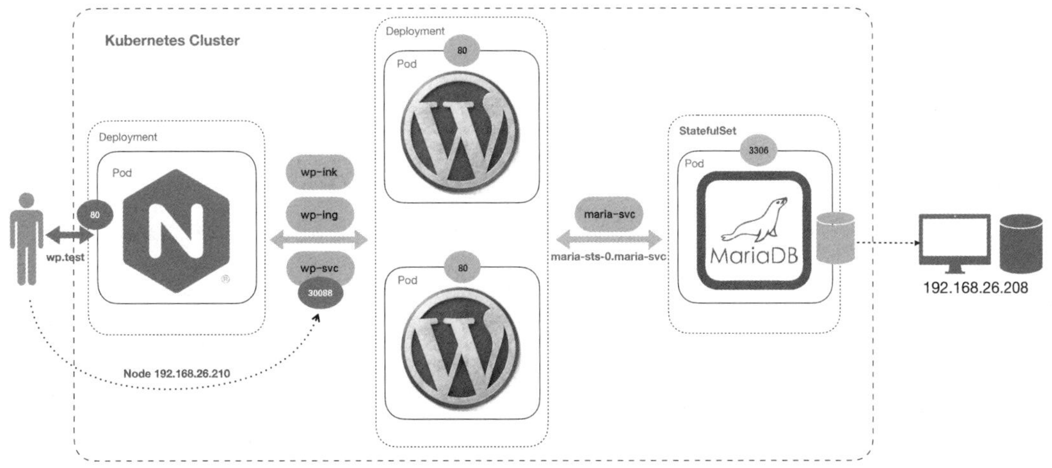

图 5-17 WordPress 网站架构（使用 StatefulSet、Service 和 Ingress 搭建）

① 在 macOS 上需要修改“/etc/hosts”，在 Windows 上需要修改“C:\Windows\System32\Drivers\etc\hosts”，并添加一行类似“192.168.26.210 wp.test”的解析规则。

因为 MariaDB 实例的部署方式由 Deployment 改成了 StatefulSet，所以要修改 YAML 文件，添加“serviceName”“volumeClaimTemplates”两个字段，定义网络标识和 NFS 动态存储卷，然后在容器部分用“volumeMounts”挂载到容器里的数据目录“/var/lib/mysql”。

修改后的 YAML 文件如下：

```
apiVersion: apps/v1
kind: StatefulSet
metadata:
  labels:
    app: maria-sts
  name: maria-sts

spec:
  # headless svc
  serviceName: maria-svc

  # pvc
  volumeClaimTemplates:
  - metadata:
      name: maria-100m-pvc
    spec:
      storageClassName: nfs-client
      accessModes:
        - ReadWriteMany
      resources:
        requests:
          storage: 100Mi

  replicas: 1
  selector:
    matchLabels:
      app: maria-sts

  template:
    metadata:
      labels:
        app: maria-sts
    spec:
      containers:
      - image: mariadb:10
        name: mariadb
        imagePullPolicy: IfNotPresent
        ports:
        - containerPort: 3306

        envFrom:
        - prefix: 'MARIADB_'
```

```
          configMapRef:
            name: maria-cm

        volumeMounts:
        - name: maria-100m-pvc
          mountPath: /var/lib/mysql
```

StatefulSet 管理的每个 Pod 都有自己的域名，所以还要把 WordPress 的环境变量改成 MariaDB 的新名字，也就是“maria-sts-0.maria-svc”：

```
apiVersion: v1
kind: ConfigMap
metadata:
  name: wp-cm

data:
  HOST: 'maria-sts-0.maria-svc'   #注意这里
  USER: 'wp'
  PASSWORD: '123'
  NAME: 'db'
```

改完这两个 YAML 文件，就可以逐个创建 MariaDB、WordPress、Ingress 等对象了。

和 5.7.2 节一样，访问 NodePort 的 30088 端口，或者是用 Ingress Controller 的“wp.test”域名，都可以进入 WordPress 网站。

验证 StatefulSet 的持久化存储是否生效有两种方式。一种方式是把这些对象都删除后重新创建，再进入网站，查看原来的数据是否依然存在。另一种更简单的方式是，直接查看 NFS 的存储目录，可以看到 MariaDB 生成的一些数据库文件。

这两种方式都能够证明，使用 StatefulSet 部署 MariaDB 后数据已经保存在了磁盘上，不会因为对象的销毁而丢失。

5.7.4 小结

本节先回顾了 Kubernetes 的一些知识要点，然后在 Kubernetes 集群里再次搭建了 WordPress 网站，应用 Deployment、Service、Ingress 等对象，为网站增加了横向扩容、服务发现和七层负载均衡这 3 个非常重要的功能，提升了网站的稳定性和可用性。

但对于 MariaDB 实例来说，虽然 Deployment 在发生故障时能够及时重启 Pod，新 Pod 却不会从旧 Pod 继承数据，之前网站的数据会彻底丢失，这个结果是完全不可接受的。

所以我们又把后端的存储服务 MariaDB 改造成了 StatefulSet，并挂载了 NFS 网盘，这样就实现了一个功能比较完善的网站，达到了基本可用的程度。

第 6 章 Kubernetes运维、监控和管理

经过第 4 章和第 5 章的学习，读者对 Kubernetes 的认识应该已经比较全面了，本章将再进一步，探索 Kubernetes 更深层次的知识点和更高级的应用技巧，即 Kubernetes 的运维、监控和管理相关的内容。

6.1 应用滚动更新

通过管理有状态的应用的对象 StatefulSet，管理无状态的应用的对象 Deployment 和 DaemonSet，我们就能在 Kubernetes 里部署任意形式的应用了。

不过，只是把应用发布到集群远远不够，要让应用稳定可靠地运行，还需要有持续的运维工作。

Deployment 的应用伸缩功能就是一种常见的运维操作。在 Kubernetes 里，使用命令“kubectl scale”可以轻松调整 Deployment 管理的 Pod 数量。StatefulSet 是 Deployment 的一种特例，所以也可以使用“kubectl scale”来实现应用伸缩。

除了应用伸缩，其他运维操作如应用更新、版本回退等，也是在日常运维中经常会遇到的问题。

本节以 Deployment 为例，介绍 Kubernetes 在应用管理方面的高级操作：滚动更新，使用“kubectl rollout”实现用户无感知的应用升级和降级。①

6.1.1 应用的版本更新

应用的版本更新是一个很常见的操作，例如某服务发布了版本 V1，过了几天增加了新功能，就要发布版本 V1.1。

① “rolling-update”是 Kubernetes 早期专门用来进行滚动更新的命令，但它是命令式的，而且操作略烦琐，已经被废弃了。

不过版本更新说起来简单，做起来却相当棘手。因为应用已经上线运行，必须保证不间断地对外提供服务，通俗地说就是给空中的飞机换引擎，尤其是需要开发、测试、运维、监控、网络等各个部门的很多人来协同工作，费时又费力。

但应用的版本更新其实有章可循。现在有了 Kubernetes 这个强大的自动化运维管理系统，可以把它的过程抽象出来，让计算机去完成那些复杂、烦琐的人工操作。

在 Kubernetes 里，版本更新使用的不是 API 对象，而是两条命令："kubectl apply"和"kubectl rollout"，当然它们的使用要搭配部署应用所需要的 Deployment、DaemonSet 等 YAML 文件。

不过在开始讲解版本更新的具体流程之前，首先要理解在 Kubernetes 里所说的"版本"是什么。

大多数人常常会简单地认为"版本"就是应用程序的"版本号"，或者是容器镜像的"标签"，但在 Kubernetes 里应用都是以 Pod 的形式运行的，而 Pod 通常又会被 Deployment 等对象来管理，所以这里的"版本"可以理解为整个 Pod 的 YAML 文件，而应用的"版本更新"实际上更新的是整个 Pod。

而 Pod 是由 YAML 文件来描述的，更准确地说，是 Deployment 等对象里的字段"template"。所以，在 Kubernetes 里应用的版本变化就是"template"里 Pod 的变化，哪怕"template"只变动了一个字段，也会形成一个新的版本，也是版本更新。

但"template"字段的内容太多了，用这么长的字符串当作"版本号"不太现实，所以 Kubernetes 就使用了摘要功能，用摘要算法计算"template"的 Hash 值作为"版本号"，虽然不太方便识别，但是很实用。①

以 5.1 节的 Nginx Deployment 为例，创建对象之后，使用"kubectl get"查看 Pod 的状态：

```
[K8S ~]$kubectl get pod
NAME                        READY    STATUS
ngx-dep-9bf586b97-76jd8      1/1      Running
ngx-dep-9bf586b97-jvpzb      1/1      Running
```

Pod 名字包含的那串随机数"9bf58……"就是 Pod 模板的 Hash 值，也就是 Pod 的"版本号"。

如果改动了 Pod 的 YAML 文件，例如把镜像改成"nginx:stable-alpine"，或者把容器名

① 摘要算法（digest algorithm）又称为散列函数（Hash function），属于密码学的范畴，它能够为一段文字生成一个唯一的"数字指纹"，常用的摘要算法有 MD5、SHA1、SHA256 等。

字改成“nginx-test”，都会生成一个新的应用版本。运行“kubectl apply”命令后就会重新创建 Pod，Pod 名字里的 Hash 值也会随之改变，这就表示 Pod 的版本更新了。

6.1.2 应用版本更新的过程

为了更深入地研究 Kubernetes 的应用更新过程，可以略微改造一下 Deployment 对象，以查看 Kubernetes 版本更新的过程。

首先修改 ConfigMap，让它输出 Nginx 的版本号，方便用 curl 查看版本：

```
apiVersion: v1
kind: ConfigMap
metadata:
  name: ngx-conf

data:
  default.conf: |
    server {
      listen 80;
      location / {
        default_type text/plain;
        return 200
          'ver : $nginx_version\n
           srv : $server_addr:$server_port\nhost: $hostname\n';
      }
    }
```

然后修改 Pod 镜像，明确指定版本号是“1.24-alpine”，将实例数量设置为 4：

```
apiVersion: apps/v1
kind: Deployment
metadata:
  name: ngx-dep

spec:
  replicas: 4
  ... ...
      containers:
      - image: nginx:1.24-alpine
  ... ...
```

将 Pod YAML 文件命名为“ngx-v1.yml”，然后执行命令“kubectl apply”部署这个应用，还可以为它创建 Service 对象，再用“kubectl port-forward”转发请求来查看状态，再用 curl 查看版本：

```
[K8S ~]$kubectl get pod
NAME                        READY   STATUS
```

```
ngx-dep-c5b486dd9-7s2l7   1/1     Running
ngx-dep-c5b486dd9-kcv9h   1/1     Running
ngx-dep-c5b486dd9-lrsvt   1/1     Running
ngx-dep-c5b486dd9-rz9wh   1/1     Running

[K8S ~]$kubectl port-forward svc/ngx-svc 8080:80 &

[K8S ~]$curl 127.1:8080
Handling connection for 8080
ver : 1.24.0
srv : 127.0.0.1:80
host: ngx-dep-c5b486dd9-lrsvt
```

从 curl 命令的输出中可以看到，现在应用的版本是“1.24.0”。

编写一个新版本对象“ngx-v2.yml”，把镜像升级到“nginx:1.25-alpine”，其他不变。

为了观察到应用更新的过程，还需要添加一个字段“minReadySeconds”，让 Kubernetes 在更新过程中等待一段时间，确认 Pod 没问题再继续其他 Pod 的创建工作。

要注意的是，“minReadySeconds”字段不属于 Pod 的 YAML 文件，所以它不会影响 Pod 版本：

```
apiVersion: apps/v1
kind: Deployment
metadata:
  name: ngx-dep

spec:
  minReadySeconds: 15      # 确认 Pod 就绪的等待时间
  replicas: 4
  ... ...
      containers:
      - image: nginx:1.25-alpine
  ... ...
```

现在执行命令“kubectl apply”，因为改动了镜像名，Pod 模板变了，就会触发版本更新，然后用一个新命令“kubectl rollout status”，来查看应用更新的状态：[①]

```
[K8S ~]$kubectl apply -f ngx-v2.yml
deployment.apps/ngx-dep configured

[K8S ~]$kubectl rollout status deployment ngx-dep
Waiting "ngx-dep" rollout : 2 out of 4 new replicas have been updated...
```

① 除了使用“kubectl apply”来触发应用更新，也可以使用其他任何能修改 API 对象的方式，例如使用“kubectl edit”“kubectl patch”“kubectl set image”等命令。

```
Waiting "ngx-dep" rollout : 2 out of 4 new replicas have been updated...
Waiting "ngx-dep" rollout : 2 out of 4 new replicas have been updated...
Waiting "ngx-dep" rollout : 2 out of 4 new replicas have been updated...
Waiting "ngx-dep" rollout : 3 out of 4 new replicas have been updated...
Waiting "ngx-dep" rollout : 3 out of 4 new replicas have been updated...
Waiting "ngx-dep" rollout : 3 out of 4 new replicas have been updated...
Waiting "ngx-dep" rollout : 3 out of 4 new replicas have been updated...
Waiting "ngx-dep" rollout : 1 old replicas are pending termination...
Waiting "ngx-dep" rollout : 3 of 4 updated replicas are available...
Waiting "ngx-dep" rollout : 3 of 4 updated replicas are available...
deployment "ngx-dep" successfully rolled out
```

更新完成后，再执行“kubectl get pod”，就会看到 Pod 已经全部替换成了新版本（注意看 Pod 名字包含的 Hash 值“6569b……”），用 curl 访问 Nginx，输出信息也变成了“1.25.2”：

```
[K8S ~]$kubectl get pod
NAME                        READY   STATUS
ngx-dep-6569bd969d-5dpt4    1/1     Running
ngx-dep-6569bd969d-9rc2f    1/1     Running
ngx-dep-6569bd969d-kr7sw    1/1     Running
ngx-dep-6569bd969d-nrd24    1/1     Running

[K8S ~]$curl 127.1:8080
Handling connection for 8080
ver : 1.25.2
srv : 127.0.0.1:80
host: ngx-dep-6569bd969d-kr7sw
```

仔细查看“kubectl rollout status”的输出信息可以发现，Kubernetes 不是把旧 Pod 全部销毁再一次性创建出新 Pod，而是逐个地创建新 Pod，同时再销毁旧 Pod，保证系统里始终有足够数量的 Pod 在运行，不会中断服务。

新 Pod 数量增加的过程有点像是“滚雪球”，从零开始，越滚越大，这就是所谓的“滚动更新”（rolling update）。

使用命令“kubectl describe”可以更清楚地看到 Pod 的变化情况：

```
Message
-------
Scaled up replica set ngx-dep-c5b486dd9 to 4
Scaled up replica set ngx-dep-6569bd969d to 1
Scaled down replica set ngx-dep-c5b486dd9 to 3 from 4
Scaled up replica set ngx-dep-6569bd969d to 2 from 1
Scaled down replica set ngx-dep-c5b486dd9 to 2 from 3
Scaled up replica set ngx-dep-6569bd969d to 3 from 2
Scaled down replica set ngx-dep-c5b486dd9 to 0 from 2
Scaled up replica set ngx-dep-6569bd969d to 4 from 3
```

下面分析下 Pod 变化的过程：

- 开始时 V1 Pod（即 ngx-dep-c5b486dd9）的数量是 4；
- 当“滚动更新”开始时，Kubernetes 创建 1 个 V2 Pod（即 ngx-dep-6569bd969d），并且把 V1 Pod 的数量减少到 3；
- 接着增加 V2 Pod 的数量到 2，同时将 V1 Pod 的数量减少到 2；
- 最后 V2 Pod 的数量达到预期值 4，V1 Pod 的数量变成了 0，整个更新过程结束。

其实滚动更新就是由 Deployment 控制的两个同步进行的“应用伸缩”操作，旧版本缩容到 0，同时新版本扩容到指定值，是一个“此消彼长”的过程，这个过程如图 6-1 所示。①

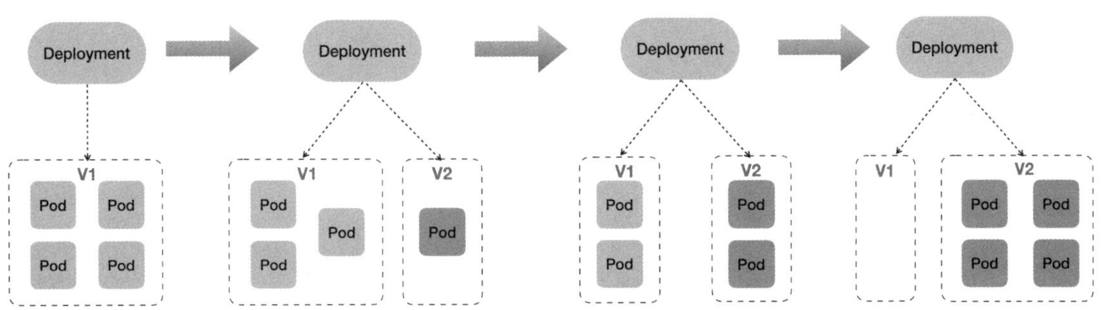

图 6-1 Kubernetes 的滚动更新过程

6.1.3 管理更新

Kubernetes 的“滚动更新”功能确实非常方便，不需要任何人工干预就能把应用升级到新版本，也不会中断服务，不过如果更新过程中发生了错误或者更新后发现有 bug 该如何处理呢？

要解决这两个问题还是要用“kubectl rollout”命令。

在应用更新的过程中，用户可以随时使用“kubectl rollout pause”来暂停更新，检查、修改 Pod，或者测试验证，如果确认没问题，再用“kubectl rollout resume”继续更新。这两条命令比较简单，不多做介绍。②

对于更新后出现的问题，Kubernetes 提供了更新历史，可以查看之前每次的更新记录，并且回退到任何位置，和常用的 Git 等版本控制软件非常类似。

① 在版本更新的时候 Deployment 实际控制的是 ReplicaSet 对象，创建不同版本的 ReplicaSet，再由 ReplicaSet 来实现 Pod 数量的伸缩。

② Kubernetes 1.24 之前，这两条命令只能用于 Deployment，不能用于 DaemonSet 和 StatefulSet。

查看更新历史使用的命令是“kubectl rollout history”：

```
[K8S ~]$kubectl rollout history deploy ngx-dep
deployment.apps/ngx-dep
REVISION  CHANGE-CAUSE
1         <none>
2         <none>
```

它会输出一个版本列表，因为创建 Nginx Deployment 是一个版本，更新又是一个版本，所以这里有两条更新历史记录。

但“kubectl rollout history”的列表输出信息比较少，可以在命令后加上参数“--revision”查看每个版本的详细信息，包括标签、镜像名、环境变量、存储卷等，来大致了解每次变动的关键字段：

```
[K8S ~]$kubectl rollout history deploy --revision=2
deployment.apps/ngx-dep with revision #2
Pod Template:
  Labels:       app=ngx-dep
       pod-template-hash=6569bd969d
  Containers:
   nginx:
    Image:      nginx:1.25-alpine
    Port:       80/TCP
    Host Port:  0/TCP
    Environment:        <none>
    Mounts:
      /etc/nginx/conf.d from ngx-conf-vol (rw)
  Volumes:
   ngx-conf-vol:
    Type:       ConfigMap (a volume populated by a ConfigMap)
    Name:       ngx-conf
    Optional:   false
```

如果更新的“nginx:1.25-alpine”版本出现问题，想要回退到上一个版本，可以使用命令“kubectl rollout undo”，也可以在命令后加上参数“--to-revision”回退到任意一个历史版本，回退后可以使用“kubectl rollout history”命令查看更新历史：

```
[K8S ~]$kubectl rollout undo deploy ngx-dep
deployment.apps/ngx-dep rolled back

[K8S ~]$kubectl rollout history deploy ngx-dep
deployment.apps/ngx-dep
REVISION  CHANGE-CAUSE
2         <none>
3         <none>
```

“kubectl rollout undo”的操作过程其实和“kubectl apply”一样，执行的仍然是滚动更新，只不过使用的是旧版本 Pod 模板，把新版本 Pod 数量收缩到 0，同时把旧版本 Pod 扩展到指定值。

这个从 V2 到 V1 的版本降级的过程如图 6-2 所示，它和从 V1 到 V2 的版本升级过程是完全一样的，不同的只是版本号的变化方向。

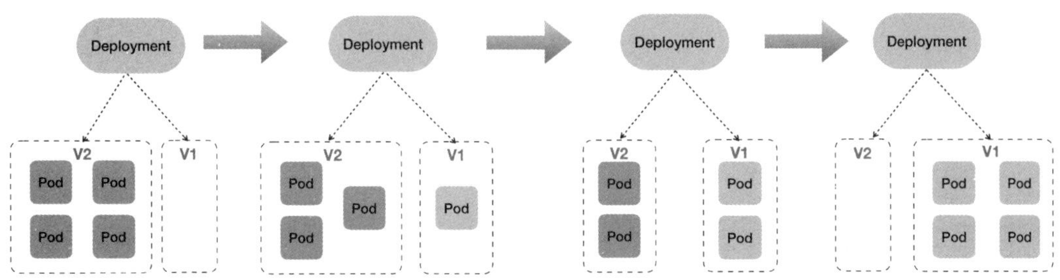

图 6-2 Kubernetes 的版本降级过程

6.1.4 更新描述

使用“kubectl rollout history”命令看到的版本列表信息较少，只有“REVISION”和“CHANGE-CAUSE”两列。其中“REVISION”列只有一个版本更新序号，而“CHANGE-CAUSE”列总是显示“<none>”，能不能像 Git 一样，每次更新也加上说明信息呢？

当然可以，做法也很简单，只需要在 Deployment 的“metadata”字段加上扩展字段“annotations”（见 5.4 节）。

可以任意指定“annotations”字段的值，Kubernetes 会自动忽略不理解的键值对，但要编写更新说明就要使用特定的字段“kubernetes.io/change-cause”。①

下面创建 3 个版本的 Nginx 应用，并添加更新说明：

```
apiVersion: apps/v1
kind: Deployment
metadata:
  name: ngx-dep
  annotations:
    kubernetes.io/change-cause: v1, ngx=1.24
... ...

apiVersion: apps/v1
```

① “kubectl apply”“kubectl edit”等命令加上参数“--record”就能够在“CHANGE-CAUSE”里自动记录历史操作，但“--record”参数已经被废弃，而且它的信息也只是简单的命令行，实际意义不大。

```
kind: Deployment
metadata:
  name: ngx-dep
  annotations:
    kubernetes.io/change-cause: update to v2, ngx=1.25
... ...

apiVersion: apps/v1
kind: Deployment
metadata:
  name: ngx-dep
  annotations:
    kubernetes.io/change-cause: update to v3, change name

... ...
```

需要注意 YAML 里的“metadata”部分，使用“annotations.kubernetes.io/change-cause”描述了版本更新的情况，相比“kubectl rollout history”命令附加“--revision”参数输出的大量信息更容易理解。

依次使用“kubectl apply”创建并更新对象之后，再用“kubectl rollout history”来看一下更新历史：

```
[K8S ~]$kubectl rollout history deploy ngx-dep
deployment.apps/ngx-dep
REVISION  CHANGE-CAUSE
1         v1, ngx=1.24
2         update to v2, ngx=1.25
3         update to v3, change name
```

这次显示的列表信息就详细多了，每个版本的主要变动情况呈现得很清楚，和 Git 版本管理的感觉很像。①

6.1.5 小结

本节介绍了 Kubernetes 里的滚动更新，它会自动缩放新旧版本的 Pod 数量，能够在用户无感知的情况下实现服务升级或降级，让原本复杂棘手的运维工作变得简单又轻松。

本节的内容要点如下：

- 在 Kubernetes 里应用的版本不仅仅是容器镜像，而是整个 Pod 模板，为了便于处理使

① 为避免资源浪费，Kubernetes 不会记录所有的更新历史，默认只会保留最近的 10 次操作，可以用“revisionHistoryLimit”字段调整保留最近几次的操作。

用了摘要算法，将模板的 Hash 值作为版本号；

- Kubernetes 采用滚动更新策略来更新应用，减少旧版本 Pod 的同时增加新版本 Pod，保证在更新过程中服务始终可用；
- 管理应用更新的命令是“kubectl rollout”，子命令有“status”“history”“undo”等；
- Kubernetes 会记录应用的更新历史，可以在“kubectl rollout history”命令后加“--revision”参数查看每个版本的详细信息，也可以在每次更新时添加注解“kubernetes.io/change-cause”来查看版本的变动情况。

在 Deployment 里还有一些字段可以对滚动更新的过程做更细致的控制，它们都在“spec.strategy.rollingUpdate”里，如“maxSurge”“maxUnavailable”等字段，分别控制最多新增 Pod 数和最多不可用 Pod 数，一般使用默认值就足够了，读者可以查看 Kubernetes 文档进一步研究。

6.2 容器状态探针

作为 Kubernetes 的核心概念和原子调度单位，Pod 的主要职责是管理容器，以逻辑主机、容器集合、进程组的形式来代表应用，它的重要性不言而喻。

本节会介绍在 Kubernetes 里配置 Pod 的一种方法：检查探针 Probe，它能够给 Pod 增加运行保障，让应用运行得更健康。

6.2.1 探针的种类

有开发或者运维后台服务经验的读者可能知道，一个程序即使正常启动了，也有可能因为某些原因无法对外提供服务。其中最常见的情况就是运行时发生死锁或者死循环故障，这时从外部来看进程一切正常，但内部已经一团糟了。

所以，我们希望 Kubernetes 能够更细致地监控 Pod 的状态，除了保证 Pod 崩溃后重启，还必须能够探查到 Pod 内部的运行状态，让应用能够时刻满负荷地稳定工作。但对外界来说，各种各样的应用程序就是一个黑盒，我们只能看到它们启动、运行、停止这 3 个基本状态。那么，如何才能让应用程序内部的部分信息对外可见，方便 Kubernetes 探查内部状态呢？

为此，Kubernetes 为定义了以下 3 种探针来检查应用的状态。

- Startup 探针（启动探针），用来检查应用是否已经启动成功，适合有大量初始化工作要做、启动比较慢的应用。

- Liveness 探针（存活探针），用来检查应用是否正常运行，是否存在死锁或死循环故障。
- Readiness 探针（就绪探针），用来检查应用是否可以接收流量，是否能够对外提供服务。

相应的，应用有 3 种状态：应用先启动，加载完配置文件等基本的初始化数据就进入了 Startup 状态；应用没有异常就是 Liveness 状态，这时可能有一些准备工作没有完成还不能对外提供服务；只有到 Readiness 状态，才是容器最健康可用的状态。

这 3 种探针和应用的 3 种状态的对应关系，如图 6-3 所示。

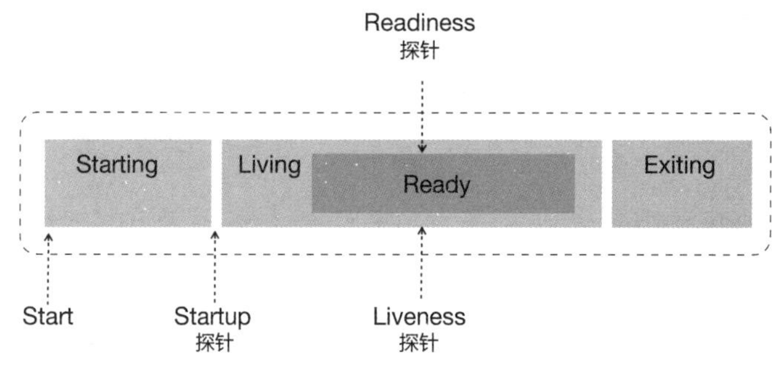

图 6-3 Pod 的 3 种探针

Pod 里的容器配置了探针之后，Kubernetes 就会不断地调用探针来检查应用的状态：[①]

- 如果 Startup 探针失败，Kubernetes 会认为容器没有正常启动，就会反复尝试重启，Liveness 探针和 Readiness 探针也不会启动。
- 如果 Liveness 探针失败，Kubernetes 会认为容器发生了异常，也会重启容器。
- 如果 Readiness 探针失败，Kubernetes 会认为容器虽然在运行，但内部有错误不能正常提供服务，就会把容器从 Service 对象的负载均衡集合中排除，不给它分配流量。

知道了 Kubernetes 对这 3 种状态的处理方式，我们就可以在开发应用时编写适当的检查机制，让 Kubernetes 通过探针来检查 Pod 的状态。

如图 6-4 所示，在图 6-3 的基础上补充了 Kubernetes 的处理动作，能够更好地体现容器探针的工作流程。

---

① StartupProbe 和 livenessProbe 探测失败后的动作其实是由字段“restartPolicy”决定的，它的默认值是“OnFailure”（重启容器）。

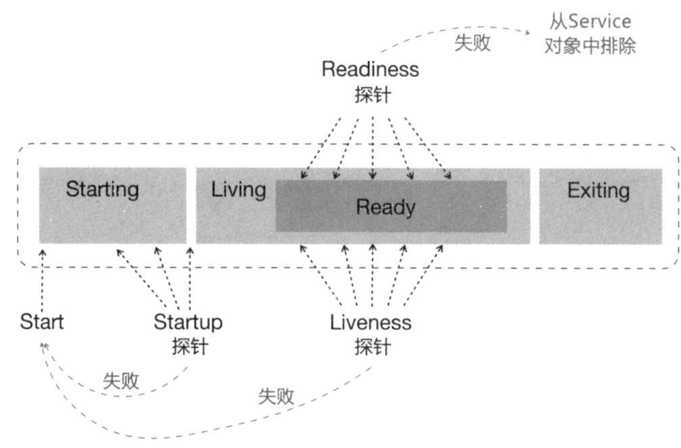

图 6-4 Pod 的 3 种探针和 Kubernetes 的处理动作

6.2.2 使用探针

Startup 探针、Liveness 探针和 Readiness 探针的配置方式一样，有如下 4 个关键字段。[①]

- periodSeconds：执行探测动作的时间间隔，默认 10 s。
- timeoutSeconds：探测动作的超时时间，默认 1 s，如果超时就认为探测失败。
- successThreshold：连续几次探测成功才认为是正常。对于 Startup 探针和 Liveness 探针来说，这个字段只能是 1。
- failureThreshold：连续探测失败几次才认为是真正发生了异常，默认 3 次。

Kubernetes 支持 Shell 命令、TCP 套接字、HTTP 请求接口 3 种探测方式，可以在探针里配置使用哪种方式。[②]

- Shell 命令，对应的字段是“exec”，执行一个 Linux 命令，如 ps、cat 等，和 container 的“command”字段很类似。
- TCP 套接字，对应的字段是“tcpSocket”，使用 TCP 协议尝试连接容器的指定端口。
- HTTP 请求接口，对应的字段是“httpGet”，连接端口并发送 HTTP GET 请求。

要使用这些探针就必须在开发应用时预留“检查口”，这样 Kubernetes 才能调用探针获取信息。下面以 Nginx 为例，用 ConfigMap 编写一个配置文件：

① 探针还可以配置“initialDelaySeconds”字段，表示容器启动后多久才执行探针动作，适用于某些启动比较慢的应用，它的默认值是 0。

② Kubernetes 还支持 gRPC 健康检查协议，发送 gRPC 请求探测应用的健康情况，但目前还是 beta 版本，本书不做详细介绍。

```
apiVersion: v1
kind: ConfigMap
metadata:
  name: ngx-conf

data:
  default.conf: |
    server {
      listen 80;
      location = /ready {
        return 200 'I am ready';
      }
    }
```

这个配置文件启用了 80 端口，然后通过“location”定义了 HTTP 路径“/ready”，它作为对外暴露的“检查口”，用来检测就绪状态，返回简单的 200 状态码和一个字符串表示工作正常。

现在定义 Pod 里的 3 种探针：

```
apiVersion: v1
kind: Pod
metadata:
  name: ngx-pod-probe

spec:
  volumes:
  - name: ngx-conf-vol
    configMap:
      name: ngx-conf

  containers:
  - image: nginx:alpine
    name: ngx
    ports:
    - containerPort: 80
    volumeMounts:
    - mountPath: /etc/nginx/conf.d
      name: ngx-conf-vol

    startupProbe:
      periodSeconds: 1
      exec:
        command: ["cat", "/var/run/nginx.pid"]

    livenessProbe:
      periodSeconds: 10
      tcpSocket:
        port: 80
```

```
readinessProbe:
  periodSeconds: 5
  httpGet:
    path: /ready
    port: 80
```

Startup 探针使用了 Shell 命令方式，“cat”命令检查 Nginx 存在磁盘上的进程号文件（/var/run/nginx.pid），如果存在就认为启动成功，它的执行频率是每秒探测一次。

Liveness 探针使用了 TCP 套接字方式，尝试连接 Nginx 的 80 端口，每 10 s 探测一次。

Readiness 探针使用的是 HTTP 请求接口方式，访问容器的“/ready”路径，每 5 s 发送一次 HTTP GET 请求。

这个应用非常简单，用“kubectl apply”创建这个 Pod，Pod 启动后探针的检查都会是正常的。可以用“kubectl logs”查看 Nginx 的访问日志，里面会记录 HTTP GET 请求的执行情况：

```
[K8S ~]$kubectl logs ngx-pod-probe
/docker-entrypoint.sh: Configuration complete; ready for start up
[notice] 1#1: using the "epoll" event method
[notice] 1#1: nginx/1.25.2
[notice] 1#1: OS: Linux 5.15.0-71-generic
[notice] 1#1: start worker processes
[notice] 1#1: start worker process 21
[notice] 1#1: start worker process 22
"GET /ready HTTP/1.1" 200 10 "-" "kube-probe/1.27" "-"
"GET /ready HTTP/1.1" 200 10 "-" "kube-probe/1.27" "-"
"GET /ready HTTP/1.1" 200 10 "-" "kube-probe/1.27" "-"
```

可以看到，Kubernetes 向 URI“/ready”发送 HTTP 请求，不断地检查容器是否处于就绪状态。

为了验证另外两个探针的工作情况可以修改探针，例如把命令改成检查错误的文件、错误的端口号。然后重新创建 Pod 对象，观察它的状态。

当 Startup 探针探测失败时，Kubernetes 会不停地重启容器，现象就是“RESTARTS”的次数不停地增加，而 Liveness 探针和 Readiness 探针没有执行，Pod 虽然是 Running 状态，但永远不会是 READY 状态。因为 failureThreshold 的次数默认是 3，所以 Kubernetes 会连续执行 3 次 Liveness 探针 TCP 套接字探测，每次间隔 10 s，30 s 后探测都失败才重启容器。

6.2.3 小结

本节介绍了为 Pod 配置运行保障的方式：容器状态探针，也就是主动健康检查，让 Kubernetes

实时监控应用的运行状态。[①]

本节的内容要点如下：

- Kubernetes 定义了 Startup、Liveness 和 Readiness 3 种健康探针，分别探测应用的启动、存活和就绪状态；
- Kubernetes 支持 Shell 命令、TCP 套接字和 HTTP 请求接口 3 种探测方式，还可以调整探测的频率和超时时间等参数。

6.3　容器资源配额管理

本节介绍在 Kubernetes 里给 Pod 增加运行保障的另一种配置方法：资源配额。

6.3.1　申请资源配额

第 2 章介绍了创建容器的 3 大隔离技术：namespace、cgroup、chroot，其中 namespace 实现了独立的进程空间，chroot 实现了独立的文件系统，但却没有介绍 cgroup 的具体应用。cgroup 的作用是管控 CPU、内存，保证容器不会因无节制地占用 CPU、内存等基础资源而影响系统里的其他应用。[②]

cgroup 的用法与 5.5 节的 PersistentVolumeClaim 类似，容器需要先提出一个声明，Kubernetes 根据这个声明决定是否分配资源和如何分配资源。但是 CPU、内存与存储卷有明显不同，因为 CPU 和内存是直接"内置"在系统里，所以申请和管理的过程简单得多，只要在 Pod 容器的描述部分添加一个新字段"resources"，这个字段相当于申请资源的声明。

下面是一个 YAML 示例：

```
apiVersion: v1
kind: Pod
metadata:
  name: ngx-pod-resources

spec:
  containers:
  - image: nginx:alpine
    name: ngx
```

① 在容器里还可以配置"lifecycle"字段，在启动后和终止前安装两个钩子函数"postStart""preStop"，执行 Shell 命令或者发送 HTTP 请求做一些初始化和收尾工作。

② 在 Kubernetes 里"CPU"指的是"逻辑 CPU"，也就是操作系统里能够看到的 CPU。

```
  resources:
    requests:
      cpu: 10m
      memory: 100Mi
    limits:
      cpu: 20m
      memory: 200Mi
```

这个 YAML 文件定义了一个 Nginx Pod，需要重点关注的是“containers.resources”部分：[①]

- “requests”字段，代表容器要申请的资源，即要求 Kubernetes 在创建 Pod 时必须分配这里列出的资源，否则容器无法运行；
- “limits”字段，代表容器使用资源的上限，超过设定值就可能被强制停止运行。

在 Kubernetes 里请求 CPU 和内存这两种资源时，还需要特别注意它们的表示方式。

内存的表示方式和磁盘容量一样，使用“Ki”“Mi”“Gi”表示“KB”“MB”“GB”，如“512 Ki”“100 Mi”“0.5 Gi”等。

而 CPU 资源在计算机中数量有限，所以 Kubernetes 允许容器精细分割 CPU，既可以以 1 个、2 个的方式来完整使用 CPU，也可以用小数 0.1、0.2 的方式来部分使用 CPU。[②]

不过 CPU 也不能无限分割，Kubernetes 里 CPU 的最小使用单位是 0.001，为了方便使用“m”（即“milli”“毫”）来表示，如 500 m 就相当于 0.5。

再来看上面的 YAML 就好理解了，它向系统申请的是 10 m CPU 和 100 MB 的内存，运行时的资源上限是 20 m CPU 和 200 MB 内存，Kubernetes 会在集群中查找最符合这个资源要求的节点来运行 Pod。

6.3.2 处理策略

Kubernetes 会根据每个 Pod 声明的需求，像搭积木一样，充分利用每个节点的资源，让集群的效益最大化。

如果 Pod YAML 描述中没有“resources”字段，就意味着 Pod 对运行的资源没有下限和上限的要求，Kubernetes 可以把 Pod 调度到任意的节点上而不用管 CPU 和内存资源是否足够，而且后续 Pod 运行时也可以无限制地使用 CPU 和内存资源。这在生产环境里很危险，Pod 可能会因资源不足而运行缓慢，或者因占用太多资源而影响其他应用，所以用户应当合理评估 Pod 的资源使

---

① 除了 CPU 和内存，Pod 的“resources”字段还可以为容器配置临时存储空间和自定义扩展资源。

② 这其实是效仿了 UNIX“时间片”的用法，意思是进程可以占用多少 CPU 时间。

用情况，尽量定义清楚“resources”字段。

需要注意的是，如果对 Pod 的资源使用情况预估错误，Pod 申请的资源过多导致系统无法满足，也会出问题。例如，删除 Pod 的资源限制“resources.limits”，把“resources.request.cpu”改为一个比较极端的值“10”，也就是要求 10 个 CPU：

```
resources:
  requests:
    cpu: 10
```

然后使用“kubectl apply”创建这个 Pod。虽然实验环境的 Kubernetes 集群里只有 3 个 CPU，但 Pod 也能创建成功。

不过再用“kubectl get pod”查看 Pod 的状态，就会发现是“Pending”状态，代表 Pod 并没有真正被调度运行。使用命令“kubectl describe”查看具体原因，会发现提示“Insufficient cpu”。这就说明 Kubernetes 调度失败，当前集群里的所有节点都无法满足这个 Pod 对 CPU 资源的要求，无法运行这个 Pod。

6.3.3 小结

本节介绍了为 Pod 配置运行保障的另一种方式：为容器加上资源限制。

为容器加资源限制使用的是 cgroup 技术，可以限制容器使用的 CPU 和内存资源，让 Pod 合理利用系统资源，也能够让 Kubernetes 更容易调度 Pod。

6.4 集群资源配额管理

容器检查探针和资源配额可以保障 Pod 这个微观单位很好地运行，而在集群的宏观层次也有类似的方法来管理、控制集群的资源，为 Kubernetes 提供运行保障。

本节会介绍名字空间的一些高级用法。

6.4.1 什么是名字空间

之前已经简单介绍过 Kubernetes 的名字空间，例如 4.1 节查看 apiserver 等组件要用到“kube-system”名字空间，5.3 节以域名的方式使用 Service 对象也会用到名字空间。不过当时讲解的重点是 Kubernetes 架构和 API 对象，本节会带领读者重新认识名字空间。

首先要明白，Kubernetes 的名字空间并不是一个实体对象，只是一个逻辑上的概念。它可以把集群切分成数个彼此独立的区域，然后把对象放到这些区域里，就实现了类似容器技术里名字空间的隔离效果，应用只能在自己的名字空间里分配资源和运行，不会干扰其他名字空间里的应用。[①]

但 Kubernetes 的控制面/数据面架构已经能很好地管理集群，为什么还要引入名字空间呢？它的实际意义是什么呢？

这恰恰是 Kubernetes 面对大规模集群、海量节点的一种现实考虑。因为集群很大、计算资源充足，会有非常多的用户在 Kubernetes 里创建各种各样的应用，可能会有上万个 Pod，这就大大增加了资源争抢和命名冲突的概率，和单机 Linux 系统非常相似。

例如，现在有一个前端组、后端组、测试组在使用的 Kubernetes 集群。后端组先创建了一个 Pod 叫“Web”，这个名字就被占用了，之后前端组和测试组为避免冲突需要使用其他名字命名 Pod。另外，如果测试组不小心部署了有 bug 的应用，占用了节点上的全部资源，就会导致前端组和后端组根本无法工作。

所以，当多团队、多项目共用 Kubernetes 的时候，为了避免这些问题就需要为每类用户创建只属于他自己的名字空间。

6.4.2 如何使用名字空间

名字空间也是一种 API 对象，使用命令“kubectl api-resources”可以看到它的简称是“ns”。使用命令“kubectl create”不需要额外加参数，可以很容易地创建一个名字空间，例如：

```
kubectl create ns test-ns
```

Kubernetes 初始化集群时会预设 4 个名字空间：default、kube-system、kube-public、kube-node-lease。其中，“default”是用户对象默认的名字空间，“kube-system”是系统为对象创建的名字空间，“kube-public”是自动创建的，所有用户（包括未验证身份的用户）都可以读取，“kube-node-lease”包含用于与各节点关联的 Lease（租约）对象。

想要把一个对象放入特定的名字空间，需要在它的“metadata”里添加一个“namespace”字段，例如想要在“test-ns”里创建一个简单的 Nginx Pod，YAML 文件如下：

```
apiVersion: v1
kind: Pod
metadata:
  name: ngx
  namespace: test-ns

spec:
  containers:
```

① 不是所有的 API 对象都可以划分进名字空间管理，如节点、PV 等全局资源就不属于任何名字空间。

```
  - image: nginx:alpine
    name: ngx
```

使用“kubectl apply”创建这个对象之后，直接用“kubectl get”是看不到的，因为“kubectl get”默认查看的是“default”名字空间，想要操作其他名字空间的对象必须用“-n”参数明确指定：

```
kubectl get pod -n test-ns
```

因为名字空间里的对象都从属于名字空间，所以在删除名字空间的时候一定要小心，一旦名字空间被删除，它里面的所有对象也都会消失。

6.4.3 设置资源配额

有了名字空间，我们就可以像管理容器一样，给名字空间设定配额，把整个集群的计算资源分割成不同的大小，按需分配给团队或项目使用。

不过与单机不一样，集群除了限制最基本的 CPU 和内存，还必须限制各种对象的数量，否则对象之间也会互相挤占资源。

名字空间的资源配额需要使用专门的 API 对象 ResourceQuota（简称“quota”），可以使用命令“kubectl create”创建模板文件：

```
export out="--dry-run=client -o yaml"
kubectl create quota dev-qt $out
```

因为资源配额对象必须依附在某个名字空间上，所以在它的“metadata”字段里必须明确写出“namespace”（否则就会应用到“default”名字空间）。

下面先创建名字空间“dev-ns”，再创建资源配额对象“dev-qt”：

```
apiVersion: v1
kind: Namespace
metadata:
  name: dev-ns

---

apiVersion: v1
kind: ResourceQuota
metadata:
  name: dev-qt
  namespace: dev-ns

spec:
  ... ...
```

ResourceQuota 对象的使用方式比较灵活，既可以限制整个名字空间的配额，也可以只限制某些类型的对象（使用“scopeSelector”实现），这里只介绍第一种，它需要在“spec”里使用“hard”字段，意思就是“硬性全局限制”。①

在 ResourceQuota 里的字段非常多，可以设置各类资源配额。下面简单地将 ResourceQuota 的字段归类如下，读者可以在官方文档中查找详细信息。

- CPU 和内存配额，使用“request.*”“limits.*”，与容器资源限制一样。
- 存储容量配额，使用“requests.storage”限制 PVC 的存储总量，使用“persistentvolumeclaims”限制 PVC 的个数。
- 核心对象配额，使用对象的名字（英文复数形式），如“pods”“configmaps”“secrets”“services”。
- 其他 API 对象配额，使用“count/name.group”的形式，如“count/jobs.batch”“count/deployments.apps”。

如下这个 YAML 文件就是一个比较完整的资源配额对象：

```
apiVersion: v1
kind: ResourceQuota
metadata:
  name: dev-qt
  namespace: dev-ns

spec:
  hard:
    requests.cpu: 10
    requests.memory: 10Gi
    limits.cpu: 10
    limits.memory: 20Gi

    requests.storage: 100Gi
    persistentvolumeclaims: 100

    pods: 100
    configmaps: 100
    secrets: 100
    services: 10

    count/jobs.batch: 1
    count/cronjobs.batch: 1
    count/deployments.apps: 1
```

① 因为 ResourceQuota 可以使用“scopeSelector”字段限制不同类型的对象，所以还可以在名字空间里设置多个不同策略的配额对象，更精细地控制资源。

这个 YAML 文件为名字空间加上的全局资源配额含义如下：

- 所有 Pod 的资源需求总量最多是 10 个 CPU 和 10 GB 内存，资源上限总量是 10 个 CPU 和 20 GB 内存；
- 只能创建 100 个 PVC 对象，使用 100 GB 的持久化存储空间；
- 只能创建 100 个 Pod、100 个 ConfigMap、100 个 Secret、10 个 Service；
- 只能创建 1 个 Job、1 个 CronJob、1 个 Deployment。

这个 YAML 文件比较大，字段比较多，如果觉得不方便阅读，也可以把它拆成几个小的 YAML 文件，分类限制资源数量，更灵活，如下所示：

```
apiVersion: v1
kind: ResourceQuota
metadata:
  name: cpu-mem-qt
  namespace: dev-ns

spec:
  hard:
    requests.cpu: 10
    requests.memory: 10Gi
    limits.cpu: 10
    limits.memory: 20Gi

---

apiVersion: v1
kind: ResourceQuota
metadata:
  name: core-obj-qt
  namespace: dev-ns

spec:
  hard:
    pods: 100
    configmaps: 100
    secrets: 100
    services: 10
```

6.4.4　使用资源配额

用“kubectl apply”创建资源配额对象后，可以用“kubectl get”查看（记得使用“-n”指定名字空间）对象。它虽然输出了 ResourceQuota 的全部信息，但都挤在了一起，阅读起来很困难，这时可以再用命令“kubectl describe”来查看对象，它会给出如下一个清晰的表格：

```
[K8S ~]$kubectl describe quota -n dev-ns
Name:                   dev-qt
Namespace:              dev-ns
Resource                Used  Hard
--------                ----  ----
configmaps              1     100
count/cronjobs.batch    0     1
count/deployments.apps  0     1
count/jobs.batch        0     1
limits.cpu              0     10
limits.memory           0     20Gi
persistentvolumeclaims  0     100
pods                    0     100
requests.cpu            0     10
requests.memory         0     10Gi
requests.storage        0     100Gi
secrets                 0     100
services                0     10
services.nodeports      0     5
```

如果在这个名字空间里运行两个 busybox Job（同样要加上“-n”指定名字空间），因为 ResourceQuota 限制了名字空间里最多只能有 1 个 Job，所以创建第 2 个 Job 对象时会失败，提示超出了资源配额。

再使用命令“kubectl describe”来查看对象，也会发现 Job 资源已经到达了上限：

```
[K8S ~]$kubectl create job echo1 -n dev-ns --image=busybox -- echo hello
job.batch/echo1 created

[K8S ~]$kubectl create job echo2 -n dev-ns --image=busybox -- echo hello
error: failed to create job: jobs.batch "echo2" is forbidden: exceeded quota:
  dev-qt, requested: count/jobs.batch=1, used: count/jobs.batch=1,
limited: count/jobs.batch=1

[K8S ~]$kubectl describe quota -n dev-ns
Name:                  dev-qt
Namespace:              dev-ns
Resource                Used  Hard
--------                ----  ----
configmaps              1     100
count/cronjobs.batch    0     1
count/deployments.apps  0     1
count/jobs.batch        1     1
...                     ...
```

不过，只要删除刚才创建的 Job，就又可以运行一个新的离线业务了；同样的，这个“dev-ns”里也只能创建 1 个 CronJob 和 1 个 Deployment，读者可以自行尝试。

6.4.5　默认资源配额

在名字空间加上了资源配额限制之后，就会有一个合理但有点麻烦的约束：要求所有运行在这个名字空间的 Pod 都必须用字段“resources”声明资源需求，否则就无法创建。

例如，用命令“kubectl run”创建一个 Pod，会出现“Forbidden”的错误，提示不满足配额要求：

```
[K8S ch6]$kubectl run ngx --image=nginx:alpine -n dev-ns
Error from server (Forbidden): pods "ngx" is forbidden:
failed quota: dev-qt: must specify limits.cpu for: ngx;
limits.memory for: ngx; requests.cpu for: ngx; requests.memory for: ngx
```

Kubernetes 这样做的原因也很好理解。6.3 节讲过，Pod 里如果没有“resources”字段，就可以无限制地使用 CPU 和内存，这显然与名字空间的资源配额相冲突。为了保证名字空间的资源总量可管、可控，Kubernetes 就会拒绝创建这样的 Pod。

这个约束对于集群管理来说是好事，但对于普通用户来说却有点麻烦，因为 YAML 文件本身就已经够大、够复杂，现在还要再增加字段，并估算它的资源配额。如果有很多小应用、临时 Pod 要运行的话，这样做的成本就比较高。

好在 Kubernetes 能够自动为 Pod 加上资源限制，设置默认值，以避免反复设置配额的麻烦。这要用到一个很小但很有用的辅助对象——LimitRange，简称“limits”，它能为 API 对象添加默认的资源配额限制。

使用命令“kubectl explain limits”可以查看 LimitRange 的 YAML 字段详细说明，要点如下：

- “spec.limits”是它的核心属性，描述了默认的资源限制；
- “type”是要限制的对象类型，可以是“Container”“Pod”“PersistentVolumeClaim”；
- “default”是默认的资源上限，对应容器里的“resources.limits”，只适用于“Container”；
- “defaultRequest”是默认申请的资源，对应容器里的“resources.requests”，同样也只适用于“Container”；
- “max”“min”是对象能使用的资源的最大值、最小值。[①]

如下 YAML 展示了一个 LimitRange 对象：

```
apiVersion: v1
```

① 在 LimitRange 对象里设置“max”字段可以有效防止创建申请超过资源上限的对象。

```
kind: LimitRange
metadata:
  name: dev-limits
  namespace: dev-ns

spec:
  limits:
  - type: Container
    defaultRequest:
      cpu: 200m
      memory: 50Mi
    default:
      cpu: 500m
      memory: 100Mi
  - type: Pod
    max:
      cpu: 800m
      memory: 200Mi
```

它设置了每个容器默认申请 200 m CPU 和 50 MB 内存，容器的资源上限是 500 m CPU 和 100 MB 内存，每个 Pod 的最大使用量是 800 m CPU 和 200 MB 内存。

使用“kubectl apply”命令创建 LimitRange 之后，再使用“kubectl describe”命令就可以看到它的状态：

```
[K8S ~]$kubectl describe limitranges -n dev-ns
Name:       dev-limits
Namespace:  dev-ns
Type        Resource  Min  Max    Default Request
----        --------  ---  ---    ---------------
Container   cpu       -    -      200m
Container   memory    -    -      50Mi
Pod         cpu       -    800m   -
Pod         memory    -    200Mi  -
```

有了这个默认的资源配额，不用编写“resources”字段就可以直接创建 Pod 了，再运行之前的“kubectl run”命令就不会报错，Pod 创建成功。使用“kubectl describe”命令查看 Pod 的状态，可以看到 LimitRange 为它自动添加的资源配额，关键信息如下：

```
Containers:
  ngx:
    Image:          nginx:alpine
    State:          Running
    Ready:          True
    Limits:
      cpu:        500m
      memory:     100Mi
    Requests:
```

```
    cpu:               200m
    memory:            50Mi
```

6.4.6　小结

本节介绍了如何使用名字空间来管理 Kubernetes 集群资源。

在小型实验环境里，因为只有一个用户，可以使用全部资源，所以使用名字空间的意义不大。但是在生产环境里会有很多用户共同使用 Kubernetes，必然会存在资源竞争，为了避免某些用户过度消耗资源，就非常有必要用名字空间做好集群的资源管理。

本节的内容要点如下：

- 名字空间是一个逻辑概念，它的目标是为资源和对象划分一个逻辑边界，避免冲突。
- ResourceQuota 对象可以为名字空间添加资源配额，限制全局的 CPU、内存和 API 对象数量。
- LimitRange 对象可以自动为容器或者 Pod 添加默认的资源配额，简化对象的创建工作。

6.5　集群资源监控

6.3 节和 6.4 节介绍了管理 Pod 和集群的一些方法，其中的要点就是设置资源配额，让 Kubernetes 用户能公平、合理地利用系统资源。想要把 Pod 和集群管理、利用好，还缺一个很重要的方面——集群的可观测性。也就是说，应该给集群也安装上“探针”，能够观察到集群的资源利用率等指标，使集群的整体运行状况对用户可见，这样才能更准确、更方便地做好集群的运维工作。

但集群观测不能用探针这种简单的方式，本节会介绍 Kubernetes 为集群提供的两种系统级别的监控项目：Metrics Server 和 Prometheus，以及基于它们的水平自动伸缩对象 HorizontalPodAutoscaler（HPA）。

6.5.1　使用 Metrics Server

Linux 系统的命令“top”能够实时显示当前系统的 CPU 和内存利用率，是性能分析和调优的基本工具，非常有用。Kubernetes 也提供了类似的命令，就是“kubectl top”，不过默认情况下这条命令不会生效，必须安装一个插件 Metrics Server。[①]

Metrics Server 是一个专门用来收集 Kubernetes 核心资源指标的工具，它定时从所有节点的 kubelet 里采集信息，但是对集群的整体性能影响极小，每个节点大约只占用 1 m CPU

① Kubernetes 监控资源指标最初使用的工具是 Heapster，在 Kubernetes 1.12 之后被废弃。

和 2 MB 的内存，性价比非常高。

图 6-5 简单描述了 Metrics Server 的工作方式：它调用 kubelet 的 API 获得节点和 Pod 的指标，再把这些信息交给 apiserver，这样 kubectl、HPA 就可以利用 apiserver 来读取指标。[①]

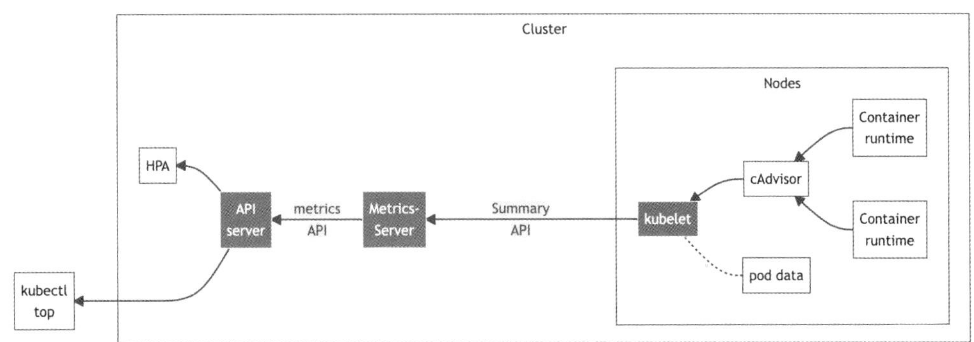

图 6-5 Metrics Server 的工作流程（引自 Kubernetes 官网）

在 Metrics Server 的项目官网可以看到它的说明文档和安装步骤，如果使用 kubeadm 搭建了 Kubernetes 集群（参见 3.3 节），就已经具备了全部前提条件，接下来只需要进行一些简单的操作就可以完成安装。

Metrics Server 的所有依赖都放在了一个 YAML 描述文件里，可以使用 wget 或者 curl 下载。

但在使用“kubectl apply”命令创建对象之前还要修改 YAML 文件，在 Metrics Server 的 Deployment 对象里，加上一个运行参数“--kubelet-insecure-tls”，如下：

```
apiVersion: apps/v1
kind: Deployment
metadata:
  name: metrics-server
  namespace: kube-system
spec:
  ... ...
  template:
    spec:
      containers:
      - args:
        - --kubelet-insecure-tls
        ... ...
```

这是因为 Metrics Server 默认使用 TLS 协议，验证证书后才能与 kubelet 实现安全通信，而在实验环境里可以加上这个参数来忽略验证证书这个环节，简化部署工作（在生产环境里慎用）。

① Metrics Server 早期的数据来源是 cAdvisor，它是一个独立的应用程序，后来被精简并集成进了 kubelet。

修改完成之后就可以使用 YAML 文件部署 Metrics Server 了：

```
kubectl apply -f components.yaml
```

Metrics Server 属于名字空间“kube-system”，可以用“kubectl get pod”加上“-n”参数查看它是否正常运行：

```
[K8S metrics]$kubectl get pod -n kube-system
NAME                                READY    STATUS
metrics-server-7fccf7886-l79lx      1/1      Running
```

有了 Metrics Server 插件，就可以使用命令“kubectl top”来查看 Kubernetes 集群当前的资源状态。“kubectl top”有两个子命令，使用“kubectl top node”查看节点的资源使用率，使用“kubectl top pod”查看 Pod 的资源使用率。[①]

```
[K8S ~]$kubectl top node
NAME          CPU(cores)   CPU%    MEMORY(bytes)    MEMORY%
k8s-master     193m        9%      2343Mi          61%
k8s-worker     52m         2%      2137Mi          56%

[K8S ~]$kubectl top pod -n kube-system
NAME                                      CPU(cores)    MEMORY(bytes)
coredns-7bdc4cb885-7fsq2                    2m            13Mi
coredns-7bdc4cb885-l5nxm                    3m            37Mi
etcd-k8s-master                             29m           70Mi
kube-apiserver-k8s-master                   78m           424Mi
kube-controller-manager-k8s-master          15m           74Mi
kube-proxy-t4pxn                            2m            32Mi
kube-proxy-xhgz8                            2m            32Mi
kube-scheduler-k8s-master                   4m            35Mi
metrics-server-7fccf7886-l79lx              4m            15Mi
```

可以看到：

- 集群里两个节点 k8s-master 和 k8s-worker 的 CPU 使用率都不高，分别是 9%和 2%，但内存占用较多都超过了 50%（分别是 61%和 56%）；
- 名字空间“kube-system”包含多个 Pod，其中 kube-apiserver-k8s-master 消耗的资源最多，使用了 78 m CPU 和 424 MB 内存。

6.5.2 水平自动伸缩

Metrics Server 除了可以轻松查看集群的资源使用状况，还可以辅助实现应用的水平自动伸缩。

① 由于 Metrics Server 收集信息需要时间，因此安装完成 Metrics Server 插件之后必须等一段时间才能查看集群里节点和 Pod 的状态。

5.1 节提到过一条命令“kubectl scale”，它可以任意增减 Deployment 部署的 Pod 数量，实现水平方向上的扩容和缩容。但是手动调整应用实例数量比较麻烦，也难以及时应对生产环境中突发的大流量，所以最好能把应用的扩容、缩容变成自动化的操作。

为此 Kubernetes 定义了一个新的 API 对象 HorizontalPodAutoscaler，简称“HPA”。顾名思义，它是专门用来自动伸缩 Pod 数量的对象，适用于 Deployment 和 StatefulSet，但不能用于 DaemonSet。①

HorizontalPodAutoscaler 的能力完全基于 Metrics Server，它从 Metrics Server 获取当前应用的运行指标，主要是 CPU 使用率，再根据既定的策略增加或者减少 Pod 的数量。

下面定义一个 Deployment 和 Service，作为自动伸缩的目标对象来演示 HorizontalPod-Autoscaler 的用法：②

```
apiVersion: apps/v1
kind: Deployment
metadata:
  name: ngx-hpa-dep

spec:
  replicas: 1
  selector:
    matchLabels:
      app: ngx-hpa-dep

  template:
    metadata:
      labels:
        app: ngx-hpa-dep
    spec:
      containers:
      - image: nginx:alpine
        name: nginx
        ports:
        - containerPort: 80

        resources:
          requests:
            cpu: 50m
            memory: 10Mi
```

① 因为 DaemonSet 部署在每个集群节点上，无须扩容或缩容。

② 当前的 HorizontalPodAutoscaler 版本是 HorizontalPodAutoscaler 2，除了支持 CPU 利用率，也支持自定义指标（如每秒能处理的请求数（pequests per second，RPS）），还有更多的可调节参数。但使用命令“kubectl autoscale”创建的 YAML 模板文件默认用的是 HorizontalPodAutoscaler 1。

```
          limits:
            cpu: 100m
            memory: 20Mi
---

apiVersion: v1
kind: Service
metadata:
  name: ngx-hpa-svc
spec:
  ports:
  - port: 80
    protocol: TCP
    targetPort: 80
  selector:
    app: ngx-hpa-dep
```

这个 YAML 文件只部署了 1 个 Nginx 实例，名字是“ngx-hpa-dep”。注意在它的“spec”字段里一定要用“resources”字段写清楚资源配额，否则 HorizontalPodAutoscaler 对象无法获取 Pod 的指标，也就无法实现自动化扩容、缩容。

接下来要用命令“kubectl autoscale”创建 HorizontalPodAutoscaler 的 YAML 模板文件，它有以下 3 个参数：

- min，Pod 数量的最小值，也就是缩容的下限；
- max，Pod 数量的最大值，也就是扩容的上限；
- cpu-percent，CPU 使用率，当大于这个值时扩容，当小于这个值时缩容。

下面的命令指定了 Pod 数量最少 2 个、最多 10 个，CPU 使用率指标设置为 5%，方便观察扩容现象：

```
export out="--dry-run=client -o yaml"              # 定义 Shell 变量
kubectl autoscale deploy ngx-hpa-dep --min=2 --max=10 --cpu-percent=5 $out
```

得到的 YAML 描述文件如下：

```
apiVersion: autoscaling/v1
kind: HorizontalPodAutoscaler
metadata:
  name: ngx-hpa

spec:
  maxReplicas: 10
  minReplicas: 2
  scaleTargetRef:
    apiVersion: apps/v1
    kind: Deployment
```

```
    name: ngx-hpa-dep
  targetCPUUtilizationPercentage: 5
```

使用命令“kubectl apply”创建 HorizontalPodAutoscaler 对象后，HorizontalPodAutoscaler 会发现 Deployment 里的实例只有 1 个，不符合“min”定义的 Pod 数量的最小值的要求，因此先扩容到 2 个，随后通过 Metrics Server 实时监测 Pod 的 CPU 使用率。

使用“kubectl get hpa”可以观察 HorizontalPodAutoscaler 的运行状况：

```
[K8S ~]$kubectl get hpa
NAME      TARGETS     MINPODS   MAXPODS   REPLICAS
ngx-hpa   0%/5%        2          10        2
```

下面尝试给 Nginx 加上压力流量，运行一个测试 Pod，使用的镜像是“httpd:alpine”，它里面有 HTTP 性能测试工具 Apache Bench（简称 ab）：①

```
kubectl run test -it --image=httpd:alpine -- sh
```

向 Nginx Pod 发送 100 万个请求，持续 1 min：

```
ab -c 10 -t 60 -n 1000000 'http://ngx-hpa-svc/'
```

因为 Metrics Server 大约每 15 s 采集一次数据，所以 HorizontalPodAutoscaler 的自动化扩容和缩容也按照这个时间来逐步处理。

当它发现集群的 CPU 使用率超过了设置的 5%后，就会以 2 的倍数开始扩容，一直到 Pod 数量的上限，然后持续监控一段时间，如果 CPU 使用率回落，就会再逐步缩容直到最小值。

6.5.3 使用 Prometheus

有了 Metrics Server 和 HorizontalPodAutoscaler 的帮助，集群的应用管理工作更方便了。不过，Metrics Server 能够获取的指标比较少，只有 CPU 使用率和内存占用大小，想要监控更全面的应用运行状况，还需要部署 Prometheus。②

其实，Prometheus 比 Kubernetes 出现得还要早，最初是由前 Google 员工在 2012 年创建的开源项目，灵感来源于 Borg 配套的监控系统 Borgmon。2016 年，作为第二个加入 CNCF 的项目，Prometheus 在 2018 年继 Kubernetes 之后顺利毕业，成为云原生监控领域的事实标准。

① 镜像“httpd:alpine”其实就是著名的 Web 服务器 Apache，自 1995 年发布以来一直在 Web 服务器领域占据统治地位，直到近几年才被 Nginx 超越。

② Prometheus 的名字来自于希腊神话，也就是盗火的普罗米修斯，所以项目的标志是一个火炬。

和 Kubernetes 一样，Prometheus 也是一个庞大的系统，图 6-6 是 Prometheus 的官方架构图，下面只做简单介绍。

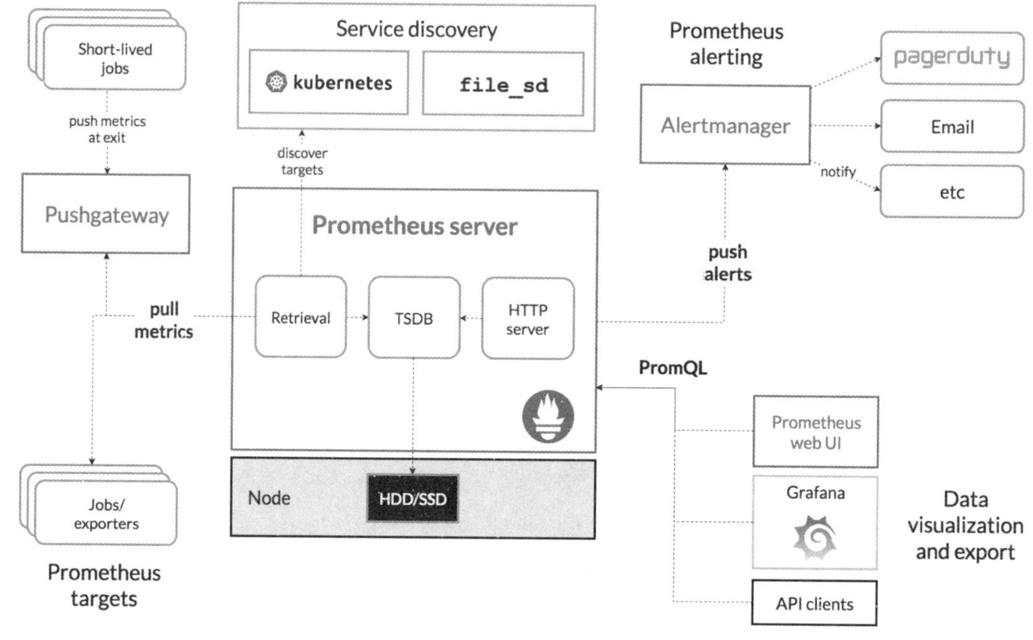

图 6-6　Prometheus 架构示意

Prometheus 系统的核心是 Prometheus server，其中包括一个时序数据库 TSDB，用来存储监控数据，组件 Retrieval 使用拉取（Pull）的方式从各个目标收集数据，再通过 HTTP server 把这些数据发送给外界使用。

除了 Prometheus server，Prometheus 还有 3 个重要组件：

- Pushgateway，用来适配一些特殊的监控目标，把默认的 Pull 模式转变为 Push 模式；
- Alertmanager，告警中心，预先设定规则，发现问题时通过邮件等方式告警；
- Grafana 是图形化界面，可以定制大量直观的监控仪表盘。①

由于同属于 CNCF，Prometheus 自然就是“云原生”，在 Kubernetes 里运行 Prometheus 也是顺理成章。不过它包含的组件比较多，部署起来有点麻烦，本书选用了操作相对简单的“kube-prometheus”项目。

下载 kube-prometheus 的源码包（版本是 0.12）并解压缩后，Prometheus 部署相关的

① Grafana 是一个独立于 Prometheus 的项目，严格来说不是 Prometheus 组件。

YAML 文件有近 100 个，都存放在“manifests”目录下。

和 6.5.1 节的 Metrics Server 一样，Prometheus 在安装前也必须做准备工作，修改“prometheus-service.yaml”“grafana-service.yaml”。这两个文件定义了 Prometheus 和 Grafana 的服务对象，给它们添加“type: NodePort”就可以直接通过节点的 IP 地址访问（当然也可以配置成 Ingress）。

修改完成这两个 YAML 文件之后，要执行两条“kubectl apply”命令来部署 Prometheus，先是创建“manifests/setup”目录、名字空间等基本对象，然后才是创建“manifests”目录：

```
kubectl create -f manifests/setup
kubectl create -f manifests
```

Prometheus 的对象都在名字空间“monitoring”里，创建之后可以用“kubectl get”来查看它的状态：

```
[K8S ~]$kubectl get pod -n monitoring
NAME                                         READY   STATUS
alertmanager-main-0                          2/2     Running
alertmanager-main-1                          2/2     Running
alertmanager-main-2                          2/2     Running
blackbox-exporter-8646857dcc-7mchb           3/3     Running
grafana-74cc547459-wcbf2                     1/1     Running
kube-state-metrics-d785d6cb5-6dkkm           3/3     Running
node-exporter-kl29v                          2/2     Running
node-exporter-nd2gd                          2/2     Running
prometheus-adapter-77cb8bb8c-t68bc           1/1     Running
prometheus-adapter-77cb8bb8c-wv9bs           1/1     Running
prometheus-k8s-0                             2/2     Running
prometheus-k8s-1                             2/2     Running
prometheus-operator-55cb8b56dc-prc4j         2/2     Running
```

确定这些 Pod 运行正常后，再查看它对外的服务端口：

```
[K8S ~]$kubectl get svc -n monitoring
NAME                TYPE        PORT(S)
grafana             NodePort    3000:30014/TCP
prometheus-k8s      NodePort    9090:30608/TCP,8080:32615/TCP
```

之前修改了 Grafana 和 Prometheus 的 Service 对象，所以这两个服务在节点上开启了端口，Grafana 的端口是“30014”；Prometheus 有两个端口，其中“9090”对应的“30608”是 Web 端口，“8080”对应的是“32615”。[①]

① 通常来说，运行 Grafana 组件要预先定义数据源，指定 Prometheus 的地址，但 kube-prometheus 已经把这些配置好了，可以实现开箱即用的效果。

在浏览器里输入节点的 IP 地址加上端口号“30608”，就能看到 Prometheus 的 Web 界面。可以在 Web 界面的查询框上使用 PromQL 查询指标，生成可视化图表，图 6-7 所示为指标“node_memory_Active_bytes”，代表当前正在使用的内存容量。

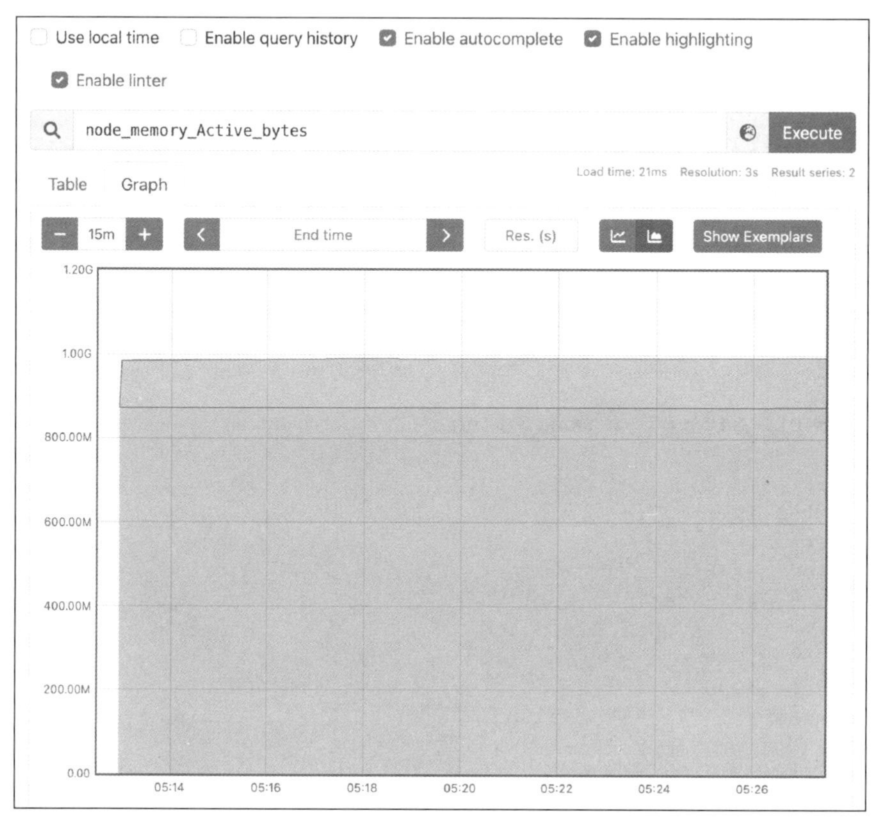

图 6-7　Prometheus 自带的 Web 查询界面

Prometheus 的 Web 界面比较简单，通常只用来调试、测试，不适合实际监控。再来看 Grafana，访问节点的端口“30014”，会要求先登录，默认的用户名和密码都是“admin”。

Grafana 内置了很多强大易用的仪表盘，可以在左侧菜单栏的“Dashboards - Browse”里任意挑选一个仪表盘。①

图 6-8 是“Kubernetes / Compute Resources / Namespace (Pods)”仪表盘，各种数据一目了然，比 Metrics Server 的“kubectl top”命令要直观得多。

① Grafana 官网有很多定义好的仪表盘，是一个类似 GitHub、Docker Hub 的社区，只需要输入数字编号就可以把仪表盘导入本地。

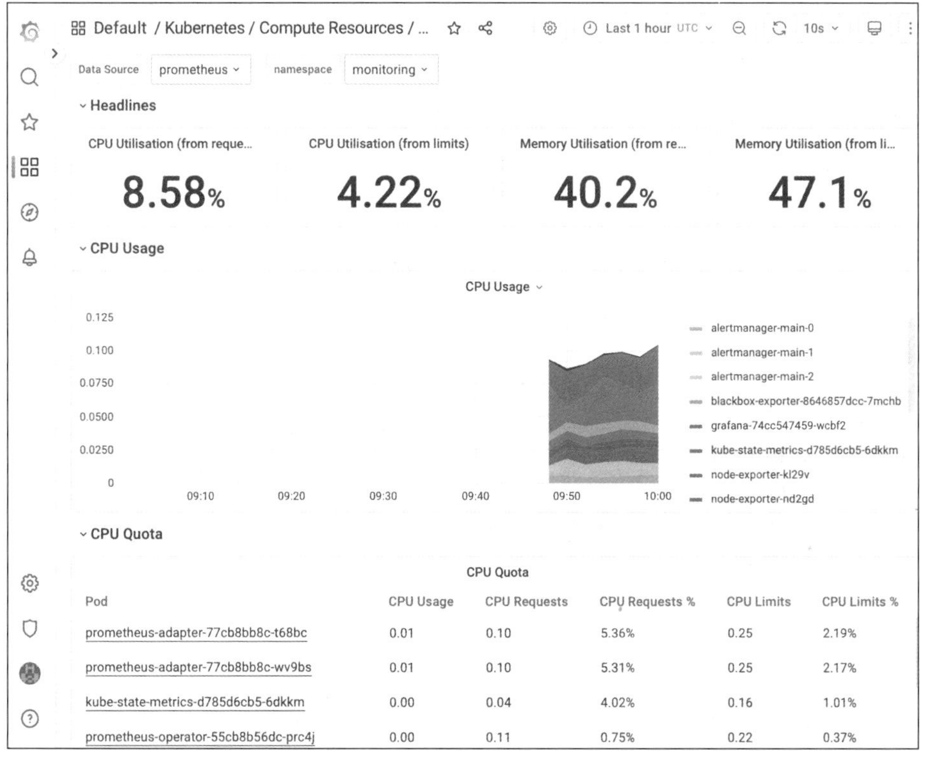

图 6-8 Prometheus 内置的 Grafana 界面

关于 Prometheus 就介绍到这里，读者可以去官方文档或者其他资料进一步学习。

6.5.4 小结

在云原生时代，系统的透明性和可观测性非常重要。本节介绍了 Kubernetes 的两个系统监控项目：命令行式的 Metrics Server 和图形化界面的 Prometheus，利用它们就可以让我们随时掌握 Kubernetes 集群的运行状态。

本节的内容要点如下：

- Metrics Server 是一个 Kubernetes 插件，能够收集系统的核心资源指标，相关命令是“kubectl top”；
- Prometheus 是云原生监控领域的事实标准，用 PromQL 语言来查询数据，再配合 Grafana 可以展示直观的图形界面，方便监控；
- HorizontalPodAutoscaler 实现了应用的自动水平伸缩，它从 Metrics Server 获取应用的运行指标，再实时调整 Pod 数量，可以很好地应对突发流量。

6.6　集群网络插件

2.6 节简单介绍过 Docker 的网络模式，3.3 节又为 Kubernetes 安装了一个网络插件 Flannel。这些都与网络相关，但只是浅尝辄止，并没有深究。Flannel 到底是如何工作的？它为什么能够让 Kubernetes 集群正常通信？还有没有其他网络插件？

本节将介绍 Kubernetes 的网络接口标准 CNI（container networking interface），以及 Calico、Cilium 等性能更好的网络插件。

6.6.1　网络模型

先简单回顾一下 Docker 网络的相关知识。它有 null、host 和 bridge 3 种网络模式，图 6-9 所示为 bridge 网络模式。

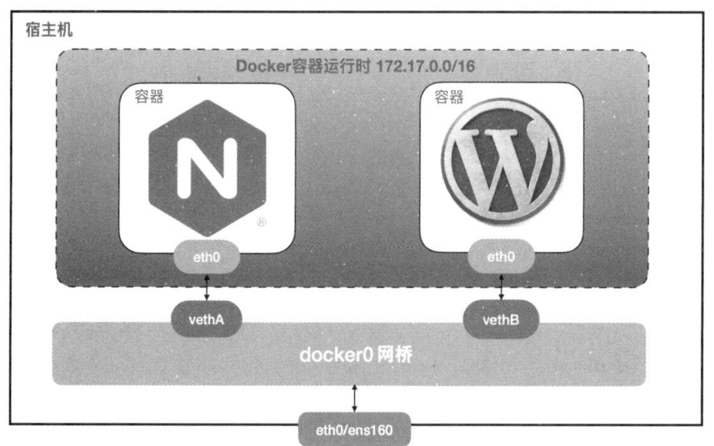

图 6-9　Docker 的 bridge 网络模式

Docker 会创建一个名叫“docker0”的网桥，默认是私有网段“172.17.0.0/16”。每个容器都会创建一个虚拟网卡对（veth pair），两个虚拟网卡分别“插”在容器和网桥上，这样容器之间就可以互联互通。①

Docker 的网络方案简单、有效，但局限在单机环境里工作，跨主机通信非常困难（需要做端口映射和网络地址转换）。

针对 Docker 的网络缺陷，Kubernetes 提出了自己的网络模型“IP-per-pod”，能够很好

① IP 地址网段通常用网络掩码来表示，也就是“/”后面的数字（如“/16”“/24”），因为 IPv4 是 32 位，所以前面的位数就是网络号，后面的位数就是主机号，网络号不同代表处于不同的网络段。

地适应集群的网络需求，它有以下 4 点基本假设：

- 集群里的每个 Pod 都有唯一的 IP 地址；
- Pod 的所有容器共享这个 IP 地址；
- 集群的所有 Pod 属于同一个网段；
- Pod 直接可以基于 IP 地址直接访问另一个 Pod，不需要网络地址转换。

Kubernetes 的网络模型如图 6-10 所示。

图 6-10 Kubernetes 的网络模型

这个网络模型让 Pod 摆脱了主机的硬限制。因为 Pod 有独立的 IP 地址，相当于一台虚拟机，而且直连互通，也就可以很容易地实施域名解析、负载均衡、服务发现等工作，允许直接使用以前的运维经验，对应用的管理和迁移非常友好。

6.6.2 什么是 CNI

Kubernetes 定义的这个网络模型很完美，但要落地却不那么容易。所以 Kubernetes 专门制定了一个标准：CNI。①

CNI 为网络插件定义了一系列通用接口，开发者只要遵循这个规范就可以接入 Kubernetes，为 Pod 创建虚拟网卡、分配 IP 地址、设置路由规则，最后就能够实现“IP-per-pod”网络模型。

根据实现技术的不同，CNI 插件大致分为 Overlay、Route 和 Underlay 这 3 种模式。

Overlay 的原意是“覆盖”，是指它构建了一个工作在真实底层网络之上的逻辑网络，将原始

① Docker 曾经提出过另一个容器网络标准 CNM（container network model），但竞争不过背靠 Kubernetes 和 CNCF 的 CNI，以失败告终。

的 Pod 网络数据封包，再通过下层网络发送出去，到了目的地再拆包。它对底层网络的要求低、适应性强，缺点就是有额外的传输成本、性能较低。

Route 也是在底层网络之上工作，但它没有封包和拆包，而是使用系统内置的路由功能来实现 Pod 跨主机通信。它的优点是性能高，不过对底层网络的依赖性比较强，如果底层不支持就无法工作。

Underlay 就是直接用底层网络来实现 CNI，也就是说 Pod 和宿主机是平等的、在同一个网络里。它对底层的硬件和网络的依赖性更强，因而不够灵活，但性能更好。

自 2015 年 CNI 发布以来，由于它的接口定义宽松，有很大的自由发挥空间，所以在社区里涌现出了非常多的网络插件，3.3 节提到的 Flannel 就是其中之一。

Flannel 由 CoreOS 公司（已被 Redhat 收购）开发，最早是一种 Overlay 模式的网络插件，使用的是 UDP 和 VXLAN 技术，后来又通过 Host-Gateway 技术支持了 Route 模式。Flannel 简单易用，是 Kubernetes 里流行的 CNI 插件，但在性能方面表现不是太好，一般不建议在生产环境里使用。

另外两个比较流行的 CNI 插件是 Calico、Cilium。①

Calico 是一种 Route 模式的网络插件，使用 BGP 协议（border gateway protocol）来维护路由信息，性能比 Flannel 更好，而且支持多种网络策略，具备数据加密、安全隔离、流量整形等功能。

Cilium 是一个比较新的网络插件，同时支持 Overlay 模式和 Route 模式，它的特点是深度使用了 Linux eBPF 技术，在内核层次操作网络数据，所以性能很高，可以灵活实现各种功能。2021 年它加入了 CNCF，成为孵化项目，是一个非常有前途的 CNI 插件。②

6.6.3 CNI 的工作原理

本节以 Flannel 为例讲解 CNI 在 Kubernetes 里的工作方式。

必须说明一点，计算机网络很复杂，有 IP 地址、MAC 地址、网段、网卡、网桥、路由等许多概念，而且数据会流经多个设备，理清楚脉络比较麻烦，也容易增加读者的理解成本，因此本节在讲解时不会涉及太多的底层细节。

先在实验环境里用 Deployment 对象创建 3 个 Nginx Pod：

```
kubectl create deploy ngx-dep --image=nginx:alpine --replicas=3
```

---

① 仔细观察这些 CNI 插件会发现一个很有意思的现象，它们的名字都跟纺织品有关，例如 Flannel 是“法兰绒”，Calico 是“印花布”，Cilium 是“纤毛”，Weave 更直接就是“编织”，大概是因为现实世界里的纺织品也是“网”，这样命名更亲切。

② eBPF 是运行在 Linux 内核里的小程序，能够动态地扩展内核功能，被广泛用于网络、安全、分析、监控等领域。

使用命令“kubectl get pod”可以看到，有 1 个 Pod 运行在 k8s-master 节点上，IP 地址是“10.10.0.36”；2 个 Pod 运行在 k8s-worker 节点上，IP 地址分别是“10.10.1.61”“10.10.1.62”：

```
[K8S ~]$kubectl get pod -o wide
NAME                         IP            NODE
ngx-dep-6bbd978847-ncddh     10.10.0.36    k8s-master
ngx-dep-6bbd978847-rlt8x     10.10.1.61    k8s-worker
ngx-dep-6bbd978847-zbl9p     10.10.1.62    k8s-worker
```

Flannel 默认使用的是基于 VXLAN 技术的 Overlay 模式，整个集群的网络结构如图 6-11 所示。

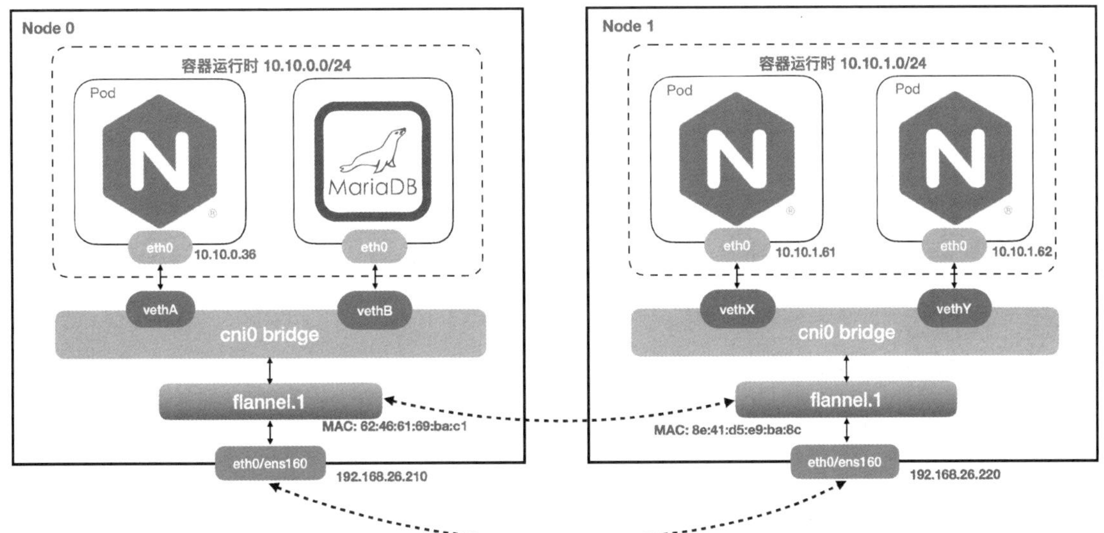

图 6-11 Flannel Overlay 模式示意

从单机的角度来看，Flannel 的网络结构和 Docker 的网络结构几乎是一模一样，只不过 Flannel 的网桥是“cni0”，而不是“docker0”。

接下来看看 Pod 里的虚拟网卡接入 cni0 网桥的方式。

在 Pod 里执行命令“ip addr”就可以看到虚拟网卡“eth0”：

```
[K8S ~]$kubectl exec -it ngx-dep-6bbd978847-ncddh -- ip addr

1: lo: <LOOPBACK,UP,LOWER_UP>
    link/loopback 00:00:00:00:00:00 brd 00:00:00:00:00:00
    inet 127.0.0.1/8 scope host lo
```

```
2: eth0@if36: <BROADCAST,MULTICAST,UP,LOWER_UP,M-DOWN>
    link/ether b2:4f:2d:53:09:f5 brd ff:ff:ff:ff:ff:ff
    inet 10.10.0.36/24 brd 10.10.0.255 scope global eth0
```

需要注意它的形式，第一个数字“2”是序号，代表第 2 号设备，“@if36”是它另一端连接的虚拟网卡，序号是 36。

因为这个 Pod 的宿主机是 master，所以要登录到 k8s-master 节点。查看这个节点上的网络情况，同样使用命令“ip addr”：

```
[K8S-CP ~]$ip addr

1: lo: <LOOPBACK,UP,LOWER_UP>
    link/loopback 00:00:00:00:00:00 brd 00:00:00:00:00:00
    inet 127.0.0.1/8 scope host lo

36: veth6533e519@if2: <BROADCAST,MULTICAST,UP,LOWER_UP>
    link/ether 66:6b:db:09:77:7e brd ff:ff:ff:ff:ff:ff
    link-netns cni-f815112a-9386-95b3-3622-abd155a5d454
```

可以看到，k8s-master 节点上的第 36 号设备，它的名字是“veth6533e519@if2”，“veth”表示它是一个虚拟网卡，而后面的“@if2”就是 Pod 对应的 2 号设备，也就是“eth0”网卡。

查看“cni0”网桥的信息需要在 k8s-master 节点上使用命令“brctl show”：

```
[K8S-CP ~]$brctl show
bridge name     bridge id               interfaces
cni0            8000.fe13252d9c1e       veth6533e519
                                        veth9ecfb7ad
                                        vetha82dfe9d
```

可以看到，“cni0”网桥上有 3 个虚拟网卡，其中第 1 个虚拟网卡就是“veth6533e519”，被“插”在了“cni0”网桥上，因为虚拟网卡的“结对”特性，Pod 也就连上了“cni0”网桥。

使用同样的方式就可以知道另两个 Pod 的网卡“插”在了 Worker 节点的“cni0”网桥上，借助这个网桥，本机的 Pod 间就可以直接通信。

弄清楚了本机网络，再来看跨主机的网络，它的关键是节点的路由表，用命令“route”查看：

```
[K8S-CP ~]$route
Kernel IP routing table
Destination     Gateway     Genmask           Use Iface
default         _gateway    0.0.0.0           0 ens160
10.10.0.0       0.0.0.0     255.255.255.0     0 cni0
10.10.1.0       10.10.1.0   255.255.255.0     0 flannel.1
192.168.26.0    0.0.0.0     255.255.255.0     0 ens160
```

可以显示以下信息：

- 10.10.0.0/24 网段的数据，都要走 cni0 设备，也就是“cni0”网桥；
- 10.10.1.0/24 网段的数据，都要走 flannel.1 设备，也就是 Flannel；
- 192.168.10.0/24 网段的数据，都要走 ens160 设备，也就是宿主机的网卡。

假设要从 k8s-master 节点的“10.10.0.36”访问 k8s-worker 节点的“10.10.1.61”，因为 k8s-master 节点的“cni0”网桥管理的只是“10.10.0.0/24”这个网段，所以按照路由表，凡是“10.10.1.0/24”网段都由 flannel.1 来处理，这样就进入了 Flannel 插件的工作流程。

然后 Flannel 要决定应该如何把数据转发到另一个节点，在“ip neighbor”“bridge fdb”等表里去查询。

最终 Flannel 得到的结果就是要把数据转发到“192.168.26.220”，也就是 k8s-worker 节点，所以它就会在原始网络包前面加上这些额外信息，封装成 VXLAN 报文，用“ens160”网卡发出去，k8s-worker 节点收到后再拆包执行类似的反向处理，就可以把数据发送至真正的目标 Pod。

6.6.4 使用 Calico 插件

本节介绍另一个 Route 模式的插件 Calico。

Calico 官网提供了多种安装方式，本书选择的是本地自助安装（self-managed on-premises），直接下载 YAML 文件，用“kubectl apply”即可（记得安装之前要删掉 Flannel 插件）。

安装之后查看 Calico 的运行状态，注意它是在“kube-system”名字空间：

```
[K8S ~]$kubectl get pod -n kube-system
NAME                                       READY
calico-kube-controllers-85578c44bf-xq2mr   1/1
calico-node-b7ttd                          1/1
calico-node-vsqjk                          1/1
```

这里仍然创建 3 个 Nginx Pod 做实验：

```
[K8S ~]$kubectl create deploy ngx-dep --image=nginx:alpine --replicas=3
deployment.apps/ngx-dep created

[K8S ~]$kubectl get pod -o wide
NAME                       READY   IP              NODE
ngx-dep-6bbd978847-6l7pw   1/1     10.10.235.198   k8s-master
ngx-dep-6bbd978847-rlzrj   1/1     10.10.254.133   k8s-worker
ngx-dep-6bbd978847-9ksgv   1/1     10.10.254.134   k8s-worker
```

可以看到，k8s-master 节点上有 1 个 Pod，k8s-worker 节点上有 2 个 Pod，但它们的 IP 地址与 6.6.3 节使用 Flannel 时明显不一样，分别是“10.10.235.198”“10.10.254.133”“10.10.254.134”，这说明 Calico 的 IP 地址分配策略和 Flannel 是不同的。

再查看 Pod 里的网卡情况，会发现虽然还有虚拟网卡，但宿主机上的网卡名字变成了“calie5ef9cf82bd@if4”，而且并没有连接到“cni0”网桥上：

```
[K8S ~]$kubectl exec ngx-dep-6bbd978847-9ksgv -- ip addr

1: lo: <LOOPBACK,UP,LOWER_UP>
    inet 127.0.0.1/8 scope host lo

2: tunl0@NONE: <NOARP>
    link/ipip 0.0.0.0 brd 0.0.0.0

4: eth0@if7: <BROADCAST,MULTICAST,UP,LOWER_UP,M-DOWN>
    link/ether ca:11:2c:02:c1:4e brd ff:ff:ff:ff:ff:ff
    inet 10.10.254.134/32 scope global eth0

[K8S-DP ~]$ip addr
7: calie5ef9cf82bd@if4: <BROADCAST,MULTICAST,UP,LOWER_UP>
    link/ether ee:ee:ee:ee:ee:ee brd ff:ff:ff:ff:ff:ff
```

其实这是因为 Calico 的工作模式。Calico 不是 Overlay 模式，而是 Route 模式，所以它采用的是在宿主机上创建路由规则，让数据包不经过网桥直接“跳”到目标网卡去。

看一下 Worker 节点上的路由表就能明白：

```
[K8S-DP ~]$route
Kernel IP routing table
Destination     Gateway          Genmask           Iface
default        _gateway          0.0.0.0           ens160
10.10.235.192   192.168.26.210   255.255.255.192 tunl0
10.10.254.128   0.0.0.0          255.255.255.192 *
10.10.254.133   0.0.0.0          255.255.255.255 calif750ceaca28
10.10.254.134   0.0.0.0          255.255.255.255 calie5ef9cf82bd
192.168.26.0    0.0.0.0          255.255.255.0   ens160
```

假设 Pod A“10.10.254.133”要访问 Pod B“10.10.254.134”，查路由表，知道要走“calie5ef9cf82bd”这个设备，而它恰好就在 Pod B 里，所以数据就会直接进入 Pod B 的网卡，省去了网桥的中间步骤。

Calico 的网络架构如图 6-12 所示，可以再对比图 6-11 所示的 Flannel 的网络架构来学习。

在 Calico 里跨主机通信的路由过程，也是对照着路由表一步步地“跳”到目标 Pod 去，本节不再展开。

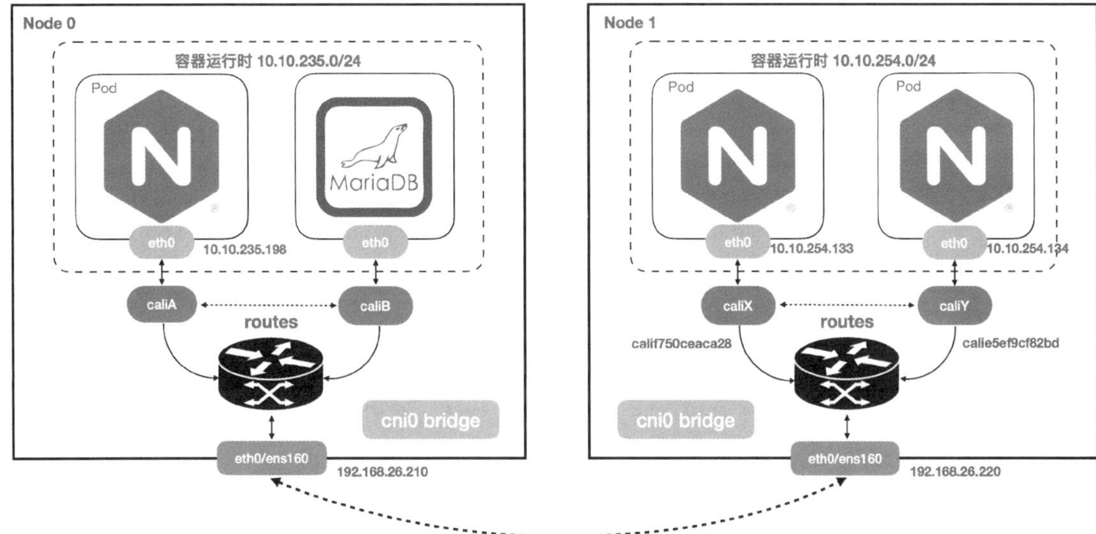

图 6-12 Calico Route 模式示意

6.6.5 小结

Kubernetes 网络数据的整个传输过程有大量的细节，非常多的环节都参与其中，想把它彻底弄明白不是件容易的事情。①

好在 CNI 通过“依赖倒置”的原则把这些工作都交给插件去完成了，不管底层是什么样的环境、不管插件是如下实现的，在 Kubernetes 集群里只会有一个干净、整洁的网络空间。

本节的内容要点如下：

- Kubernetes 使用的是“IP-per-pod”网络模型，每个 Pod 有唯一的 IP 地址，简单易管理；
- CNI 是 Kubernetes 定义的网络插件接口标准，按照实现方式可以分成 Overlay、Route 和 Underlay 这 3 种模式，常见的 CNI 插件有 Flannel 和 Calico 等；
- Flannel 支持 Overlay 模式，它使用了 cni0 网桥和 flannel.1 设备，本机通信直接走 cni0，跨主机通信会把原始数据包封装成 VXLAN 包再通过宿主机网卡发送，有性能损失；
- Calico 支持 Route 模式，它不使用 cni0 网桥，而是创建路由规则，把数据包直接发送到目标网卡，所以性能更高。

① 如果读者有网络抓包的经验，可以尝试使用 tcpdump、tshark，在 veth、cni0、flannel.1 等设备上抓包，能够更清楚地看出网络数据的流向。

6.7 实战演练

本章的知识点比较多，难度也要高一些。如果读者能够坚持学习下来，相信一定会对 Kubernetes 有更深层次的认识和理解。

本节仍然先对前面的知识做回顾与总结，提炼本章的学习要点，然后是实战演练，在 Kubernetes 集群里安装 Dashboard，综合实践 Ingress 对象、名字空间的用法。

6.7.1 要点回顾

本章的前 3 节（6.1～6.3 节）讲的是应用管理，包括滚动更新、资源配额和健康检查。

在 Kubernetes 里部署好应用后，还需要对它做持续的运维管理，其中一项任务是版本的更新和回退。

版本更新很简单，只要编写一个新的 YAML 文件（包括 Deployment、DaemonSet 和 StatefulSet 对象的 YAML 文件），再使用“kubectl apply”命令应用就可以了。Kubernetes 采用的是滚动更新策略，实际上是两个同步进行的扩容和缩容动作，这样在版本更新的过程中始终会有足够数量的 Pod 处于可用状态，能够平稳地对外提供服务。

应用的更新历史可以使用命令“kubectl rollout history”查看，如果更新后出现了问题，可以使用命令“kubectl rollout undo”回退。这两条命令相当于给更新流程上了一个“保险”。

为了让 Pod 里的容器稳定运行，可以采用资源配额和检查探针这两种方法。

资源配额能够限制容器申请的 CPU 和内存数量，使资源占用保持在一个合理的范围，更有利于 Kubernetes 调度。

检查探针是 Kubernetes 内置的应用监控工具，有 Startup 探针、Liveness 探针和 Readiness 探针 3 种，分别探测应用的启动、存活、就绪状态，探测的方式也有 Shell 命令、TCP 套接字和 HTTP 请求接口 3 种。组合运用这些探针就可以灵活检查容器的状态，Kubernetes 发现容器不可用就会重启，让应用在总体上处于健康水平。

接下来的 3 节（6.4～6.6 节）讲的是集群管理，包括名字空间、系统监控和网络通信等知识点。

在 Kubernetes 的集群里资源是有限的，除了要给 Pod 加上资源配额，也要为集群加上资源配额，方法就是用名字空间，把整体的资源池切分成多个小块，按需分配给不同的用户。

名字空间的资源配额使用的是“ResourceQuota”字段，除了限制基本的 CPU 和内存容量，还能够限制存储容量和各种 API 对象的数量，以避免多用户互相挤占，更高效地利用集群资源。

系统监控是集群管理的另一个重要方面，Kubernetes 提供 Metrics Server 和 Prometheus 两个工具。

- Metrics Server 专门用来收集 Kubernetes 核心资源指标，可以使用命令“kubectl top”来查看集群的状态。它也是水平自动伸缩对象 HorizontalPodAutoscaler 的前提条件。
- Prometheus 是云原生监控领域的事实标准，在集群里部署 Prometheus 之后就可以用 Grafana 可视化监控各种指标，还可以集成自动告警等功能。

对于底层的基础网络设施，Kubernetes 定义了网络模型“IP-per-pod”，实现它需要符合 CNI 标准。常用的网络插件有 Flannel 和 Calico 等，Flannel 使用的是 Overlay 模式、性能较低，Calico 使用的是 Route 模式、性能较高。

6.7.2 部署 Dashboard

本节之前一直使用的是控制台的字符界面，使用命令（kubectl、kubeadm 等）来管理 Kubernetes，但其实 Kubernetes 提供了基于浏览器的图形界面，即 Dashboard，能够非常直观地管理 Kubernetes 集群。本节带着读者从零开始安装 Dashboard。①

Dashboard 的安装很简单，在它的项目网站直接下载它的 YAML 文件，这里使用的版本是 2.7.0。②

Dashboard YAML 文件里包含了很多对象，其要点如下：

- 所有的对象都属于“kubernetes-dashboard”名字空间；
- Dashboard 使用 Deployment 部署了一个实例，端口号是 8443；
- 容器启用了 Liveness 探针，使用 HTTP 请求接口的方式检查存活状态；
- Service 对象使用的是 443 端口，它映射了 Dashboard 的 8443 端口。

使用命令“kubectl apply”可以轻松部署 Dashboard：

```
[K8S ~]kubectl apply -f dashboard.yaml

[K8S ~]$kubectl get pod -n kubernetes-dashboard
NAME                                         READY   STATUS
dashboard-metrics-scraper-5cb4f4bb9c-fjsz5   1/1     Running
kubernetes-dashboard-6967859bff-qt2wg        1/1     Running
```

为了帮助读者理解并进一步实践 Ingress，本节会在 Dashboard 前面配一个 Ingress 入口，用反向代理的方式来访问它。

---

① Minikube 直接内置 Dashboard，不需要安装，使用命令“minikube dashboard”即可启动。

② 从 Dashboard 3.0 开始，Dashboard 内部架构发生了重大变化，内置了 cert-manager 和 Nginx Ingress Controller。

由于 Dashboard 默认使用的是加密的 HTTPS 协议，拒绝明文 HTTP 访问，因此要生成证书，让 Ingress 也走 HTTPS 协议。

简单起见，这里直接用 Linux 里的命令行工具"openssl"来生成一个自签名的证书（当然也可以考虑在 CA 网站上申请免费证书）：①

```
openssl req -x509 -days 365 -out k8s.test.crt -keyout k8s.test.key \
  -newkey rsa:2048 -nodes -sha256 \
    -subj '/CN=k8s.test' -extensions EXT -config <( \
       printf "[dn]\nCN=k8s.test\n[req]\ndistinguished_name = dn\n
                [EXT]\nsubjectAltName=DNS:k8s.test\n
                keyUsage=digitalSignature\nextendedKeyUsage=serverAuth")
```

这条 openssl 命令的含义是：生成一个 X509 格式的证书，有效期是 365 天，使用 RSA 算法生成 2048 位的私钥，摘要算法是 SHA256，签发的网站是"k8s.test"。

运行命令行后会生成两个文件，一个文件是证书"k8s.test.crt"，另一个文件是私钥"k8s.test.key"，需要把这两个文件存入 Kubernetes 里供 Ingress 使用。

这两个文件属于机密信息，使用 Secret 对象存储。仍然可以用命令"kubectl create secret"来自动创建 YAML 文件，不过类型不是"generic"而是"tls"，同时还要用"-n"指定名字空间，用"--cert""--key"指定文件：

```
export out="--dry-run=client -o yaml"
kubectl create secret tls dash-tls -n kubernetes-dashboard \
              --cert=k8s.test.crt --key=k8s.test.key $out > cert.yml
```

Secret 的 YAML 描述如下：

```
apiVersion: v1
kind: Secret
metadata:
  name: dash-tls
  namespace: kubernetes-dashboard
type: kubernetes.io/tls

data:
  tls.crt: LS0tLS1CRUdJTiBDRVJU...
  tls.key: LS0tLS1CRUdJTiBQUklW...
```

接下来要编写 Ingress Class 和 Ingress 的 YAML 文件，为了保持名字空间的整齐，也把这个 YAML 文件放在"kubernetes-dashboard"名字空间里。

Ingress Class 对象很简单，名字是"dash-ink"，并在"controller"字段指定使用

① 浏览器会认为自签名证书不安全，需要手动选择"高级""例外"等设置，忽略警告强制访问。

的 Ingress Controller 的名字：

```
apiVersion: networking.k8s.io/v1
kind: IngressClass

metadata:
  name: dash-ink
  namespace: kubernetes-dashboard
spec:
  controller: nginx.org/ingress-controller
```

Ingress 对象可以用“kubectl create”命令自动生成：

```
kubectl create ing dash-ing \
       --rule="k8s.test/=kubernetes-dashboard:443" \
       --class=dash-ink -n kubernetes-dashboard $out
```

但这次 Ingress 对象遵循的是 HTTPS 协议，所以要多加两个字段，一个是“annotations”字段，指定后端目标是 HTTPS 服务；另一个是“tls”字段，指定域名和证书，也就是刚才创建的 Secret 对象：

```
apiVersion: networking.k8s.io/v1
kind: Ingress

metadata:
  name: dash-ing
  namespace: kubernetes-dashboard
  annotations:
    nginx.org/ssl-services: "kubernetes-dashboard"

spec:
  ingressClassName: dash-ink

  tls:
    - hosts:
      - k8s.test
      secretName: dash-tls

  rules:
  - host: k8s.test
    http:
      paths:
      - path: /
        pathType: Prefix
        backend:
          service:
            name: kubernetes-dashboard
            port:
              number: 443
```

最后一个对象是 Ingress Controller，还是基于 YAML 模板文件修改，要把“args”里的 Ingress Class 改成“dash-ink”：

```
apiVersion: apps/v1
kind: Deployment
metadata:
  name: dash-kic-dep
  namespace: nginx-ingress

spec:
  ...
        args:
          - -ingress-class=dash-ink
```

要让外界能够访问 Ingress Controller，还要为它定义 Service，类型是“NodePort”，端口号指定为“30443”：

```
apiVersion: v1
kind: Service
metadata:
  name: dash-kic-svc
  namespace: nginx-ingress

spec:
  ports:
  - port: 443
    protocol: TCP
    targetPort: 443
    nodePort: 30443

  selector:
    app: dash-kic-dep
  type: NodePort
```

Secret、Ingress Class、Ingress、Ingress Controller、Service 等对象创建完成之后，它们的运行状态应该如下：

```
[K8S ~]$kubectl get ingressclass
NAME       CONTROLLER
dash-ink   nginx.org/ingress-controller

[K8S ~]$kubectl get ing -n kubernetes-dashboard
NAME       CLASS      HOSTS      PORTS
dash-ing   dash-ink   k8s.test    80, 443

[K8S ~]$kubectl get pod -n nginx-ingress
NAME                           READY   STATUS
dash-kic-dep-55cc7bcdf9-wlrxm   1/1     Running
```

```
[K8S ~]$kubectl get svc -n nginx-ingress
NAME          TYPE       CLUSTER-IP     PORT(S)
dash-kic-svc  NodePort   10.107.31.67   443:30443/TCP
```

这些对象比较多，且处于不同的名字空间，关联有点复杂，图 6-13 展示了这些对象之间的关系。

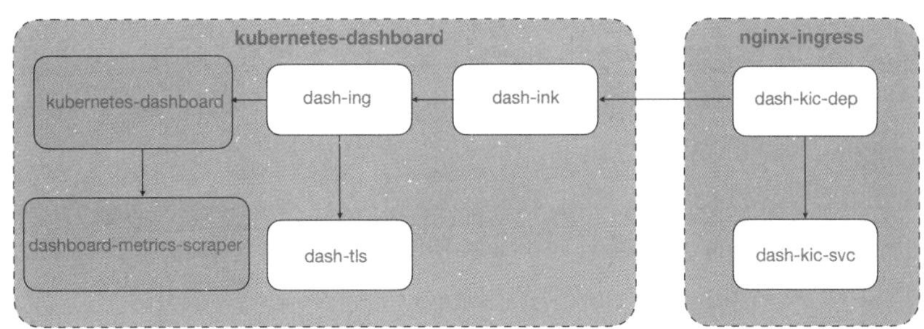

图 6-13 部署 Dashboard 所需对象的关系

这样 Dashboard 的部署工作就基本完成了。接下来为它创建一个用户并登录 Dashboard，就可以正常访问。

Dashboard 项目里有如下一个简单示例，可以直接使用：

```
apiVersion: v1
kind: ServiceAccount
metadata:
  name: admin-user
  namespace: kubernetes-dashboard

---

apiVersion: rbac.authorization.k8s.io/v1
kind: ClusterRoleBinding
metadata:
  name: admin-user
roleRef:
  apiGroup: rbac.authorization.k8s.io
  kind: ClusterRole
  name: cluster-admin
subjects:
- kind: ServiceAccount
  name: admin-user
  namespace: kubernetes-dashboard
```

这个 YAML 文件创建了一个 Dashboard 的管理员账号，名字是“admin-user”，使用的是 Kubernetes 的基于角色的访问控制（role-based access control，RBAC）机制。①

① RBAC 机制通过给用户赋予不同的角色来授予权限，比传统的基于用户身份的方式更灵活、可控，也是 Kubernetes 鉴权认证的核心机制。

“admin-user”账号不能用简单的“用户名+密码”方式登录，需要用到一个 Token，这个 Token 可以使用命令“kubectl create token”生成：①

```
[K8S ~]$kubectl create token admin-user -n kubernetes-dashboard
eyJhbGciOiJSUzI1NiIs...
```

这个 Token 是一个很长的字符串，保存后再为测试域名“k8s.test”加上域名解析（修改“etc/hosts”），然后在浏览器里输入网址 https://k8s.test:30443 就可以访问 Dashboard 了，如图 6-14 所示。

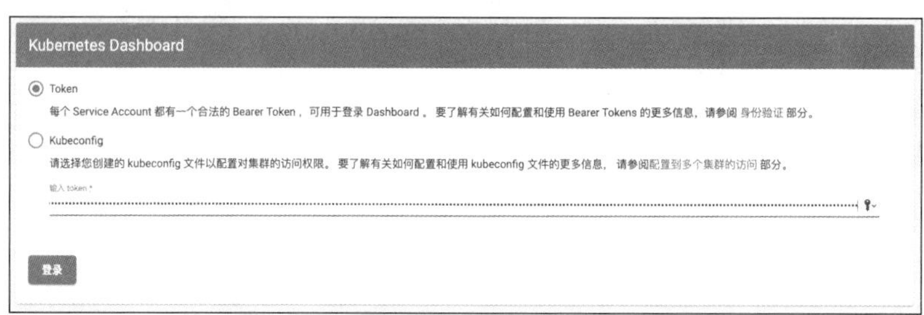

图 6-14 Dashboard 登录的认证界面

图 6-15 和图 6-16 所示为查看集群中“kube-system”名字空间的情况。如果之前安装了 Metrics Server，那么 Dashboard 也能够以图形的方式显示 CPU 和内存的使用情况，类似“Prometheus + Grafana”的显示效果。

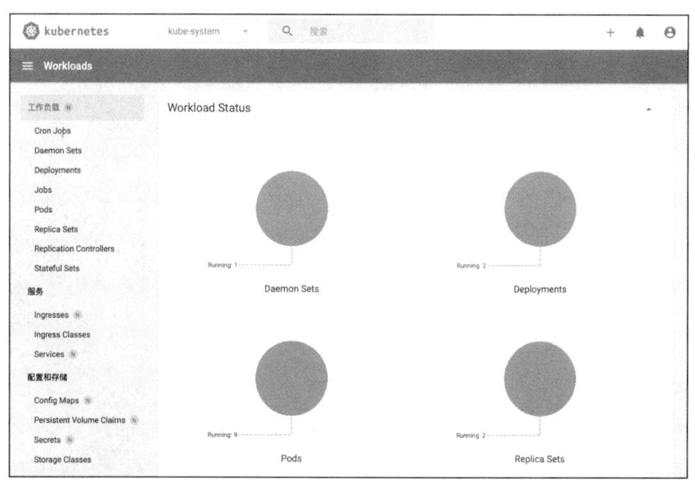

图 6-15 Dashboard 界面（1）

① Dashboard 也可以不用登录、不配置 HTTPS 协议相关的参数，只要在“args”字段里加上特定的参数（如“enable-insecure-login”“insecure-port”等）即可，具体做法可参考 GitHub 网站的项目文档。

此外，点击“Pods”列表中任意一个 Pod 的名字就会进入管理界面（见图 6-16），可以看到 Pod 的详细信息，而图 6-17 所示的右上角有 4 个很重要的功能，分别可以查看日志、进入 Pod 内部、编辑 Pod 和删除 Pod，相当于执行“logs”“exec”“edit”“delete”命令，但要比使用命令行的方式要直观、友好得多。

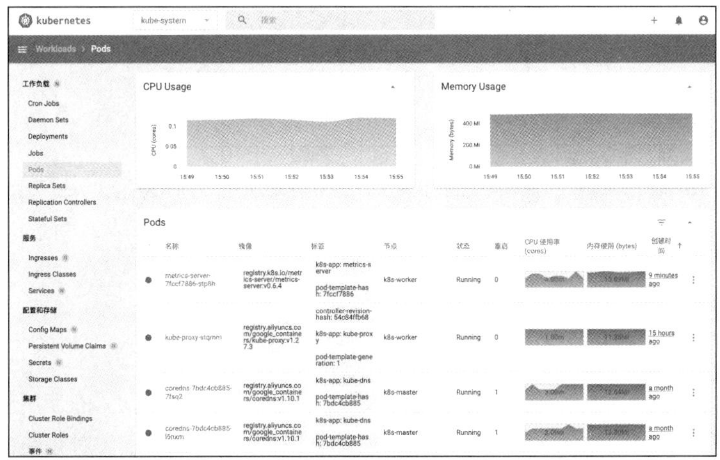

图 6-16 Dashboard 界面（2）

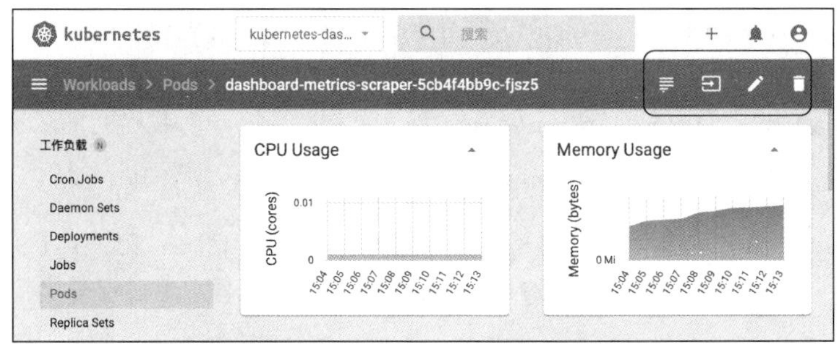

图 6-17 Dashboard 界面（3）

Dashboard 里可研究的地方还有很多，读者可以在跟随本节的步骤部署完成 Dashboard 后，继续实践。

6.7.3 小结

本节先回顾了 Kubernetes 的一些知识要点，又在 Kubernetes 里安装了 Dashboard，主要部署在名字空间“kubernetes-dashboard”中。

Dashboard 的安装很简单，本节实践时在它前面搭建了一个反向代理，配上了安全证书，进一步实践了 Ingress 的用法。

第 7 章 结束语

到这里，入门 Kubernetes 要掌握的知识点已经讲解完了，你即将抵达 Kubernetes 学习的“终点站”。分别之际，我还要再分享些我学习 Kubernetes 的经验，以及给你的学习建议。

7.1 学习经验分享

我是一名软件开发者，主要使用的编程语言是 C 和 C++，对 Nginx 的使用非常深入，所以在学习 Kubernetes 时会下意识地筛选应用的开发和部署相关的知识点，对系统的安装、运维、管理则关注得不是太多。

因此，要和读者分享的第一条经验是，学习 Kubernetes 首先要结合自己的实际情况，制定明确的学习目标。例如，我要学会在 Kubernetes 里开发云原生应用，我要运维 Kubernetes 的监控系统，我要搭建出高可用的 Kubernetes 生产系统，等等，而我当初的目标就是“要搞明白 Nginx Ingress Controller 的用法”。

有了比较明确的目标才会有方向、有重点地去研究 Kubernetes，方便检查自己的学习进度，否则漫无目的地学习很容易迷失在 Kubernetes 的众多技术细节里，也很难构建起完整的知识体系。

和大多数人一样，我一开始学 Kubernetes 也是困难重重，因为 Kubernetes 是一个全新的系统，初学者需要面对非常多的新概念（如 Pod、ConfigMap、Deployment 等），完全要从零开始。

但是对于初学者来说没有捷径可走，唯有下苦功夫、花大力气，必须反复阅读思考，再通过做实验来加深印象。只要度过了最开始打好了基础，理解了底层知识，后面的学习就会变得轻松一些。

其中，做实验是学习 Kubernetes 的重要手段，仅仅是看各种文字、视频资料，不真正上手演练，很难弄清楚它的工作原理和运行机制。我推荐最初学习使用 Minikube，它的优点是简单方便、功能齐全，可以快速上手 Kubernetes 的学习。

不过因为 Minikube 是运行在本地的工具，在你的电脑上的虚拟机内可以轻松创建单机版的 Kubernetes 集群，但在节点和网络等方面与真实的生产环境有一些差距，所以建议读者在对

Kubernetes 有了比较深入的了解之后使用 kubeadm，以便更透彻地学习 Kubernetes。

在学习 Kubernetes 的过程中还有两条最佳实践，一是勤记笔记，二是画思维导图。

俗话说好记性不如烂笔头，资料看得太多，大脑不可能全记住，我们要及时把阅读时的思考和体会写下来。不过也不必强求笔记完整详细，短短一两句话、简单的几个链接都是有价值的，等笔记积累到一定的数量，就可以再花一些时间进行归纳，这个时候就会用到思维导图。

树状发散的思维导图更符合人类的自然思维模式，可以想到哪儿就写到哪儿，没有任何心理负担，而且还可以给条目加各种小标记，条目之间还可以互相引用，用视觉效果来强化学习。

把碎片化的笔记和有结构的思维导图结合起来，我们就能更顺畅地整理思路、总结经验，把零散的想法、概念分类合并，逐渐掌握 Kubernetes 相关的系统、全面的知识。其实，很多技术的学习都可以用上这两条最佳实践。

7.2 学习方式建议

本书马上要结束了，但在“终点站”之外，Kubernetes 的世界才刚刚展现在你的面前。这个世界是如此的广阔，本书只是帮你走出了第一步。下面是学习 Kubernetes 的 4 个可能方式，读者可以把它们看成是继续学习 Kubernetes 的攻略和指引。

（1）阅读 Kubernetes 官网的文档。

Kubernetes 官网的资料非常丰富，包括入门介绍、安装指导、基本概念、应用教程、运维任务、参考手册等。

当然，这些文档不是为初学者定制的，要有一定的基础才能够看明白，但优势是全面、权威，覆盖了 Kubernetes 的每一个特性，对 Kubernetes 有任何的疑惑和不解，都能够在这些文档里找到答案。在使用 Kubernetes 官网的文档时，要善用搜索功能（通过关键字来快速定位文章、页面），不要从头开始、按部就班地查找知识点。

（2）看 Kubernetes 的博客。

官网的文档只描述了 Kubernetes 的现状，而没有讲它的历史，想要知道 Kubernetes 的 API 对象是怎么设计出来的，又是怎么一步步发展到今天的样子，可以去看相关的技术博客。

我推荐阅读英文博客（中文官网也有博客，但翻译得不全），从 2015 年开始，几乎每个重要特性的变更都有对应的文章。这些博客阐述的是技术决策的思考过程，对普通用户来说更容易理解。如果条件允许，建议从 2015 年的第一篇博客看起，看完这些博客，就能够理解 Kubernetes 的演化过程，也会对 Kubernetes 的现状有更深刻的认识。

（3）看 CNCF 网站中的项目全景图。

CNCF 全景图包含的项目非常多，其中由它托管的项目又分成毕业（graduated）项目、孵化（incubating）项目和沙盒（sandbox）项目。

进入 CNCF 的项目质量都比较高，只是成熟度有所不同。毕业项目是相对成熟的，已经被业界广泛承认和采用，可用于生产环境；孵化项目的应用程度还不太广，贡献者也不是太多，只有少数生产实践；而沙盒项目则属于实验性质，还没有经过充分的测试验证。

找到感兴趣的项目，并在 Kubernetes 环境中部署、应用，通过实践加深对 Kubernetes 的学习、理解。

（4）参加 Kubernetes 的培训并且通过认证，但要量力而行。

和其他很多计算机技术一样，Kubernetes 也设立了官方的培训课程和资质认证，国内比较流行的是 CKA（certified Kubernetes administrator），另外还有更高级别的认证 CKS（certified Kubernetes security specialist）和 CKAD（certified Kubernetes application developer）。

CKA 主要考查的是对 Kubernetes 的概念理解和集群管理维护能力，重点考查是动手操作（使用 kubectl 解决生产环境中可能遇到的问题）。获得 CKA 证书的难度并不太高，但考查点覆盖面广，而且目前的考试时间长达 2 小时，对脑力和体力都是不小的挑战。好在，CKA 认证的相关资料很多，可以轻易地在各大网站上找到。学完本书，再适当地强化训练一下，拿到 CKA 证书不是什么太难的事情。

不过要注意的是，因为 Kubernetes 版本更新频繁，目前 CKA 证书的有效期是 3 年，过期后需要重新考试，所以建议读者评估 CKA 证书对自己的助益后慎重做决定。

7.3 临别感言

行文至此，让我们在这里道一声珍重，说一声再见。

祝愿读者以此为新征途的起点，满怀信心和希望，大步迈向充满无尽可能的 Kubernetes 新世界，开拓自己的成功之路！

附录A Kubernetes弃用Docker

Kubernetes 与 Docker“相爱相杀”的故事流传已久，结果也众所周知，那就是 Kubernetes 最终不再使用 Docker 作为默认的底层运行时。

因此，不少 Kubernetes 初学者担心现在学 Docker 是否还有价值，是否应该立即放弃 Docker，改用 Containerd 或者其他运行时。

这些疑虑的确有些道理。2020 年 Kubernetes 放出要“弃用 Docker”的消息时，确实在 Kubernetes 社区里掀起了一场轩然大波，其影响甚至波及社区之外，也导致 Kubernetes 不得不发表几篇博客来反复解释这么做的原因。

两年之后的 2022 年，虽然 Kubernetes 1.24 已经达成了“弃用 Docker”的目标，但很多人对此似乎还没有非常清晰的认识。所以这里简单介绍一下 Kubernetes 弃用 Docker 的历程。

A.1 CRI

要了解 Kubernetes 为什么“弃用 Docker”，还得追根溯源，回头去看 Kubernetes 的发展历史。

2014 年，Docker 正如日中天，在容器领域没有任何对手，而这时 Kubernetes 才刚刚诞生。虽然 Kubernetes 背后有 Google 和 Borg 的支持，但还是比较弱小，所以 Kubernetes 很自然就选择了运行在 Docker 上。

到了 2016 年，CNCF 成立一周年，而 Kubernetes 也发布了 Kubernetes 1.0，可以正式用于生产环境，这标志着 Kubernetes 已经成长起来，不再需要依赖 Docker。于是 Kubernetes 宣布加入 CNCF，成为第一个 CNCF 托管项目，想要借助基金会的力量联合其他厂商，获得更好的发展。[1]

2016 年底发布的 Kubernetes 1.5，引入了一个新的接口标准：CRI，即 container

① Kubernetes 于 2016 年 3 月 16 日加入 CNCF，2018 年 3 月 6 日正式从 CNCF 毕业。

runtime interface。CRI 采用了 ProtoBuffer 和 gPRC[①]，规定 kubelet 应该如何调用容器运行时去管理容器和镜像，但这是一套全新的接口，和 Docker 调用完全不兼容。

Kubernetes 的意图很明显，就是不想再绑定在 Docker 上了，而是允许在底层接入其他容器技术（如 rkt、kata 等）[②]，以便随时达成“弃用 Docker”的目标。

但当时 Docker 已经非常成熟，各大云厂商不可能一下子就把 Docker 全部替换掉。所以 Kubernetes 只能再提供一个折中方案，在 kubelet 和 Docker 中间加入一个 CRI shim 充当适配器的角色，将 Docker 的接口转换为符合 CRI 标准的接口，如图 A-1 所示。

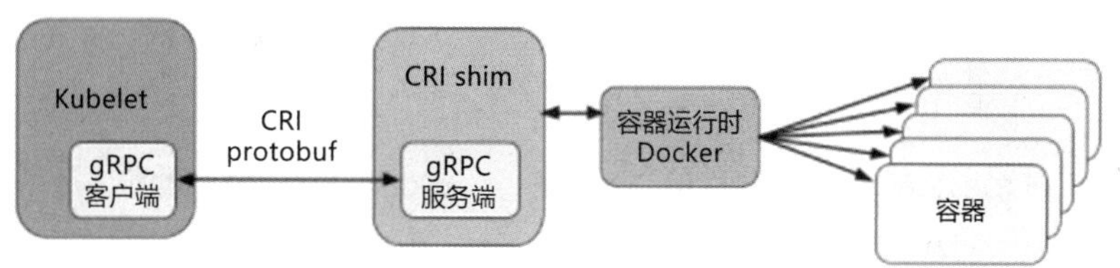

图 A-1 CRI shim 调用链

有了 CRI 和 CRI shim，虽然 Kubernetes 还使用 Docker 作为底层运行时，但已经具备了和 Docker 解耦的条件，从此拉开了“弃用 Docker”这场大戏的帷幕。

A.2 Containerd

面对 Kubernetes 的调整，Docker 采取了“断臂求生”的策略，通过推动自身的重构，把原本单体架构的 Docker Engine 拆分成了多个模块，并将其中的 Docker daemon 捐献给了 CNCF，形成了 Containerd。[③]

作为 CNCF 的托管项目，Containerd 自然符合 CRI 标准。但出于诸多考虑，Docker 只是在 Docker Engine 里调用了 Containerd，而它的外部接口保持不变，即还是不与 CRI 兼容。这时 Kubernetes 里就出现了图 A-2 所示的两种调用链：

- 用 CRI 接口调用 dockershim，然后 dockershim 调用 Docker Engine，Docker Engine 再通过 Containerd 操作容器。
- 用 CRI 接口直接调用 Containerd 去操作容器。

① ProtoBuffer 是由 Google 公司开发的一种数据序列化格式，编码效率很高，需要使用接口描述语言（IDL）定义 Schema。ProtoBuffer 的早期版本只能定义数据结构，后来因为 gRPC 的出现增加了 RPC 服务接口。

② rkt 是由 CoreOS 公司开发的一个容器运行时项目，于 2017 年交由 CNCF 托管，但因用户和贡献者较少而活跃度较低，最终于 2019 年被“归档”（archive），不再维护。

③ Containerd 于 2017 年 3 月加入 CNCF，2019 年 2 月从 CNCF 正式毕业。

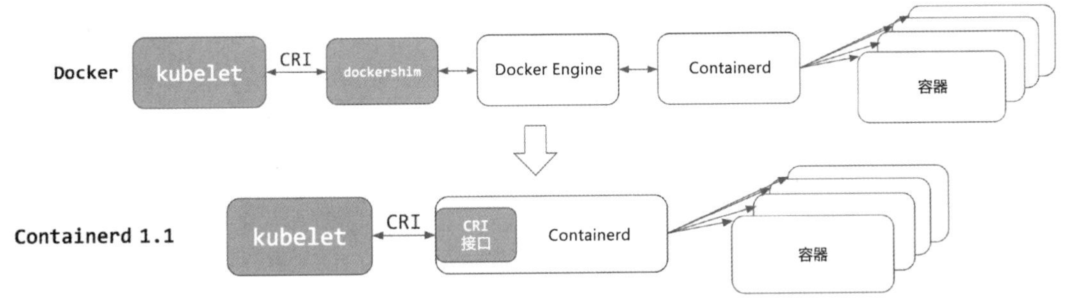

图 A-2　Kubernetes 中的两种调用链

这两种调用链都是通过 Containerd 来管理容器，所以最终效果完全一样，但是第二种方式无须调用 dockershim 和 Docker Engine，调用链更简洁、损耗更少，性能更高。

2018 年 Kubernetes 1.10 发布时，Containerd 也更新到了 Containerd 1.1，正式与 Kubernetes 集成，同时还发表了一篇博客文章，展示了图 A-3 所示的一些性能测试数据。

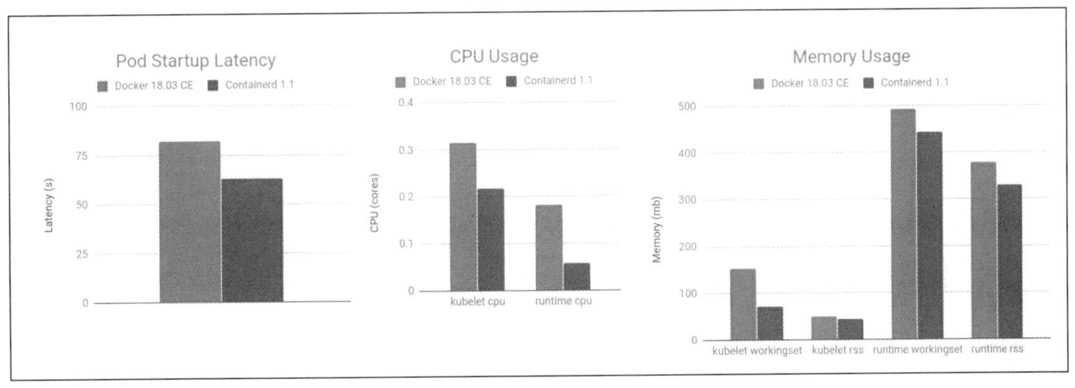

图 A-3　Docker 与 Containerd 性能对比

从这些数据可以看出，与当时的 Docker 18.03 CE 相比，Containerd 1.1 的 Pod 启动延迟（Pod Startup Latency）降低了约 20%，Containerd 1.1 的运行时（runtime）CPU 使用率（CPU Usage）降低了约 68%，Containerd 1.1 的运行时 RSS（runtime rss）内存使用率（Memory Usage）降低了 12%。这是一个相当大的性能改善，对于运行海量容器集群的云厂商非常有诱惑力。

A.3　正式弃用 Docker

有了 CRI 和 Containerd 这两个强大的武器，胜利的天平已经明显向 Kubernetes 倾斜。

到了 2020 年，Kubernetes 1.20 终于正式宣布：kubelet 将弃用 Docker 支持，并会在未来的版本中删除 Docker 相关代码。

但由于 Docker 几乎成为容器技术的代名词，而且 Kubernetes 也已经使用 Docker 很多年，这个声明在不断传播的过程中很快就“变味”了，“kubelet 将弃用 Docker 支持”被简化成了更吸引眼球的“Kubernetes 将弃用 Docker”。

这自然就在业界引起了恐慌，不清楚前因后果的广大用户纷纷表示震惊：用了这么久的 Docker 突然就不能用了，Kubernetes 为什么要如此对待 Docker？之前在 Docker 上的投资会不会全归零了？现有的大量镜像该怎么办？

其实，如果理解了前面讲的 CRI 和 Containerd 这两个项目，就会知道 Kubernetes 的这个举动是水到渠成：它实际上只是弃用了 dockershim 这个小组件，也就是把 dockershim 移出了 kubelet，并不是弃用了 Docker 这个软件产品。

所以，“弃用 Docker”对 Kubernetes 和 Docker 来说都不会有太大的影响，因为它们都早已把底层改成了开源的 Containerd，原来的 Docker 镜像和容器仍然会正常运行，唯一的变化就是 Kubernetes 绕过了 Docker，直接调用 Containerd 而已。

kubelet、Docker 与 Containerd 的关系可以参考图 A-4。①

当然，也不是完全没有影响。如果 Kubernetes 直接使用 Containerd 来操纵容器，那么它就是一个与 Docker 独立的工作环境，彼此都不能访问对方管理的容器和镜像。换句话说，使用命令“docker ps”看不到运行在 Kubernetes 里的容器。

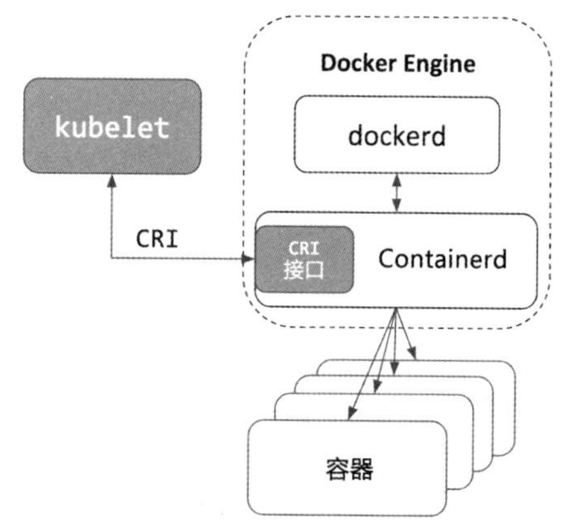

图 A-4 kubelet、Docker 与 Containerd 的关系

这对有的用户来说可能需要稍微改变一下习惯，换用新的工具“crictl”，不过用来查看容器、镜像的子命令（如“ps”“images”等）还是一样的，适应起来难度不大（但如果一直用的是 kubectl 来管理 Kubernetes，就没有任何影响）。

宣布“kubectl 将弃用 Docker 支持”之后，Kubernetes 原本打算用一年的时间完成“弃用 Docker”的工作，但它也确实低估了 Docker 的根基，到 Kubernetes 1.23 还是没能移除 dockershim，不得已又往后推迟了半年，终于在 2022 年 5 月发布的 Kubernetes 1.24 从

① Containerd 向上对接的是 CRI 接口，向下则是调用 runC 基于 Linux 内核创建并管理容器。

kubelet 里完全删掉了 dockershim 的代码。

自此，Kubernetes 彻底和 Docker 分道扬镳。①

A.4 Docker 的未来

那么，Docker 的未来会是怎样呢？难道云原生时代就没有它的立足之地了吗？

作为容器技术的初创者，Docker 的历史地位无可置疑，虽然现在 Kubernetes 不再默认绑定 Docker，但 Docker 还能够以其他形式与 Kubernetes 共存。

首先，因为容器镜像格式已经被标准化了（OCI 规范，open container initiative），Docker 镜像仍然可以在 Kubernetes 里正常使用，原来的开发测试、CI/CD 流程都不需要改动，用户仍然可以拉取 Docker Hub 上的镜像，或者编写 Dockerfile 来打包应用。

其次，Docker 是一条完整的软件产品线，不只是 Containerd，还包括镜像构建、分发、测试等许多服务，甚至在 Docker Desktop 里内置了 Kubernetes。单就容器开发的便利性来讲，Docker 暂时难以被替代，广大云原生开发者可以在这个熟悉的环境里继续工作，利用 Docker 来开发运行在 Kubernetes 里的应用。

最后，虽然 Kubernetes 已经不再包含 dockershim，但 Docker 公司却把这部分代码接管了过来，另建了一个叫作 cri-dockerd 的项目。它的作用也是把 Docker Engine 适配成 CRI 接口，这样 kubelet 就可以通过它来操作 Docker，仿佛一切从未发生过。

综合来看，Docker 虽然在容器编排战争里落在了 Kubernetes 后面，但它仍然具有顽强的生命力，多年来积累的众多忠实用户和数量庞大的应用镜像是它的最大资本和后盾，足以支持它在另一条不与 Kubernetes 正面交锋的道路上走下去。

而对于 Kubernetes 初学者来说，Docker 方便易用，具有完善的工具链和友好的交互界面，很难在市面上找到能够与它媲美的软件了，应该说是入门学习容器技术和云原生技术的不二之选。至于 Kubernetes 底层用的什么，不必太过执着。

---

① 符合 CRI 标准的容器运行时有很多，除了 Containerd，另一个比较著名的是 CRI-O（container runtime interface orchestrator），已经被 RedHat 的 OpenShift 选作生产环境的 CRI。

附录B docker-compose

作为云原生时代的操作系统，Kubernetes 源自 Docker 又超越了 Docker，依靠控制面/数据面架构，掌控了成百上千台的计算节点，并使用 YAML 语言定义各种 API 对象来编排容器，实现了对现代应用的管理。

不过，在 Docker 和 Kubernetes 之间，还缺了一点东西。

Kubernetes 的确是非常强大的容器编排平台，但其强大的功能也意味着更高的复杂度和成本。先不说那几十个用途各异的 API 对象，单单是搭建一个小型的集群，来运行 Kubernetes 就需要耗费不少精力。但有的时候，我们只是想快速启动一组容器来执行简单的开发、测试工作，并不想承担 apiserver、scheduler、etcd 等组件的运行成本。

显然，在这种简易任务的应用场景里，Kubernetes 显得有些笨重。即使是 Minikube 对软硬件系统的要求也比较高，需要占用不少计算资源。

那到底有没有这样的工具，既像 Docker 一样轻巧易用，又像 Kubernetes 一样具备容器编排能力呢？

下面将介绍的 docker-compose 恰好满足了这个需求，它是一个运行在单机环境里轻量级的容器编排工具，填补了 Docker 和 Kubernetes 之间的空白。

B.1 什么是 docker-compose

在 Docker 普及了容器技术之后，Docker 周边涌现了数不胜数的扩展、增强产品，其中有一个名叫“Fig”的小项目格外引人瞩目。

Fig 为 Docker 引入了容器编排的概念，使用 YAML 来定义容器的启动参数、先后顺序和依赖关系，让用户不再有 Docker 冗长命令行的烦恼，也第一次见识了“声明式”的威力。

Docker 公司很快意识到了 Fig 的价值，于是在 2014 年 7 月收购了 Fig，集成进 Docker

并改名为“docker-compose”。[①]

从这段简短的历史中可以看到，虽然 docker-compose 也是容器编排技术，也使用 YAML，但它与 Kubernetes 完全不同，走的是 Docker 的技术路线，所以在设计理念和使用方法上有差异就不足为奇了。

docker-compose 的定位是管理和运行多个 Docker 容器，很显然，它没有 Kubernetes 那么“宏伟”的目标，只是用来方便用户使用 Docker 而已，所以学习难度比较低、上手更容易，而且很多概念与 Docker 命令一一对应。

但有时候这也会带来困扰，毕竟 docker-compose 和 Kubernetes 同属容器编排领域，用法不一致就容易导致认知冲突、混乱。考虑到这点，读者在学习 docker-compose 的时候要把握一个“度”，够用就行、不要太过深究，否则会影响对 Kubernetes 的学习。

docker-compose 的安装非常简单，它在 GitHub 网站上提供了多种形式的二进制可执行文件，支持 Windows、macOS、Linux 等操作系统，也支持 x86_64、arm64 等硬件架构，可以直接下载。

安装完成之后，可以用命令“docker-compose version”来查看它的版本号，其用法和“docker version”一样：[②]

```
[K8S ~]$docker-compose version
Docker Compose version v2.20.2
```

可以看到，docker-compose 的版本号是 2.20.2。

B.2 搭建私有镜像仓库

安装好 docker-compose 后，需要编写 YAML 文件来管理 Docker 容器，先搭建一个私有镜像仓库。

docker-compose 管理容器的核心概念是“service”。注意，它与 Kubernetes 里的 API 对象 Service 虽然名字一样，但却完全不同。docker-compose 里的“service”就是一个容器化的应用程序，通常是一个后台服务，用 YAML 来定义这些容器的参数和相互之间的关系。

如果一定要和 Kubernetes 对比，和“service”最像的 API 对象应该是 Pod 里的

① docker-compose（Fig）最早是用 Python 编写的，2.0 版本后改用 Go 语言重新实现。1.x 的用法与 2.x 略有些不同，最后一个使用 Python 开发的版本是 1.29.2。

② docker-compose 还可以作为 Docker 的插件安装，以子命令的形式使用，也就是“docker compose”（没有中间的短横线）。

Container，同样是管理容器，但 docker-compose 的“service”又融合了 Service、Deployment 的一些特性。

下面就是私有镜像仓库 Registry 的部分 YAML 文件，主要展示关键字段“services”部分，注释列出了对应的 Docker 命令：①

```
# compose-reg.yml

# 对应的 Docker 命令
# docker run -d -p 5000:5000 registry

services:

  registry:
    image: registry
    container_name: registry
    restart: always

    ports:
      - 5000:5000
```

对比 Kubernetes，会发现它和 Pod 的定义非常像，“services”相当于 Pod，而里面的每个“service”就相当于“spec.containers”，例如用“image”声明镜像、用“ports”声明端口，只是在用法上有些不一样，例如端口映射用的就还是 Docker 的语法。

这个 docker-compose 的 YAML 文件对应的 Kubernetes Pod 的 YAML 文件如下：

```
apiVersion: v1
kind: Pod
metadata:
  name: registry-pod

spec:
  restartPolicy: Always
  containers:
  - image: registry
    name: registry
    ports:
    - containerPort: 5000
```

在 Docker 官网上有 docker-compose 的字段定义详细的说明文档，这里不多做解释。

需要提醒的是，在 docker-compose 里每个“service”都有一个自己的名字，它同时也是这个容器的唯一网络标识，类似 Kubernetes 里“Service”域名的作用。

---

① 有的 docker-compose YAML 文件开头有一个“version”字段，它标记了规范的版本，用来实现向后兼容，但它已经被废弃了，不建议再使用。

有了 YAML 文件，现在就可以启动应用，命令是“docker-compose up -d”，同时还要用“-f”参数来指定 YAML 文件，和“kubectl apply”的用法差不多：①

```
[K8S ~]$docker-compose -f compose-reg.yml up -d
[+] Running 2/2
 ✔ Network chrono_default  Created     0.1s
 ✔ Container registry      Started     0.2s
```

因为 docker-compose 的底层还是调用的 Docker，所以它启动的容器用“docker ps”也能够看到：

```
[K8S ~]$docker ps
CONTAINER ID   IMAGE      COMMAND                  CREATED
7ef109efe385   registry   "/entrypoint.sh /etc…"   2 minutes ago
```

不过使用命令“docker-compose ps”能够看到更多信息：

```
[K8S ~]$docker-compose -f compose-reg.yml ps
NAME         IMAGE        COMMAND                    SERVICE
registry     registry      "/entrypoint.sh /etc…"     registry
```

下面把 Nginx 的镜像改个标签，上传到这个私有镜像仓库测试一下：

```
docker tag nginx:alpine 127.0.0.1:5000/nginx:v1
docker push 127.0.0.1:5000/nginx:v1
```

再用 curl 查看一下它的标签列表，可以看到确实上传成功了：

```
[K8S ~]$curl 127.1:5000/v2/nginx/tags/list
{"name":"nginx","tags":["v1"]}
```

想要停止应用，需要使用“docker-compose down”命令：

```
[K8S ~]$docker-compose -f compose-reg.yml down
[+] Running 2/2
 ✔ Container registry      Removed   0.2s
 ✔ Network chrono_default  Removed   0.2s
```

应用停止之后，docker-compose 会自动删除容器，相当于替用户执行了“docker rm”命令。

这样就成功地把命令式的 Docker 操作，转换成了声明式的 docker-compose 操作，用法与 Kubernetes 十分接近，同时节省了 Kubernetes 昂贵的运行成本，在单机环境里可以说是非常方便、快捷。

---

① docker-compose 默认 YAML 文件的名字是“compose.yml”，如果把 YAML 文件改成这个名字，就可以省略“-f”参数。

B.3 搭建 WordPress 网站

B.2 节的私有镜像仓库应用 Registry 只有一个容器，不能体现 docker-compose 容器编排的好处，本节再用它通过如下几步搭建 WordPress 网站，深入感受它的强大功能。

使用 docker-compose 搭建的 WordPress 网站架构如图 B-1 所示。

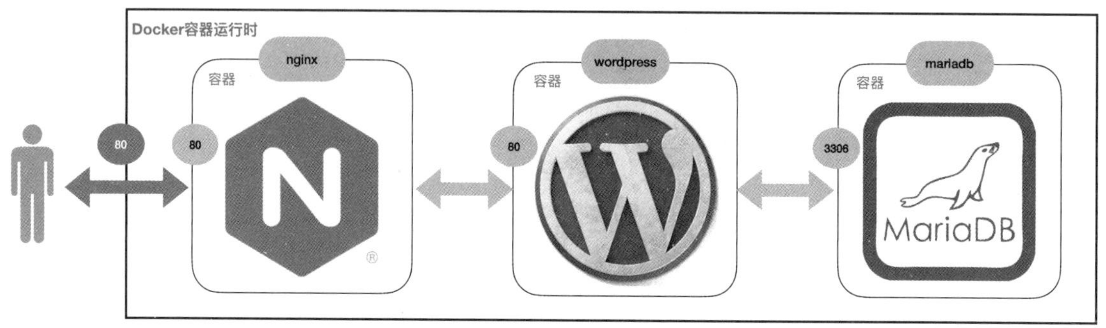

图 B-1 WordPress 网站架构（docker-compose）

（1）定义数据库 MariaDB，环境变量的写法与 Kubernetes 的 ConfigMap 类似，但可以使用字段“environment”直接定义。

```
services:

  mariadb:
    image: mariadb:10
    container_name: mariadb
    restart: always

    environment:
      MARIADB_DATABASE: db
      MARIADB_USER: wp
      MARIADB_PASSWORD: 123
      MARIADB_ROOT_PASSWORD: 123
```

读者可以对比 2.7.3 节启动 MariaDB 的 Docker 命令，docker-compose 的 YAML 文件和 Docker 命令行非常像，几乎可以直接复制使用。

（2）定义 WordPress 网站，也使用“environment”来设置环境变量。

```
services:
  ...
  wordpress:
    image: wordpress:6
    container_name: wordpress
```

```
    restart: always

    environment:
      WORDPRESS_DB_HOST: mariadb
      WORDPRESS_DB_USER: wp
      WORDPRESS_DB_PASSWORD: 123
      WORDPRESS_DB_NAME: db

    depends_on:
      - mariadb
```

因为 docker-compose 会自动把 MariaDB 的名字用作网络标识，所以在连接数据库的时候（字段“WORDPRESS_DB_HOST”）不需要手动指定 IP 地址，直接用“service”的名字“mariadb”就行。这是 docker-compose 比 Docker 命令更方便的一个地方，和 Kubernetes 的域名机制很像。

WordPress 定义里还有一个值得注意的字段是“depends_on”，它用来设置容器的依赖关系，指定容器启动的先后顺序，这在编排由多个容器组成的应用时是一个非常便利的特性。

（3）定义 Nginx 反向代理。很可惜的是，目前 docker-compose 没有 ConfigMap、Secret 这样的概念，要加载配置必须用外部文件，无法集成进 YAML。

这里 Nginx 的配置文件和 2.7.3 节类似，但不需要在“proxy_pass”指令里写 IP 地址，直接使用 WordPress 的名字即可：

```
server {
  listen 80;
  default_type text/html;

  location / {
      proxy_http_version 1.1;
      proxy_set_header Host $host;
      proxy_pass http://wordpress;   #注意这里，网站的网络标识
  }
}
```

然后就可以在 YAML 文件里定义 Nginx，加载配置文件用的是“volumes”字段，和 Kubernetes 一样，但里面的语法是 Docker 命令的形式：

```
services:
  ...
  nginx:
    image: nginx:alpine
    container_name: nginx
    hostname: nginx
    restart: always
    ports:
```

```
      - 80:80
    volumes:
      - ./wp.conf:/etc/nginx/conf.d/default.conf

    depends_on:
      - wordpress
```

到这里，3 个“service”就都定义好了，用“docker-compose up -d”启动网站（记得还是要用“-f”参数指定 YAML 文件），启动之后，用“docker-compose ps”查看状态：

```
[K8S compose]$docker-compose -f compose-wp.yml up -d
[+] Running 4/4
 ✔ Network compose_default    Created          0.0s
 ✔ Container mariadb          Started          3.2s
 ✔ Container wordpress        Started          3.5s
 ✔ Container nginx            Started          3.7s

[K8S compose]$docker-compose -f compose-wp.yml ps
NAME          IMAGE           COMMAND                      SERVICE
mariadb       mariadb:10      "docker-entrypoint.s…"     mariadb
nginx         nginx:alpine    "/docker-entrypoint.…"     nginx
wordpress     wordpress:6     "docker-entrypoint.s…"     wordpress
```

同样可以用“docker-compose exec”进入容器内部，用 ping 来验证这 3 个容器的网络标识是否正常：

```
[K8S compose]$docker-compose -f compose-wp.yml exec -it nginx sh

/ # ping mariadb
PING mariadb (172.19.0.2): 56 data bytes
64 bytes from 172.19.0.2: seq=0 ttl=64 time=0.591 ms

/ # ping wordpress
PING wordpress (172.19.0.3): 56 data bytes
64 bytes from 172.19.0.3: seq=0 ttl=64 time=0.479 ms

/ # nginx -v
nginx version: nginx/1.25.1

/ # exit
```

这里分别检测了“mariadb”和“wordpress”这两个服务的网络都是正常工作的，不过它们的 IP 地址段用的是“172.19.0.0/16”，不是 Docker 默认的“172.17.0.0/16”。

打开浏览器，输入本机的“127.0.0.1”或者虚拟机的 IP 地址，就可以看到熟悉的 WordPress 界面。

B.4 小结

本章简略介绍了 Docker 的容器编排工具 docker-compose。

和 Kubernetes 相比，docker-compose 有它自己的局限性，例如只能用于单机，编排功能比较简单，缺乏运维监控手段等；但也有它自己的优点，例如小巧轻便，对软硬件的要求很低，只要有 Docker 就能够运行。①

所以，虽然 Kubernetes 已经成为容器编排领域的霸主，但 docker-compose 还是有一定的生存空间，例如在 GitHub 上就有大量项目提供了 docker-compose YAML 文件来帮助用户快速搭建原型或者测试环境，其中的一个典型项目就是 CNCF Harbor。

对于日常工作来说，docker-compose 也很有用。如果是只有几个容器的简单应用，用 Kubernetes 来运行的成本比较高，而用 Docker 命令、Shell 脚本又很不方便，这种场景就适合使用 docker-compose，它能够让用户彻底摆脱命令式，全面使用声明式来操作容器。

本章的内容要点如下：

- docker-compose 源自 Fig，是专门用来编排 Docker 容器的工具；
- docker-compose 也使用 YAML 来描述容器，但语法、语义更接近 Docker 命令行；
- docker-compose YAML 里的关键概念是“service”，它是一个容器化的应用；
- docker-compose 的命令与 Docker 类似，比较常用的命令有“up”“ps”“down”，分别是用来启动、查看和停止应用。

此外，docker-compose 还有很多实用的功能，例如存储卷、自定义网络、特权进程等，读者可以查阅官网资料作进一步了解。

① 在 Docker 的鼎盛时期，docker-compose 和 Docker Machine、Docker Swarm 被并称为“Docker 三剑客”，如今后两者都已经消失了。

附录C Harbor

本书第 2 章介绍了容器技术中的关键要素：镜像仓库，并且用 Registry 搭建了一个私有仓库，但它提供的功能比较少，本章会介绍镜像仓库的另一个更加完善的解决方案，也就是 CNCF 的毕业项目 Harbor。①

C.1 什么是 Harbor

Docker 开启了容器的时代，而容器化应用的起点是镜像，所以管理镜像的镜像仓库自然成了容器技术的基础设施，是整个容器体系的重中之重，迫切需要有一个开源的、可靠的项目来肩负这个重任。

2017 年，VMware 中国研发中心发布了自研的镜像仓库项目，在 2018 年成为 CNCF 顶级项目，并于 2020 年顺利毕业，这个项目就是 Harbor。

Harbor 基于 Docker 的 Registry，集成了 Nginx、Redis、PostgreSQL 等其他优秀的开源项目，还增加了很多实用功能，如身份认证、用户管理、安全扫描、日志审计、图形化界面等，从而创建了一个完全云原生、功能强大、企业级的镜像仓库，基本满足了广大用户的需求。

目前，Harbor 项目已经在 GitHub 上获得了 2 万多个 star，并被国内外多家大型企业应用在生产环境中。

C.2 安装 Harbor

Harbor 可以安装在 Kubernetes 或者 Docker 上，其官网有详细的说明文档，这里介绍在 Docker 上的安装方法，安装前需要先安装 Docker 和 docker-compose。②

---

① 从 Docker 开始，与容器相关的技术命名大多与航海、船运相关，例如 Kubernetes（领航员、舵手）、Helm（方向盘、船舵）、Chart（星图、海图）、Istio（风帆、启航），而 Harbor 则是“港口、港湾”的意思。

② 很可惜，Harbor 2.9.0 只支持 Intel CPU（AMD64 架构），不支持 Apple Silicon（ARM64 架构），想要体验 Harbor 就不能使用内置 M1 或 M2 芯片的 MacBook。

Harbor 提供在线和离线两种安装方式。在线安装包体积小，会在安装过程中联网下载所需的文件；而离线安装包体积较大，其中包含了所有预构建的镜像，适合不具备联网条件的离线环境。

这两种安装方式的最终效果是一样的，以下使用在线安装的方式，需要在 Harbor 项目的 GitHub 页面下载安装包，它是一个“tgz”后缀的压缩文件，如“harbor-online-installer-v2.9.0.tgz”。

解压缩后，Harbor 的安装文件位于“harbor”目录下，其中“harbor.yml.tmpl”是安装配置文件，需要重命名为“harbor.yml”，然后修改里面的参数，其中较常用的参数有如下 5 个。

- hostname：Harbor 服务的域名或 IP 地址。
- harbor_admin_password：管理员账户密码，初始值是“Harbor12345”。
- data_volume：本地存储镜像的目录，默认“/data”。
- database：PostgreSQL 数据库相关配置参数。
- https：HTTPS 协议的端口、证书等配置参数。[①]

作为示例，这里将 hostname 参数设置为“harbor.test”，将 harbor_admin_password 参数设置为“12345”，并用“#”注释掉 https 参数禁用加密通信，其他均使用默认设置。

准备好“harbor.yml”，就可以运行安装脚本“install.sh”以安装 Harbor：

```
sudo ./install.sh
```

安装完成之后，使用命令“docker ps”查看正在运行的 Harbor 组件：

```
[K8S ~]$docker ps
CONTAINER ID   IMAGE                                 COMMAND
b3ab1a4ab990   goharbor/nginx-photon:v2.9.0          "nginx -g 'daemon of…"
243129e42e19   goharbor/harbor-jobservice:v2.9.0     "/harbor/entrypoint.…"
57c75635019d   goharbor/harbor-core:v2.9.0           "/harbor/entrypoint.…"
e580af39aac9   goharbor/harbor-portal:v2.9.0         "nginx -g 'daemon of…"
2ae55d6b205f   goharbor/harbor-db:v2.9.0             "/docker-entrypoint.…"
84ac464e2784   goharbor/harbor-registryctl:v2.9.0    "/home/harbor/start.…"
014a23b5abc6   goharbor/registry-photon:v2.9.0       "/home/harbor/entryp…"
86f09263c1e2   goharbor/redis-photon:v2.9.0          "redis-server /etc/r…"
ae670a9beed3   goharbor/harbor-log:v2.9.0            "/bin/sh -c /usr/loc…"
```

运行安装脚本后会在目录下自动生成一个“docker-compose.yml”文件，后续可以直接用“docker-compose up”“docker-compose down”来随时启动、停止 Harbor 应用。

---

① Harbor 支持以加密的 HTTPS 协议存储镜像，比 Registry 的明文 HTTP 协议更加安全，但需要配置证书。简单起见，本章不启用 HTTPS 协议。

C.3　使用 Harbor

如果 Harbor 正在运行，在浏览器里输入之前配置的域名（如“http://harbor.test”）就可以访问它的登录界面，如图 C-1 所示。

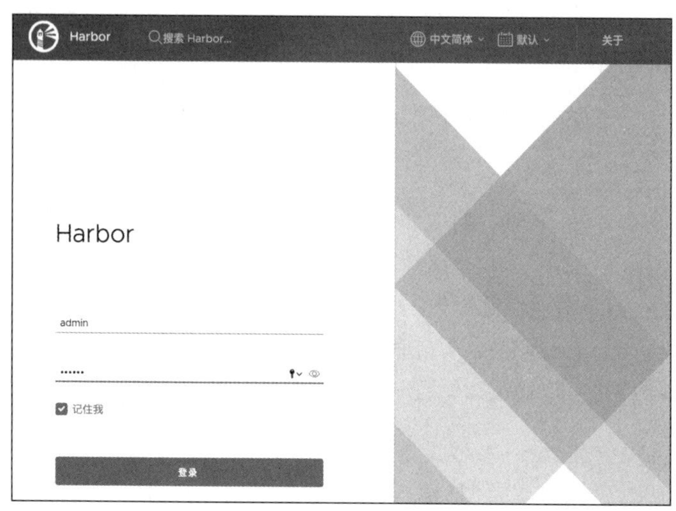

图 C-1　Harbor 的登录界面

Harbor 的默认用户名是“admin”，而登录密码则是由“harbor.yml”文件里的配置项“harbor_admin_password”决定的（默认值是“Harbor12345”）。

登录成功后，Harbor 会展示一个很完善的镜像仓库管理界面，这是 Harbor 的主页面，如图 C-2 所示。

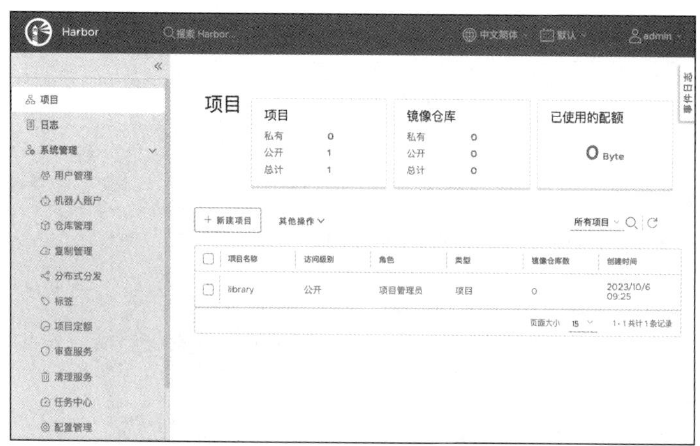

图 C-2　Harbor 的主页面

在 Harbor 里管理镜像有两个重要的概念：项目和用户，下面类比 Docker Hub 来理解。

项目就是镜像仓库，Harbor 初始会提供一个默认的仓库，也可以根据需求任意创建其他仓库，将访问级别设置为公开或者私有均可。

用户就是项目的使用者，与项目是多对多的关系，也就是说，一个用户可以访问多个项目，一个项目也可以拥有多个用户。系统管理员可以为每个项目添加任意数量的用户，并赋予不同的权限（如维护人员、开发者、访客等），这样就保证了镜像仓库的安全。

假设已经在 Harbor 里新建了一个“test”项目和一个“dev”用户，并把“dev”用户添加为“test”项目的“开发者”，接下来就可以利用 Harbor 推送、拉取镜像。

和 Docker Hub 一样，先要在本地命令行里用“docker login”登录 Harbor：

```
docker login harbor.test -u dev
```

然后给需要推送的镜像加上域名、项目名的标签，以“nginx:alpine”为例：

```
[K8S ~]$docker tag nginx:alpine harbor.test/test/nginx:alpine

[K8S ~]$docker images
REPOSITORY                        TAG           IMAGE ID
nginx                             alpine        d571254277f6
harbor.test/library/nginx         alpine        d571254277f6
```

镜像有了标签后，就可以用“docker push”推送到 Harbor：

```
docker push harbor.test/test/nginx:alpine
```

这时在 Harbor 的项目管理界面中就能够看到镜像，如图 C-3 所示。

图 C-3 Harbor 的镜像管理页面

Harbor 有丰富的文档，而且是中文界面，读者可以自己去探索 Harbor 的更多有用功能。

附录D NFS网络存储服务

作为一个经典的网络文件系统，NFS 有着近 40 年的历史，基本成了各种 UNIX 系统的标准配置，Linux 系统自然也提供了对它的支持。①

NFS 采用的是客户端/服务器架构，需要选定一台主机作为服务器，安装 NFS 服务端；其他要访问存储的主机作为客户端，安装 NFS 客户端。

本章将介绍 NFS 的安装方法，实现网络存储、共享网盘的功能。

D.1 安装 NFS 服务端

在 Ubuntu 系统里安装 NFS 服务端很简单，使用“apt”即可：

```
sudo apt -y install nfs-kernel-server
```

安装之后，需要给 NFS 指定一个存储位置，也就是网络共享目录。一般来说，应该建立一个专门的“/data”目录，简单起见，本章使用临时目录“/tmp/nfs”：

```
mkdir -p /tmp/nfs
```

接下来配置 NFS 访问共享目录，修改“/etc/exports”，指定目录名、允许访问的网段，以及访问权限等参数。这些规则比较琐碎，读者只需要加入下面这行，注意目录名和 IP 地址要改成和自己的环境一致即可：

```
/tmp/nfs
192.168.26.0/24(rw,sync,no_subtree_check,no_root_squash,insecure)
```

改好之后用“exportfs -ra”通知 NFS，使配置生效，使用命令“exportfs -v”可以验证效果：

```
sudo exportfs -ra
sudo exportfs -v
```

① NFS 最初由 Sun 公司发明，第一版发布于 1984 年，当前由 IETF 负责维护，最新版本是 NFS 4.2。

现在可以使用命令“systemctl”启动 NFS 服务器：

```
sudo systemctl start  nfs-server
sudo systemctl enable nfs-server
sudo systemctl status nfs-server
```

还可以使用命令“showmount”检查 NFS 的网络挂载情况：

```
[K8S ~]$showmount -e 127.0.0.1
Export list for 127.0.0.1:
/tmp/nfs 192.168.26.0/24
```

D.2 安装 NFS 客户端

为了让 Pod 能够访问 NFS 存储服务，需要在 Kubernetes 集群的每个节点上安装 NFS 客户端。完成这项工作只需要一条“apt”命令，不需要额外的配置：①

```
sudo apt -y install nfs-common
```

同样，在节点上可以用“showmount”检查 NFS 能否正常挂载，注意 IP 地址要写成 NFS 服务器的地址，如“192.168.26.208”：

```
[K8S ~]$showmount -e 192.168.26.208
Export list for 192.168.26.208:
/tmp/nfs 192.168.26.0/24
```

D.3 验证 NFS 存储

手动挂载 NFS 存储，也可以验证集群是否能正常访问 NFS 服务。

首先在 Kubernetes 集群节点上创建一个目录“/tmp/test”作为挂载点：

```
mkdir -p /tmp/test
```

再使用命令“mount”把 NFS 服务器的共享目录挂载到这个本地目录上：

```
sudo mount -t nfs 192.168.26.208:/tmp/nfs /tmp/test
```

然后在“/tmp/test”里任意创建一个文件，如“x.yml”：

```
touch /tmp/test/x.yml
```

① 和在 Ubuntu 系统中的安装 NFS 的方式不太一样，在 CentOS 里安装 NFS 使用的命令是“yum -y install nfs-utils rpcbind”。

回到 NFS 服务器，检查共享目录（如“/tmp/nfs”），应该会看到出现了一个同样的文件“x.yml”，说明 NFS 安装成功。之后 Kubernetes 集群的任意节点只要通过 NFS 客户端，就能把数据写入 NFS 服务器，实现网络存储。

测试完成后，可以运行命令“sudo umount /tmp/test”卸载 NFS 存储。

D.4　安装 NFS Provisioner

NFS Provisioner 是以 Pod 的形式运行在 Kubernetes 里，GitHub 项目的“deploy”目录下有部署它所需的 3 个 YAML 文件，分别是 rbac.yaml、class.yaml 和 deployment.yaml。

不过这 3 个 YAML 文件只是示例，想在 kubernetes 集群里真正运行 NFS Provisioner 要修改其中的两个文件。

第一个要修改的文件是 rbac.yaml，它使用的是“default”名字空间，为避免与普通应用混在一起，应该把它的名字空间改成其他名字空间，可以用“查找替换”的方式统一改成“kube-system”。

第二个要修改的文件是 deployment.yaml。这个文件要修改的地方比较多，首先把名字空间改成和 rbac.yaml 一样，如“kube-system”，然后修改“volumes”和“env”里的 IP 地址和共享目录，必须和集群里的 NFS 服务器配置一样，这是一个关键点。

按照本章的环境设置，就应该把 IP 地址改成“192.168.26.208”，目录名改成“/tmp/nfs”：

把这两个 YAML 文件修改好之后，就可以在 Kubernetes 里创建 NFS Provisioner：

```
kubectl apply -f rbac.yaml
kubectl apply -f class.yaml
kubectl apply -f deployment.yaml
```

使用命令“kubectl get”，再指定名字空间“-n kube-system”，就可以看到运行在 Kubernetes 里的 NFS Provisioner：

```
[K8S ~]$kubectl get deploy -n kube-system
NAME                     READY   UP-TO-DATE   AVAILABLE
nfs-client-provisioner   1/1     1            1

[K8S ~]$kubectl get pod -n kube-system
NAME                                      READY   STATUS    RESTARTS
nfs-client-provisioner-6b99f44bbb-4bmb5   1/1     Running   0
```